U0216302

KUQIAO DE ZAIPEI, JIAGONG JIQI
HUOXING WUZHI DE TIQU JISHU

苦荞的栽培、加工及其活性物质的提取技术

钟海霞　陈治光　巩发永◎著

中国纺织出版社有限公司

图书在版编目（CIP）数据

苦荞的栽培、加工及其活性物质的提取技术／钟海霞，陈治光，巩发永著 .--北京：中国纺织出版社有限公司，2024.6

ISBN 978-7-5229-1785-6

Ⅰ.①苦… Ⅱ.①钟…②陈…③巩… Ⅲ.①荞麦－栽培技术②荞麦－食品加工 Ⅳ.①S517②TS211.2

中国国家版本馆 CIP 数据核字（2024）第 102940 号

责任编辑：毕仕林　　责任校对：寇晨晨　　责任印制：王艳丽

中国纺织出版社有限公司出版发行

地址：北京市朝阳区百子湾东里 A407 号楼　邮政编码：100124

销售电话：010—67004422　传真：010—87155801

http://www.c-textilep.com

中国纺织出版社天猫旗舰店

官方微博 http://weibo.com/2119887771

三河市宏盛印务有限公司印刷　各地新华书店经销

2024 年 6 月第 1 版第 1 次印刷

开本：710×1000　1/16　印张：14.25

字数：272 千字　定价：98.00 元

凡购本书，如有缺页、倒页、脱页，由本社图书营销中心调换

前　言

苦荞是我国重要的经济作物，为蓼科荞麦属双子叶作物，又名乌麦、三角麦等。在我国苦荞已具有两千多年的栽培史。苦荞不但具有很高的营养价值，而且具有很高的药用价值，历来作为药食兼用的作物来种植。近年来，随着人民文化生活水平的提高，人们对保健食品及其食疗作用非常重视。苦荞这一传统食物越来越受到人们的青睐。作为防病、治病的食药两用的新型食物，苦荞可从多方面进行开发利用。

我国作为世界荞麦主产国之一，种植面积和产量均居世界前列。目前苦荞的种植南起海南省的三亚市，北至黑龙江省，东起浙江、安徽一带，西至新疆的塔城县及西藏的扎达县几乎遍及全国。其中苦荞产区主要集中在我国西南地区，如云南、贵州和四川等省。

本书系统介绍了我国荞麦的种植现状、品种类型及其差异、育种与栽培技术、营养价值、功能性成分及其提取技术和加工技术等。全书共九章，约27万字。陈治光主要负责编写前半部分（约15万字），钟海霞主要负责编写后半部分（约12万字）。陈治光、巩发永负责统筹及后期修订工作。此外，特别感谢21级食科班文巧同学在图片、表格细节修改及文献整理中做出的工作。

本书出版得到了西昌学院科研项目（No. YBZ202212）和攀西特色作物四川省重实验室发展基金（No. SZ22ZZ01）的资助。

著者
2024 年 3 月

目　录

第一章　绪论

第一节　我国苦荞的起源

荞麦（Buckwheat）为蓼科（Polygonaceae）荞麦属（*Fagopyrum*）双子叶作物，生长周期短，又名乌麦、三角麦等。荞麦在我国已具有两千多年的栽培史，起源于中国西南地区，是蓼科中最有经济价值的作物。在成书于西周至春秋时期的《诗经》中有"视尔如荍，贻我握椒"的诗句，荍即荞麦，说明在我国已有2500年左右的种植历史。据报道，荞麦约有24个种类，其中最常见也是运用最广泛的有两个栽培种：一是1791年定名的 *Fagopyrum tataricum*（Linn）Gaench，译为鞑靼荞麦；二是1794年定名的 *Fagopyrum esculentum* Moench，译为普通荞麦。20世纪80年代以来，中国科学家经过对荞麦起源、史实、栽培及利用的研究分析，认为鞑靼荞麦冠名苦荞、普通荞麦冠名甜荞更加妥帖。此外还有金荞麦［*Fagopyrum cymosum*（Trev.）Meisn］、金苦荞（*Fagopyrum tataricymosum* Chen.）等。

关于栽培荞麦的起源问题在学术界上还存在争论，很多学者对于荞麦原始起源进行了研究，有着不同的观点。目前国际上主要有两种假说，一种假说认为栽培荞麦起源于中国北部或者是西伯利亚，另一种假说认为栽培荞麦起源于紧靠中国喜马拉雅山的西南地区。为了弄清栽培荞麦起源地的问题，在20世纪中叶，国内专业学者也开始对荞麦起源进行了研究，许多学者从荞麦的地理分布、历史文化记载及考古研究上做了大量的研究。研究者们通过对栽培荞麦及野生群落的分布进行了研究，发现除了栽培荞麦、大野荞及细柄野荞外，其他野生荞麦均仅限于在云南、贵州、四川和西藏等地区分布。另外，有学者在甘肃西山坪遗址的研究中发现有荞麦花粉的遗迹，在云南澄江学山遗址、海门口遗址、内蒙古赤峰巴彦塔拉遗址和吉林白城孙长青遗址的研究中发现有荞麦籽粒的遗迹。魏益民对甘肃省民乐县东灰山遗址出土的荞麦籽粒进行同位素测定发现其距今有3610~3458年历史，表明我国在新石器时期就开始种植荞麦。有研究者在对野生荞麦资源的收集整理中发现，大多数野生荞麦生长在海拔1000~4000米山区；也有研究者推定中国南部可能是荞麦的发源地。同样地，Tsuji等在对这些自然种群和中国西南部栽培种群的等位酶和AFLP分析表明，西藏东部和云南省德钦区几个自然种群与栽培种群的亲缘关系最密切，这说明中国西南部是荞麦的起源地。Song等对地方栽培种的不同民族文化保护系统、农业系统中作物遗传资源保护调查，以及 9 种等位酶在遗传位点多样性、杂合性研究也认为我国的四川西部、云南西北地区和西藏东部地区可能是世界栽培苦荞麦的起源和驯化中心。综合大多数报道，认为栽培荞麦起源于我国西南地区。因甜荞与苦荞生态适应上存在差异，有研究者认为甜荞可能起源于四川、西藏、云南交汇处较温暖地区，苦荞可能起源于西藏东部较凉爽地区。

经过数千年的传播和种植，目前荞麦在世界各地均有栽培，已经形成丰富的栽培荞麦资源。目前世界上荞麦主要生产国是苏联、中国、日本、波兰、法国、加拿大和美国等。中国是世界荞麦主要的生产国之一。联合国粮农组织统计资料显示，2020 年全世界荞麦种植总面积达 1856913 公顷，总产量为 1810816 吨，其中我国荞麦种植面积达到 624780 公顷，总产量为 503988 吨。另外我国是世界苦荞第一生产大国，世界上 90% 以上的苦荞产自于中国，多分布在干旱、半干旱的冷凉高原山区及少数民族聚集的边远山区。荞麦在我国山西、陕西、内蒙古、四川、贵州、云南等 24 个省（自治区）均有种植。我国有四大荞麦产区：内蒙古西部阴山丘陵白花甜荞产区、内蒙古东部白花甜荞产区、陕甘宁红花甜荞产区、中国西南（川、贵、云）苦荞产区。

荞麦品种资源的收集工作源自 20 世纪 80 年代，在国际植物遗传资源委员会（IBPGR）的资助下，植物学家们寻找和收集了喜马拉雅地区的野生荞麦资源。从那时起，已收集了 1 万多份荞麦资源样本，其中一半来自南亚和东亚，这些资源被储存在长期储存条件下（20℃）或中期储存条件下（5℃，湿度 40%）。目前全国范围内共收集到各类荞麦资源 2795 份，其中苦荞资源 879 份，已编入《中国荞麦品种资源目录》。经过对这些资源的不断研究，栽培荞麦的起源和关系变得越来越清晰，为荞麦育种研究方面提供丰富的材料基础。

第二节　我国苦荞的价值

荞麦不但具有很高的营养价值，而且具有很高的药用价值，历来作为药食兼用的作物来种植。在我国，荞麦与燕麦、食用豆类、黑色米、小米、玉米、麦麸、米糠并称为八大保健食品。据《本草纲目》记载，荞麦"实肠胃、益气力、续精神，能炼五脏滓秽。"作饭食，压丹石毒，甚良。""以醋调粉，涂小儿丹毒赤肿热疮。""降气宽肠、磨积滞，消热肿风痛，除百浊、白带、脾积泄泻。以砂糖水调炒面二钱服，治痢疾。炒焦，热水冲服，治绞肠沙痛。"苦荞还兼具优良的饲用价值，其独特的次生代谢物质对禽畜的健康成长和品质改良有重要作用。

一、营养价值

荞麦作为一种传统的粮食作物，具有丰富的营养价值。因其较高的营养价值，成为重要的"药食同源"杂粮资源，具有较高的应用价值和市场开发前景。苦荞籽粒含有极为丰富的营养物质，包括蛋白质、淀粉、氨基酸、脂肪酸、矿物化合物、生物类黄酮（如芦丁）、粗纤维和维生素等，能够有效防治高血压、冠心病及糖尿病，还具有抗癌、抗肿瘤、抗疲劳和减肥等功效。

荞麦种子蛋白质远高于水稻玉米等其他作物，而且其氨基酸组成十分平衡，包含人体所需要的种必需氨基酸，接近于人体需要的比例；淀粉是荞麦的主要成分，其中抗性淀粉占 7.5%~35.0%，有降低餐后血糖指数的作用；除含有 70% 的淀粉以外，蛋白质、脂肪、维生素及各种矿质营养元素的含量都很高。苦荞中的蛋白质含量为 11%~13%，具有良好的可溶性，既有水溶性球蛋白，又有盐溶性球蛋白，这两种蛋白质占总蛋白质的 55% 以上，与一般谷类粮食的蛋白质组成不大相同，相反却近似于豆类。荞麦中还含有丰富的维生素，如维生素 B_1、维生素 B_2、维生素 B_6、维生素 B_3，它们在人体内各种生化代谢反应起着重要的作用。苦荞的脂肪含量为 1.9%~2.5%，含有的脂肪酸多为不饱和的油酸和亚油酸；此外还含有其他主要作物所不含有的叶绿素、生物类黄酮，有利于食物的消化和营养物质的吸收。荞麦中的膳食纤维是一般精制谷物的 10 倍左右，研究表明膳食纤维能有效减少肥胖、糖尿病、高血压、冠心病、高胆固醇等疾病的发生。

因为苦荞有着与其他作物相比特殊的营养成分，所以表现出其特殊的食疗作用，被人们称为"三降"保健食品。苦荞中蛋白质有预防高血脂、高血压、糖尿糖，降低血液与肝脏胆固醇，抑制脂肪积累，抑制大肠癌和胆结石，改善便秘及抗衰老等作用。苦荞中的脂肪构成多数是以油酸和亚油酸为主，油酸在人体的生理反应中合成花生四烯酸，花生四烯酸是合成脑神经和前列腺素的重要成分。亚油酸可以调节人体血压、降低血清胆固醇、预防心脑血管疾病。苦荞中含有丰富的抗性淀粉，抗性淀粉是健康者小肠中不被吸收的淀粉及其降解产物的总称。因此苦荞可作为糖尿病人的良好补充食品。

从表 1-1 中得知，苦荞粉的蛋白质、脂肪都高于小麦粉和大米，维生素 B_2 高于大米、玉米 2~10 倍，微量元素等也都不同程度地高于其他粮食，苦荞的蛋白质含量比甜荞高 1.7 倍，维生素 B_2 含量高 1.6 倍，脂肪含量高 1.62 倍，芦丁高 12 倍，与其他粮食作物相比，苦荞的蛋白质和脂肪含量均高于小麦粉和大米中蛋白质、脂肪含量；苦荞富含 Fe、Ca、P、Cu、Zn、Mg、I、Ni、Co、Se 等营养元素。其中 Mg、K、Zn、Fe 等元素的含量高于大米、小麦粉 2~3 倍，Se 的含量更为丰富。还含有其他禾谷类粮食所没有的叶绿素、芦丁，尤其是苦荞中芦丁含量很高，无机盐及微量元素的含量等也都高于其他粮食作物。

表 1-1 苦荞与大宗粮食的营养成分比较

项目	苦荞	甜荞	小麦粉	大米	玉米
粗蛋白（%）	10.50	6.50	9.90	7.80	8.50
粗脂肪（%）	2.15	1.37	1.80	1.30	4.30
淀粉（%）	73.11	65.90	74.60	76.60	72.20
粗纤维（%）	1.62	1.01	0.60	0.40	1.30
维生素 B_1（mg/100g）	0.18	0.08	0.46	0.11	0.31
维生素 B_2（mg/100g）	0.50	0.12	0.06	0.02	0.10
芦丁（%）	3.05	0.095-0.21	0	0	0
维生素 B_3（mg/100g）	2.55	2.70	2.50	1.40	2.00
叶绿素（mg/100g）	0.42	1.304	0	0	0
K（%）	0.40	0.29	0.195	1.72	0.270
Na（%）	0.033	0.032	0.0018	0.0017	0.0023
Ca（%）	0.016	0.038	0.038	0.009	0.022
Mg（%）	0.22	0.14	0.051	0.063	0.060
Fe（%）	0.0086	0.0140	0.0042	0.0240	0.0016
Cu（mg/1000g）	4.59	4.00	4.00	2.20	—
Mn（mg/1000g）	11.7	10.30	—	—	—
Zn（mg/1000g）	18.5	17.00	22.80	17.20	—
Se（mg/1000g）	0.431	—	—	—	—

苦荞中含有 18 种氨基酸，不仅含有人体必需的 8 种氨基酸，一般谷物普遍缺乏的赖氨酸及色氨酸在苦荞中含量都较高。比例与鸡蛋的氨基酸组成相近，很容易被人体吸收和利用，表 1-2 是苦荞与其他禾谷类粮食中 8 种必需氨基酸含量比较。

表 1-2 苦荞与其他禾谷类粮食中 8 种必需氨基酸含量比较（%）

项目	玉米	苦荞	甜荞	小麦粉	大米
苏氨酸（Thr）	0.2736	0.4178	0.328	0.288	0.347
缬氨酸（Val）	0.3805	0.5493	0.454	0.403	0.444
蛋氨酸（Met）	0.1504	0.1834	0.151	0.141	0.161

项目	玉米	苦荞	甜荞	小麦粉	大米
亮氨酸（Ilu）	0.4754	0.7570	0.763	0.662	1.128
赖氨酸（Lys）	0.4214	0.6884	0.262	0.277	0.251
色氨酸（Trp）	0.1094	0.1876	0.122	0.119	0.053
异亮氨酸（Ile）	0.2735	0.4542	0.384	0.245	0.402
苯丙氨酸（Phe）	0.3864	0.5431	0.487	0.343	0.395

二、药用价值

苦荞的粉和叶中含有大量黄酮类化合物，黄酮类化合物是荞麦中发挥药用价值的主要物质。研究表明，荞麦的籽粒、根、茎、叶和花中含有丰富的黄酮类化合物，从荞麦中已经分离鉴定出的黄酮类化合物有芦丁、槲皮素、异槲皮素和山柰酚等50余种。尤其富含芦丁，含量为0.8%~1.5%。苦荞对糖尿病有特效，对高血脂、脑血管硬化、心血管病、高血压等疾病，具有很好的预防和治疗作用。苦荞的提取物苦荞类黄酮能有效调节三高（高血糖、高血压、高血脂）。

（一）降血糖

苦荞含有镉、硒、锌等多种有利于人体的矿物质元素，且含量均在不同程度上高于禾谷类作物。镉对糖尿病有特效，能增强胰岛素功能、改善糖耐量、控制血糖平衡。苦荞中含有存在于碳水化合物中的功能性抗性淀粉，可抵抗酶的分解、影响胰岛素的分泌，具有明显的降血糖效果。

例如，有研究发现苦荞提取物对正常大鼠和小鼠的血糖无降低作用，而对高血糖大鼠和小鼠的血糖有明显降低作用，并且能明显改善动物体对糖的耐受量，使机体血清总胆固醇和甘油三酯浓度显著下降。研究者以苦荞麦的黄酮提取物（150 g/kg）连续灌胃小鼠，15 d后小鼠正常糖耐量水平也得到提高，并显著降低糖负荷后1 h机体的血糖值（$P<0.01$）。同时利用链脲佐菌素（STZ）诱导大鼠形成2型糖尿病，给予受试动物苦荞麦、黄芪和太子参等组成的复方制剂，可防止大鼠肥胖、降低血糖、促进胰岛素分泌，且效果均优于或接近优降糖。这可能与苦荞提取物可有效减少STZ诱导2型糖尿病大鼠的胰岛细胞的凋亡有关。

（二）降血脂

芦丁具有多方面的生理功能，能维持毛细血管的抵抗能力，降低其通透性及脆性，可促进细胞增生和防止血细胞凝集，最终达到降低血脂的目的。还有抗炎、抗过敏、利尿、解痉、镇咳、强心等方面的作用。研究报道了给小鼠或大鼠灌胃120 mg/kg或125 mg/kg的苦荞提取物1周或2周的时间，能起到降低甘油三酯和肝甘油三酯的效果，表明苦荞提取物在一定程度上能改善脂质的代谢结构。

利用高脂饲料诱导小鼠形成高脂血症模型，研究苦荞麦的降血脂作用。其中，朱瑞等人报道苦荞麦正丁醇提取物对模型小鼠血清胆固醇和甘油三酯的升高有明显的降低作用，氯仿提取物也可在一定程度上缓解胆固醇的升高，但作用性质不稳定。同时左光明等研究证实苦荞蛋白组分中清蛋白降血脂功能最强，其次是球蛋白，谷蛋白最弱，可使模型小鼠血清中总胆固醇（TC）、甘油三酯（TG）和低密度脂蛋白胆固醇（LDL-C）含量降低，高密度脂蛋白胆固醇（HDL-C）含量升高。此外，苦荞水溶性蛋白体外吸附胆酸盐能力的测定也证实苦荞水溶性蛋白具有一定的降血脂功能。

（三）抗肿瘤

大量的研究表明，苦荞具有显著的抗癌抑瘤效果。例如体外抗肿瘤活性实验（MTT比色法）表明，从苦荞麦水溶性蛋白中分离纯化的单体蛋白 TBWSP31 对人乳腺癌细胞株 Bcap37 有明显的抑制效果，并且存在时间效应和剂量效应。在 48 h 和 72 h 时的 IC50 值分别为 43.37 $\mu g/mL$、19.75 $\mu g/mL$。从苦荞中提取制备的异槲皮苷能够诱导人胃癌 SGC-7901 细胞发生凋亡，阻断肿瘤细胞增殖和抑制其迁移，并呈时间和剂量依赖性。另外，研究发现，苦荞黄酮能通过提高人食管癌细胞 EC9706 的活性氧水平，改变凋亡蛋白的表达量，使食管癌细胞 EC9706 发生周期阻滞，诱导其发生凋亡，证明了苦荞黄酮能有效抑制食管癌细胞 EC9706 的增殖。苦荞黄酮对宫颈癌 HeLa 细胞也具有明显的增殖抑制效果。

（四）抗氧化

生物类黄酮——芦丁是苦荞富含的一种纯天然抗氧化剂，能有效清除超氧阴离子和羟基等自由基，提升自由基清除酶 SOD、GSH-Px 活力，降低氧化酶活性，从而达到抗氧化的作用。体外温育过程中红细胞（RBC）可产生氧化溶血反应而解体，期间会产生大量的氧自由基。自由基的存在不仅会加速血红蛋白的氧化，同样可促使细胞膜脂质发生氧化而加速溶血。丙二醛（MDA）就是脂质过氧化反应的终产物，可用作评价脂质过氧化反应强弱的指标。研究发现，给小鼠饲喂从苦荞中提取的蛋白复合物（TBPC），与对照组相比，实验小鼠的血液、肝脏和心脏中MDA 含量明显降低，说明 TBPC 对动物体内脂质过氧化物有一定的清除作用。研究者利用 β-胡萝卜素—亚油酸乳化体系热自动氧化法，证明苦荞麦粉的乙醇提取物中芦丁具有良好的抗氧化性。体外抗氧化实验研究显示，苦荞麦皮和粉中黄酮具有较好地清除 DPPH（二苯代苦味酰基自由基）的作用。

（五）抗疲劳

研究显示，苦荞麦中球蛋白质可以显著提高小鼠的负重游泳时间和爬杆时间，升高肝糖原的含量，降低血乳酸和血清尿素的含量。球蛋白质的氨基酸组成中 F 因子低，通过抑制 5-羟色胺的形成降低对神经中枢系统（CNS）的抑制作用，从而增强机体的活动能力，延长耐受力。连续给予受试小鼠苦荞籽提取物 7 d 后，通过观察小鼠转棒耐力发现苦荞籽提取物能明显延长小鼠转棒耐力时间，可有效缓解小鼠躯体疲劳。

（六）其他

充足的槲皮素使苦荞具有较好的祛痰、止咳作用和一定的平喘作用。维生素 B_1 能增进消化机能、抗神经炎和预防脚气病。维生素 B_2 能促进人体生长发育，是预防口角、唇舌、睑缘炎的重要成分。维生素 B_3 有降低人体血脂和胆固醇的作用，是治疗高血压、心血管病的重要辅助药物，尤其是对老年患者具有特别疗效，能降低微血管脆性和渗透性，恢复其弹性，对防止脑溢血、维持眼循环、保护和增进视力有效。维生素 E 对防止氧化和治疗不育症有效，并有促进再生和防止衰老的作用。苦荞中含有较丰富的 Mg、Ca、Se、Mo、Zn、Cr 等常量元素和微量元素；苦荞中含有的微量元素硒，在人体中可与金属结合形成一种不稳定的"金属—硒—蛋白质"复合物，有助于排解人体中的有毒物质（Pb、Hg、Cd 等），硒还有类似维生素的抗氧化和调节免疫功能，不仅对防治克山病、大骨节病、不育症和早衰有显著作用，还有抗癌作用。苦荞还具有较高的辐射防护特性，对于辐射病患者是一种极好的疗效食物。

三、饲用价值

荞麦作为饲料在我国有着悠久的使用历史，早在《三农纪》中便有荞麦作为饲料的记载。荞麦全身营养价值丰富，可以满足牲畜的基本营养需求和改善牲畜的肉质。同时荞麦生产对环境友好，抗逆能力强，生长周期短，产生的次生代谢物质可提高动物抗病性。综上所述，荞麦在作为饲草和饲料加工原料方面有着巨大潜力。

第三节　我国苦荞的用途

苦荞既是一种很好的营养源，可作为纯天然、无污染的绿色食品，又可作为开发保健食品的基料。近年来，随着人民文化生活水平的提高，人们对保健食品及其食疗作用非常重视。苦荞这一传统食物越来越受人们的青睐，作为防病、治病的食药两用的新型食物，可从多方面进行开发利用。

一、苦荞面制品

苦荞粉比苦荞米易于加工，苦荞面制品大多将苦荞粉作为制作原料。如今国内外都在研究苦荞粉的加工处理，如国内研究者发现不同磨粉方式对苦荞粉主要性质的影响不一，而国外有研究者发现热湿处理、退火法处理苦荞淀粉可以使慢消化淀粉和抗性淀粉含量显著增加，苦荞面制品有以下几种。

（一）苦荞面

面条起源于我国，历史悠久，被视为我国（特别是北方）的传统食品之一。随着生活水平的不断提高，人们对面条的营养、品质、食用方便性等方面的要求也随之提高，进而促进了人们对苦荞面的研究。例如，翟小童选取了 5 种不同荞麦作为试验原料，研究发现，加工工艺参数和原料品种均对荞麦挤压面条的食用品质有一定影响，且加水量对其感官品质的影响最大。为提高苦荞面的品质，加强其耐煮性和保健性，减少断条的发生，研究者以煮制损失率为参考指标，通过模糊评判法研制出面条煮制损失率最小的配方，丰富了苦荞挂面的优质加工方法，促进了苦荞挂面的发展。

研究表明，适量的转谷氨酰胺酶可以使蒸面（荞麦面）时间和复水时间得到缩短，能有效增大面条的弹性和韧性。而且苦荞加工成方便面后其营养价值能得到较好的保留，证明了制作苦荞方便面时苦荞粉含量的不同会导致苦荞方便面硬度不同的显著差异。伴随着社会经济的发展和生活节奏的加快，苦荞方便面由于具有快速充饥、营养丰富等优点，已越来越受广大人民欢迎。

（二）苦荞面包、蛋糕

随着社会生产力的发展，人们的生活节奏也随着竞争压力的增大而加快，即食性面包、馒头成了众多上班族的首选早餐。为了改善面包的口感和延缓面包的衰老、提高面包的品质，胡建平等人通过研究确定了苦荞心粉和苦荞麸粉的最佳添加量，研制出了一种具有保健功效的苦荞面包；通过研究确定了苦荞面包的最适宜配方和最佳工艺条件，试制出了一种质地松软、口感细腻的美味面包。以功能品质、体外消化特性及感官评价为参考指标，对添加不同梯度（4%、8%和12%）苦荞粉的苦荞馒头和小麦馒头进行研究，以确定苦荞最佳的添加比例。研究表明，馒头苦荞粉的最适宜添加量为8%，苦荞馒头的黄酮、抗氧化能力等均显著比小麦馒头高，而血糖生成指数则明显比小麦馒头低。

（三）苦荞饼干

饼干作为一种口感松脆、便于携带的即食性食品而受到广大消费者的欢迎。随着生活水平的提高，人们对饼干的品质和营养要求也随之增高。有研究报道，通过正交试验和模糊综合评判的方法，可以研制出一种苦荞饼干的最佳配方，即苦荞粉：小麦粉：油脂：水 = 30：70：8：34。研究者选用面粉为主要原料，对添加不同比例苦荞饼干生产工艺及影响的参数条件进行研究，研制出了一种适宜糖尿病患者食用的苦荞饼干。程超等人选取感官指标和酥脆性作为参考指标，通过中心组合试验对荞麦饼干的配方进行研究。结果发现，当面粉、荞麦粉的配比分别为 100%、20%，白糖、黄油、小苏打、食盐的添加配比分别为 24%、30%、0.4%、0.8%，加水量为 16% 时，其生产出的荞麦酥性饼干酥脆性强，散发出一种浓郁的荞麦清香。这些研究丰富了苦荞饼干的加工方法，促进了苦荞的开发利用。

二、苦荞饮品

在当今食品市场上，饮品属于食品的一个小部分，却扮演着举足轻重的角色。苦荞具有独特的保健效果，促进了人们对苦荞饮品的发明。目前，饮品种类多样，包含了水、茶、酒等，而苦荞饮品主要有苦荞酒、苦荞茶、苦荞乳饮料 3 种。

（一）苦荞酒

据历史记载，谷物造酒是我国最早的生产饮品。经过科研人员对苦荞酒的不断深入研究，苦荞酒的种类也在逐步增加。例如，苦荞红曲酒通过红曲霉固态培养荞麦的方式制曲，继而加入适量的水并将其转入液态发酵产酒，为了掩盖荞麦味，向其加入大米根霉曲糖化液，使酒体拥有独特的酯香风味。以苦荞为生产辅料的苦荞啤酒泡沫洁白而细腻、口味清爽而醇和、苦荞香味突出，弥补了传统啤酒种类、风味单一的不足，丰富了啤酒的种类。比如将主发酵乙醇体积分数作为试验的响应值，通过响应面法对苦荞干黄酒的主发酵工艺进行了研究，并对其进行了优化。同时为了研制出一种新的苦荞白酒酿造工艺，周火玲等选取大曲和小曲作为糖化发酵剂，以发酵时间、添加大曲和小曲及淋醋黄酒的含量为参考指标，最终试制出一种滋味醇厚且营养与保健并存的苦荞白酒。

（二）苦荞茶

茶作为待客常用的饮品，具有消炎解毒、清神、明目、利尿等保健功效。苦荞加工成苦荞茶后，会散发出怡人的荞麦香味，清爽醇厚、风味独特。有研究者选取苦荞麦籽粒破碎物作为试验原料，通过粉碎、烘烤、包装等加工程序，生产出一种茶汤清冽、能散发出一种浓郁的焙烤香味和苦荞麦香味的新型苦荞茶。还有研究者将苦荞麦和海藻完美结合，并添加木糖醇，研制出一种有利于治疗糖尿病的新型功能性饮料。也可以选用丽江苦荞茶作为原料，通过研究确定了茉莉花和苦荞茶的最适比例，研制出了营养丰富且具有保健功效的茉莉花苦荞茶饮料。

（三）苦荞乳饮料

乳饮料凭借着口味丰富、易于吸收、营养价值高等优势在软饮料行业中独树一帜。刘刚选取荞麦和乳粉作为主要原料，将保加利亚乳杆菌和嗜热乳酸链球菌混合后进行发酵，以蔗糖和稳定剂为辅料，通过正交试验确定了生产荞麦保健乳饮料的最佳条件。为了优化苦荞低脂低糖核桃乳饮料的工艺，徐素云等人选取核桃粕、苦荞粉作为试验的主要原料，经过感官评定和正交试验，确定了该饮料的最佳配比，生产出了一种风味独特、营养丰富的乳饮料。

三、调味品

我国有句俗语说"开门七件事，柴米油盐酱醋茶"，由此看出调味品在人们的日常生活中占有极其重要的地位。随着社会的发展和生活水平的提高，人们对调味品的品质、有益功效有了更高的要求。苦荞通过深加工，使得苦荞的保健功能与调味品的功效得到完美结合，受到了广大消费者的喜爱。

研究表明，苦荞油含有83.2%的不饱和脂肪酸，其中油酸占47.1%、亚油酸占36.1%。因此，苦荞油能达到很好地调节人体生理机能的效果，具有良好的开发前景。王元荪以黑苦荞为主要的发酵原料，研制出了具有保健功效且风味独特的黑苦荞酱油。为提高苦荞酱油的色、香、味、体等品质，缩短其发酵周期，通过单因素试验和正交试验，研制出了酿造苦荞酱油液化和糖化的最佳工艺条件。姚荣清等以苦荞为发酵原材料，并添加了10%复合果汁，结果发现成品中至少有4.9 g/100 mL的醋酸含量，最终确定了苦荞醋的加工工艺参数。研究发现，苦荞麦通过酒精发酵、醋酸发酵及其后期调制，可以研制出具有抗氧化等多种保健功效的苦荞醋。

近年来，关于苦荞的开发利用主要集中在苦荞麦粉和生物黄酮的应用，其中苦荞食品在市场上已占据一定领域和拥有一部分消费人群。例如，苦荞黄酮类产品中的生物类黄酮散、生物类黄酮软膏、生物类黄酮胶囊、生物类黄酮牙膏及生物类黄酮口香糖等。这类产品是以苦荞中提取的生物类黄酮为主要原料的制品，具有清热解毒、活血化瘀、改善微循环、拔毒生肌、降糖降脂等生物功效。苦荞是生产食品、保健食品、医药制品及化妆品的优良原料，充分认识苦荞的价值及开发利用的现状、不足，努力开展有关苦荞的相关研究，丰富苦荞上市销售产品的形式，对促进苦荞产业发展来说十分重要。

第二章　我国苦荞育种与栽培技术

第一节　我国苦荞的种质资源

一、我国苦荞种质资源研究

（一）苦荞种质资源研究

种质是携带亲代遗传信息的一种遗传物质，等同于遗传学的基因。研究发现，最近一次对我国荞麦种质资源的收集是在 20 世纪 80~90 年代，这次考察征集了全国 20 个省区 694 个县（次），收集了栽培荞麦种质资源 3000 余份，经整理，编入"中国荞麦品种资源目录"的品种为 2704 份，其中苦荞为 883 份。近年来，关于苦荞种质资源的研究也越来越多，集中在遗传多样性的研究，主要从形态学水平和分子水平上展开。吕丹等以 213 份苦荞种质资源为材料，对其株高、主茎分枝数、初花期、盛花期、单株粒数、单株粒重、百粒重和籽粒产量 8 个农艺性状分析，结果表明单株粒重和单株粒数这 2 个指标显著影响苦荞的产量。李春花等主要对 132 份苦荞种子资源进行农艺性状测定及霜霉病抗性鉴定，结果筛选出的 7 份高抗种质材料，为高抗霜霉病的苦荞新品种的选育奠定了基础。同时，该课题组还以 48 份苦荞种质资源为材料研究了 6 个主要农艺性状和 5 个品质性状的遗传多样性，为云南苦荞种质资源的利用提供了有效的科学依据。杨学乐等对全国 7 个省份的 26 份苦荞种质资源进行主要表型性状与产量统计分析，结果表明不同性状之间变异系数差异较大，变异系数最大的是主茎分枝数，最小的是生育日数，大多数性状与产量呈正相关关系。徐笑宇等利用 SSR 分子标记对西藏、陕西、四川、贵州 4 省（自治区）的 210 份苦荞品种进行遗传多样性研究。张久盘等对 45 份苦荞地方品种的 ITS 和 RLKs 序列进行基因测序和序列比较分析，结果发现云贵川地区苦荞材料的遗传多样性最丰富，陕西、山西及宁夏地区次之，甘肃及内蒙古地区最低。因此，不同地区的苦荞材料聚类与地理分布有关。史建强利用 19 对 SSR 分子标记对我国西南地区收集的 81 份荞麦及其野生资源进行遗传多样性分析，能较好反映荞麦及其野生种质的遗传多样性，为荞麦属种之间的亲缘关系分析和荞麦起源进化研究提供依据。

（二）栽培荞麦资源研究

中国作为世界荞麦主产国之一，种植面积和产量均居世界前列，产量仅次于俄罗斯。栽培荞麦在中国的分布，南起海南省的三亚市，北至黑龙江省；东起浙江、安徽一带，西至新疆的塔城县及西藏的札达县，几乎遍及全国。其中苦荞产区主要集中在我国西南地区，如云南、贵州和四川等省；而甜荞主要分布在我国东北、华北和西北地区。

从海拔高度看，甜荞的生长范围大多集中在 600~1500 m，而最高海拔可达 4000 以上，最低还不到 100 m；苦荞主要分布在海拔 1200~3000 m 的范围内，最高上限为 4400 m，最低为 400 m。从生产区域上看，栽培荞麦主要产区集中在内蒙古、甘肃、宁夏、陕西、山西等省区；而云南、贵州、四川、西藏、青海等省区也有少量分布。从地理条件上看，一般以秦岭为界，以北的区域是甜荞主产区，往南则以栽培苦荞为主，其中面积较大的甜荞麦三大产区如下：一是以库伦旗、奈曼旗、敖汉旗和翁牛特旗为主的内蒙古东部白花甜荞产区（荞麦花被多为白色）；二是以固阳县、武川县和四子王旗为主的内蒙古后山白花甜荞地区；三是以陕西省的定边县、靖边县、吴起县、志丹县和安塞县，宁夏回族自治区的盐池县和彭阳县，以及甘肃省的环县和华池县等地组成的陕甘宁红花甜荞地区（荞麦花被多为红色）。一般而言，甜荞生产水平多集中在 300~900 kg/hm^2，但最高可达 3000 kg/hm^2。我国西南部的四川省凉山地区，云南省昭通和楚雄地区，贵州省的毕节地区是苦荞麦的主要产区。一般苦荞的平均产量略高于甜荞，多在 900~2250 kg/hm^2，最高可达 4275 kg/hm^2。

二、苦荞种质资源收集与保存

中国有着极其丰富的苦荞种质资源，具有上千年的苦荞栽培历史。收集保存苦荞种质资源是进行苦荞品种选育、遗传多样性研究以及农业生产、产业化利用的重要资源基础。中国有关苦荞种质资源的收集开始于 20 世纪 50 年代，期间收集到大量苦荞种质资源，但保存不规范等原因导致其中绝大部分种质材料丢失。在 20 世纪 80 年代，由中国农业科学院牵头对全国各地的苦荞种质资源进行重新征集、收藏，共有 883 份苦荞种质编入 "中国荞麦品种资源目录"。迄今，在这些编录的苦荞种质资源中，有 754 份苦荞种质资源被很好地保存在中国农业科学院种质资源库长期库中。除由中国农业科学院牵头的苦荞种质资源大规模收集和保存外，超过收集与保存 100 份以上苦荞种质的单位还有贵州师范大学、吉林省白城市农业科学院、山西省农业科学院、云南省农业科学院、山西农业大学、西北农林科技大学和西昌学院等单位。

中国栽培荞麦的历史已有上千年，栽培种类既有甜荞，又有苦荞。种质资源非常丰富，品种类型多种多样。尽管我国有极其丰富的栽培荞麦资源，但在 20 世纪 80 年代前这些种质资源没有被很好地收集和保存，更没有对它们的性状进行研究。20 世纪 80 年代以后，由中国农业科学院牵头的全国 20 个省区市的科研单位组成科研小组，并对荞麦种质资源重新进行收集。科研组考察征集了 694 个县（次），大约收集了 3000 余份栽培荞麦种质资源，并经过整理、保存，编入"中国荞麦品种资源目录"的品种有 2704 份，其中甜荞 1821 份、苦荞 883 份；这其中的 1528 份甜荞和 754 份苦荞种质资源被很好地保存在中国农业科学院种质资源库长期库中（表 2-1）。

表 2-1　中国荞麦种质资源编目与长期保存情况统计

省级区域	编目材料数			长期保存材料数		
	甜荞	苦荞	合计	甜荞	苦荞	合计
黑龙江	24		24			
吉林	164		164	94		94
辽宁	74	1	75	74	1	75
内蒙古	289	8	297	287	8	295
河北	124		124	101		101
北京	42	98	140	8	43	51
山西	283	113	396	204	104	308
宁夏	16	9	25			
陕西	205	93	298	204	93	297
甘肃	112	94	206	104	91	195
青海	41	45	86	39	45	84
新疆	30		30	24		24
安徽	85	5	90	85	5	90
湖北	75	35	110	71	35	106
江西	64	2	66	57	2	59
湖南	9	4	13	9	4	13
四川	39	171	210	34	146	180
贵州	29	68	97	23	54	77
云南	58	131	189	52	117	169
广西	58	6	64	58	6	64
总计	1821	883	2704	1528	754	2282

三、苦荞种质资源评价

（一）农艺性状评价

目前，研究人员已对苦荞种质资源的多个农艺性状进行了评价，这些农艺性状主要包括生育期、株型、株高、主茎节数、主茎分枝数、株粒重、株粒数、千粒重、产量、粒色、粒型、粒长、粒宽和抗倒伏等。大量研究表明，在苦荞种质资源中，这些农艺性状遗传多样性丰富，变异广泛。同时基于各农艺性状的主成分分析和聚类分析，研究人员已筛选到各主要农艺性状相关的优异种质资源。此外，基于各农艺性状间的相关性分析表明，生产上最为关心的苦荞产量性状主要与株高、株粒数枝、株枝粒重、千粒重、主茎分枝数和生育期呈显著正相关；倒伏性状主要与株高、主茎节数、节间长度呈显著正相关。除对苦荞种质资源主要农艺性状的大量评价外，最近研究者还对不同苦荞品种的结实率为性状进行了评价。结果发现，苦荞的结实率为 20.7%~33.6%，并根据聚类分析结果将 8 个苦荞品种分为高结实率（>31%）和中结实率（23.3%~29.1%）。

除对苦荞种质资源的重要农艺性状评价外，一些研究已对苦荞的部分农艺性状进行了遗传分析。李春花等通过株高差异较大的 2 个苦荞品种杂交，对获得的 F_2 和 F_3 群体的株高、分枝数、主茎节数和单株粒重进行了遗传分析，结果发现 4 个性状在 F_2 和 F_3 群体中均出现了超亲分离，广义遗传率为 0.62~0.78；相关性分析表明，株高、分枝数、主茎节数均与单株粒重显著相关，且株高与单株粒重间的遗传相关系数较大。唐链等利用高秆和中秆苦荞杂交获得的 F_2 和 F_3 群体，对株高、主茎分枝数进行遗传分析，结果表明苦荞株高、主茎分枝数是数量性状，且株高、主茎分枝数与产量呈极显著正相关，表明株高与主茎分枝数可作为苦荞高产杂交育种的重要目标性状。石桃雄等利用苦荞重组自交系对 8 个农艺性状（株高、主茎分枝数、主花序二分叉花枝数、顶三花枝粒数、单株粒数、单株粒质量、千粒质量、籽粒产量）进行了遗传变异和相关性分析，结果表明各性状变异系数为 13.1%~42.2%，7 个性状（除主茎分枝数）均存在双向超亲分离现象；在各性状间，单株粒数、主花序二分叉花枝数（影响粒数）和千粒质量是影响单株粒重的主要因素，表明单株粒数可作为高产苦荞品种选育的重要参考指标。石桃雄等和郑俊青等利用不同的苦荞重组自交系群体对苦荞粒长、粒宽和千粒重进行遗传分析，结果发现 3 个性状均存在连续变异及双向超亲分离现象，表明这 3 个性状是数量性状。李春花等利用籽粒大小差异较大的 2 个苦荞品种杂交获得的 F_2 和 F_3 群体，对粒长、粒宽和千粒重进行遗传分析，获得了与石桃雄等和郑俊青等相似的结果。陈庆富等利用 4 个 F_2 群体（厚壳苦荞与薄壳苦荞杂交）对苦荞厚壳和薄壳特性进行遗传分析，结果发现苦荞厚壳特性为显性单基因遗传模式，其隐性纯合基因型表现为薄壳特性；薄壳特性与低千粒重和低单株产量呈极显著的相关性，但薄壳型植株千粒重变异幅度的最大值可以接近厚壳苦荞的平均水平；表明通过杂交育种方法可使薄壳苦荞的产量接近或达到常规厚壳苦荞水平。此外，崔娅松等利用多个薄壳苦荞和厚壳苦荞组合获得的 F_2 和 F_3 群体分析表明，各组合果壳率的广义遗传力变幅为 0.42~0.91，狭义遗传力变幅为 0.07~0.27，广义遗传力与狭义遗传力数值相差极大，粒重和果仁重对果壳率直接效应最大，其中前者为正效应，后者为负效应。

（二）品质性状评价

苦荞品质性状包括营养成分和功能成分 2 个方面。营养成分主要是淀粉、蛋白质、脂肪酸，而功能成分主要是黄酮、抗性淀粉等。目前，研究者已在种质水平上对苦荞这些品质性状进行了大量评价。

1. 营养成分

苦荞籽粒中最丰富的营养物质主要是淀粉、蛋白质和脂肪酸。通过大规模对苦荞种质籽粒中的淀粉分析表明，苦荞总淀粉含量为 60.49%~77.98%，其中对淀粉品质影响很大的直链淀粉含量为 11.59%~28.30%。值得注意的是，不同种质间苦荞的总淀粉和直链淀粉含量变异幅度较大，表明不同种质间淀粉的合成存在较大遗传差异。苦荞籽粒总蛋白含量分析发现，不同苦荞种质籽粒中的总蛋白含量存在较大差异，其总含量为 6.82%~15.02%。蛋白组分分析表明，苦荞中的蛋白主要是球蛋白、清蛋白、谷蛋白、醇溶蛋白和残渣蛋白等。在各种蛋白含量分析方面，不同的研究结果存在一定差异。大部分研究结果表明，苦荞籽粒中各种蛋白含量从高到低依次为清蛋白、谷蛋白、球蛋白和醇溶蛋白。Pomeranz 等研究结果认为荞麦籽粒蛋白中的清蛋白和球蛋白含量高达 80%。通过分析不同发育时期苦荞籽粒中这 4 种蛋白相关基因的表达情况，发现清蛋白和球蛋白相关基因的表达是谷蛋白和醇溶蛋白的几十至万倍（数据未发表），所以认为苦荞中主要蛋白是清蛋白和球蛋白。苦荞籽粒脂肪含量检测发现，不同苦荞种质的籽粒中脂肪含量差异极大，含量为 1.22%~4.70%，明显高于小麦和水稻籽粒中的脂肪含量。目前苦荞中已有 13 种脂肪酸被鉴定，其中含量最多的脂肪酸是油酸和亚油酸，且它们的含量在不同苦荞种质中存在较大差异。

2. 功能成分

抗性淀粉在降血脂、改变肠道微生物及降血压等过程中具有显著作用，以及极高的保健功能。目前，仅有个别研究在种质水平上对苦荞籽粒中的抗性淀粉含量进行了评价。Qin 等对 21 份苦荞种质的抗性淀粉含量测定发现，不同苦荞种质间的抗性淀粉含量存在较大差异，其含量为 13.06%~22.53%，远高于小麦和水稻种子中的抗性淀粉含量。黄酮类化合物具有降"三高"、消炎、抗氧化、抗病毒、抗动脉硬化、抗糖尿病、抗癌防癌等多种保健功能。通过对苦荞籽粒中黄酮含量的大量研究表明，不同苦荞种质籽粒中总黄酮含量差异极大，其含量为 0.65% ~2.84%。目前，研究者还对苦荞籽粒中的黄酮组分进行了详细鉴定，结果表明苦荞籽粒中大约存在 90 种黄酮类化合物。这些黄酮化合物中含量最丰富的是芦丁（占总黄酮含量的 70%~85%）、槲皮素、山奈酚-3-O-芸香糖苷、山奈酚等，这些主要黄酮类化合物含量在不同苦荞种质中差异极大。同时，不同苦荞种质籽粒中的芦丁含量与槲皮素含量存在一定的负相关性。

（三）抗逆性评价

目前，研究者对苦荞种质资源的抗逆性评价主要集中在抗旱、抗盐、抗重金属、耐瘠（耐低磷和耐低氮）等方面。

1. 抗旱

干旱是威胁苦荞生产的主要非生物胁迫之一。目前，研究人员主要利用 PEG-6000 模拟干旱胁迫对不同苦荞种质萌发期的抗旱性进行评价。研究发现，PEG-6000 处理明显降低了苦荞的发芽率、发芽势、发芽指数、胚芽长度、胚根长度，但不同苦荞种质相关指标受到的抑制程度存在较大差异，表明不同苦荞种质在萌发期具有不同的抗旱能力。研究人员进一步通过各指标相关性分析和灰色关联分析确定发芽率、相对发芽势、萌发指数、胚根长可作为苦荞萌发期抗旱评价指标，并基于此筛选出抗旱苦荞种质。除利用 PEG-6000 处理对苦荞萌发期抗旱性评价外，研究者还通过土培法模拟自然干旱对苦荞种质苗期抗旱性进行了鉴定。路之娟等通过沙培方式对 9 个苦荞品种苗期抗旱性进行评价，结果发现干旱胁迫对苦荞形态、生理指标产生了极大影响，不同苦荞品种受到的影响存在一定差异；确定了株高、茎粗、根冠比、根系活力、最大根长、丙二醛含量和叶片相对水势可作为苦荞苗期抗旱性评价的关键指标，并在此基础上筛选出 3 个苦荞品种（迪庆苦荞、西农 9909 和奇台农家）为耐旱型品种。Aubert 等对土培下 12 份苦荞种质进行苗期抗旱性鉴定发现，干旱胁迫严重抑制了苦荞的株高和叶面积，不同品种受到的抑制差异较大，暗示这两个指标也可作为苦荞苗期抗旱性评价的关键指标。

2. 抗盐

陆启环等对 19 个苦荞品种 NaCl 胁迫下的相关生理指标分析表明，盐胁迫抑制了苦荞种子萌发率和幼苗 SOD 活性，减少了幼苗叶片中叶绿素含量，增加了幼苗质膜透性和 MDA 含量。此外，研究还发现，不同品种间这些指标存在较大差异，抗性强的品种具有更高的种子萌发率、SOD 活性和叶绿素含量，更低的质膜透性和 MDA 含量。在此基础上，筛选出"黔苦 3 号"为耐盐品种，"西农 9909"为盐敏感品种。翁文凤对 268 份苦荞种质进行了萌发期耐盐性评价，结果发现盐胁迫处理明显抑制了苦荞种子的发芽率、胚根长和上胚轴长。不同品种间相关指标受到的抑制存在极大差异，总隶属函数值>1.5 和<0.7 筛选到耐盐种质 24 份，

盐敏感种质 17 份。

3. 抗重金属

目前，仅有少部分研究开展了苦荞重金属耐性评价。毛旭等通过在重金属污染的农用地上直接种植苦荞，评价 7 个苦荞品种（黔黑苦 1 号、黔苦 2~7 号）对土壤中镉（Cd）、砷（As）、铅（Pb）、镍（Ni）、铜（Cu）和锌（Zn）6 种典型有害重金属的污染情况，筛选重金属低积累的苦荞品种。结果表明，苦荞籽粒对重金属的富集能力因元素而异，总体表现出 Cd>Zn>Cu>Ni>Pb>As 的特征；7 个苦荞品种籽粒受到 Cd 严重污染，并且污染等级均达高污染；苦荞产量主要受籽粒 Pb 含量的影响，达到强负相关关系，籽粒中 Zn 与 Ni、Cu 含量呈显著强正相关关系；黔苦 3 号为 Cd 低积累品种，黔苦 7 号为 As、Ni 和 Pb 的低积累品种，黔苦 5 号为 Cu 低积累品种，黔苦 4 号为 Zn 低积累品种。毛旭等通过在 Cd 污染的农用地上直接种植苦荞，评价了 7 个苦荞品种对 Cd 的积累能力差异，结果表明，在苦荞不同部位 Cd 富集能力表现为叶>茎≈根>颖壳>籽粒；不同苦荞品种根部与籽粒 2 个部位的 Cd 含量差异显著；7 个苦荞品种地上部分富集系数与转运系数皆小于 1，其中黔黑苦 1 号与黔苦 3 号籽粒 Cd 浓度为 0.12 mg/kg，植株、籽粒 Cd 积累量的系统聚类分析将其列为较低值类品种，可推选为低 Cd 积累品种。

4. 耐瘠

目前，研究者对苦荞耐贫瘠评价主要集中在氮、磷、钾 3 个方面。张楚等对 9 个不同基因型苦荞品种在不同氮水平下的农艺性状、生理特性及植株氮素利用等指标进行了评价，发现低氮胁迫明显抑制了苦荞生长，不同苦荞品种受到的抑制程度存在一定差异。通过各指标的综合分析，筛选出株高、茎粗、叶面积、根冠比、叶绿素含量、SOD 活性和氮利用效率作为苦荞耐低氮评价的关键指标，迪庆苦荞为耐低氮品种。在苦荞耐低磷评价方面，杨春婷等对 14 个苦荞品种苗期耐低磷进行评价发现，低磷胁迫明显抑制了苦荞生长，且对地上部位的影响程度显著大于地下部位。通过各指标的综合分析，筛选出根表面积、根长、株高、地上部干质量、酸性磷酸酶、磷积累量和过氧化物酶活性 7 项指标为苦荞苗期耐低磷能力快速鉴定的关键指标，绿宝荞麦、迪庆苦荞、额敏农家品种和晋荞 4 号为耐低磷型品种。李振宙等对四倍体苦荞在不同钾水平下籽粒灌浆特性、充实度进行了评价，发现中钾处理的灌浆起始势、达最大生长速率的天数、灌浆速率最大时的生长量、根系长度、根系表面积、根系体积、籽粒充实度和产量均最大，表明适宜的钾肥施用量不仅可以促进四倍体苦荞的生长发育，还有利于提高其籽粒充实度和产量。

第二节　苦荞的品种选育

一、苦荞品种选育现状分析

（一）苦荞育种进步与品种主要特征变化

将近年参加区域试验的所有苦荞品种按生长区气候条件分成北方组和南方组，对参试品种 7 个产量相关性状进行分析。结果发现，北方组的各个品种生育日数为 86.9~104.6 d，平均生育日数为 93.5 d；株高为 109.5~134.9 cm，平均为 119.0 cm；主茎分枝数为 5.6~6.0 个，平均为 5.9 个；主茎节数为 14.9~15.5 节，平均 15.2 节；单株粒重为 3.7~4.9 g，平均为 4.2 g；千粒重为 17.3~18.5 g，平均为 18.0 g；产量 1825.9~2217.6 kg·hm^{-2}，平均为 2025.0 kg·hm^{-2}。由图 2-1 可知，2006—2014 年，产量随着年份的推移增加了 21%，CK 在不同年份之间的变化趋势与品种平均值变化趋势基本一致。南方组的各苦荞品种生育日数为 82.4~93.8 d，平均生育日数为 85.8 d；株高为 98.7~115.7 cm，平均为 108.5 cm；主茎分枝数为 4.5~5.6 个，平均为 5.0 个；主茎节数为 14.0~16.6 节，平均为 14.9 节；单株粒重为 3.8~5.9 g，平均为 4.6 g；千粒重为 20.1~22.4 g，平均为 20.9 g；产量为 2016.4~2 657.1 kg·hm^{-2}，平均为 2196.6 kg·hm^{-2}。由图 2-1 可以看出，主茎分枝数、单株粒重和产量随着年份推移而持续增加，主茎分枝数、单株粒重和产量分别增加了 22%、55% 和 32%，CK 在不同年份之间的变化趋势与品种平均值变化趋势基本一致。

将近年北方组和南方组苦荞 4 轮区试的 7 个性状进行 t 检验，发现北方组与南方组的 7 个性状均存在显著差异，南方组苦荞的生育日数、株高、主茎分枝数、主茎节数、单株粒重、千粒重和产量分别是北方组苦荞的 91.8%、91.2%、84.7%、98.0%、115.0%、116.1% 和 108.5%。南方组苦荞较北方组生育期更短，株高更矮，主茎分枝数和主茎节数都更少，但是单株粒重、千粒重和产量都更高，这可能是南方组的光照时长及水热资源较北方组更充沛导致的。

（二）苦荞育种单位之间的品种差异

近年来，来自陕西省、甘肃省、云南省、贵州省、江西省、山西省、四川省、湖南省和重庆市 19 个育种单位共提供了 42 个苦荞品种。其中云南省 5 个单位，贵州省 3 个单位，陕西省、甘肃省、山西省和四川省各 2 个单位，江西省、湖南省和重庆市各 1 个单位。由于 47% 的单位只提供了 1 个参试品种，很多单位只参加了 1~2 轮区域试验，受区试条件影响，本研究将同一省区的不同育种单位划分为同一组进行比较分析，以便更好地代表对应地区的苦荞育种水平。

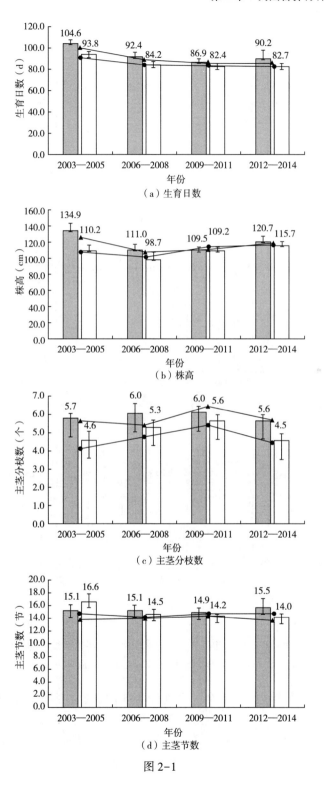

（a）生育日数

（b）株高

（c）主茎分枝数

（d）主茎节数

图 2-1

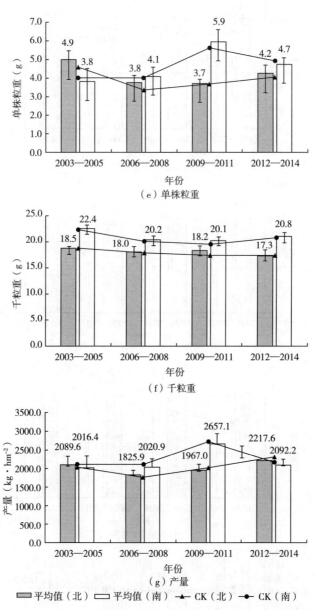

图 2-1　近年北方组和南方组苦荞各性状在每轮区试中的表现

[CK（北）和 CK（南）分别代表对照品种九江苦荞在四轮区试中的变化]

　　北方组苦荞供种单位共 19 个，分别位于陕西省、甘肃省、山西省、云南省、贵州省、江西省、四川省、湖南省和重庆市 9 个省区。近年来，参试品种的生育日数为（85.33±1.15）~（95.69±8.11）d，平均为（90.54±3.73）d，其中云南省最长，重庆市最短；株高为（105.52±3.22）~（120.90±9.67）cm，平均为（116.17±

6.04）cm，其中贵州省最高，湖南省最低；主茎分枝数为（5.64±0.15）~（6.30±1.01）个，平均为（5.93±0.21）个，其中湖南省最高，陕西省最低；主茎节数为（14.33±0.63）~（15.49±0.76）节，平均为（14.97±0.45）节，其中云南省最高，江西省最低；单株粒重为（3.45±0.02）~（4.57±1.17）g，平均为（4.13±0.34）g，其中重庆市最高，四川省最低；千粒重为（16.60±0.70）~（18.73±1.64）g，平均为（17.74±0.59）g，其中陕西省最高，重庆市最低；产量为（1 783.22±47.05）~（2 237.99±203.21）kg·hm^{-2}，平均为（2 058.58±132.95）kg·hm^{-2}，其中重庆市最高，四川省最低（表2-2）。

表2-2 近年北方组苦荞产量和农艺性状表现

省（区）	性状	年份				平均
		2003—2005	2006—2008	2009—2011	2012—2014	
陕西省	生育日数（d）	102.67±6.81	93.00±1.00	88.33±2.31	88.00±2.60	93.00±6.84
	株高（cm）	138.20±6.06	109.70±2.65	113.00±2.23	119.06±5.28	119.99±12.74
	主茎分枝数（个）	5.73±0.12	5.50±0.36	5.80±0.75	5.53±0.48	5.64±0.15
	主茎节数（节）	14.67±1.07	15.40±0.36	15.83±0.46	15.16±0.49	15.26±0.49
	单株粒重（g）	5.53±0.45	3.93±0.59	3.40±0.56	4.03±0.97	4.23±0.92
	千粒重（g）	17.63±0.06	20.50±1.35	19.73±0.57	17.07±1.64	18.73±1.64
	产量（kg·hm^{-2}）	2370.31±160.90	2005.36±436.53	1964.58±151.75	2141.59±278.50	2120.46±182.96
甘肃省	生育日数（d）	103.33±5.69	88.00±1.00	90.00±2.45	91.00±1.73	93.08±6.95
	株高（cm）	126.70±5.93	102.43±1.33	114.43±4.51	131.53±1.34	118.78±13.06
	主茎分枝数（个）	6.10±0.26	6.80±0.62	6.03±0.85	5.47±0.60	6.10±0.55
	主茎节数（节）	14.57±0.90	14.63±0.29	15.77±0.64	16.50±0.26	15.37±0.93
	单株粒重（g）	4.50±0.36	3.77±0.31	3.82±049	4.97±1.80	4.26±0.58
	千粒重（g）	18.50±0.44	17.70±1.56	18.62±0.85	15.73±1.12	17.64±1.33
	产量（kg·hm^{-2}）	2113.76±262.60	1854.51±427.81	1777.91±99.09	2390.61±339.56	2034.20±277.69
山西省	生育日数（d）		93.33±2.89		85.17±1.33	89.25±5.77
	株高（cm）		120.27±1.42		116.17±5.25	118.22±2.90
	主茎分枝数（个）		6.40±0.36		5.25±0.56	5.83±0.81
	主茎节数（节）		15.93±0.42		14.05±0.47	14.99±1.33
	单株粒重（g）		4.47±0.06		4.30±0.69	4.38±0.12
	千粒重（g）		18.03±1.07		17.30±0.83	17.67±0.52
	产量（kg·hm^{-2}）		2048.89±341.89		2278.20±214.09	2163.55±16215

续表

省（区）	性状	年份				平均
		2003—2005	2006—2008	2009—2011	2012—2014	
云南省	生育日数（d）	107.13±6.03	90.56±4.28	89.33±2.52	95.75±11.46	95.69±8.11
	株高（cm）	141.11±11.17	103.98±4.50	112.30±7.30	120.83±9.01	119.56±15.93
	主茎分枝数（个）	5.60±0.80	6.33±0.34	6.13±0.93	5.78±0.97	5.96±0.33
	主茎节数（节）	16.03±1.14	14.60±0.90	15.13±0.76	16.22±2.43	15.49±0.76
	单株粒重（g）	4.48±0.35	4.00±0.76	3.80±0.46	4.07±1.36	4.09±0.28
	千粒重（g）	18.54±0.52	17.76±1.38	18.90±0.62	18.16±1.43	18.34±0.49
	产量（kg·hm⁻²）	1859.42±147.49	1924.57±369.45	2148.67±26.10	1895.43±388.70	1957.02±130.51
贵州省	生育日数（d）	104.22±5.36	95.11±3.06	83.67±0.58	94.00±1.00	94.25±8.41
	株高（cm）	131.80±7.96	117.60±6.22	109.30±1.04	124.90±9.82	120.90±9.67
	主茎分枝数（个）	5.80±0.35	6.20±0.54	5.33±0.67	5.77±0.42	5.78±0.35
	主茎节数（节）	14.96±1.18	15.82±0.86	13.90±0.26	16.70±0.70	15.34±1.20
	单株粒重（g）	5.50±0.67	3.80±0.59	3.70±0.36	4.53±0.65	4.38±0.83
	千粒重（g）	18.77±0.50	17.81±1.77	18.00±0.70	16.97±1.20	17.89±0.74
	产量（kg·hm⁻²）	2316.40±193.06	1869.48±392.46	1949.12±152.72	2186.14±251.20	2080.29±207.04
江西省	生育日数（d）	100.33±5.69	89.33±1.15	86.00±1.73	85.00±1.00	90.17±7.03
	株高（cm）	126.73±5.45	107.30±3.66	111.47±3.33	119.90±5.67	116.35±8.68
	主茎分枝数（个）	5.63±0.12	5.37±0.12	6.40±0.80	5.67±0.55	5.77±0.44
	主茎节数（节）	13.67±0.81	13.93±0.40	14.83±0.81	14.90±0.30	14.33±0.63
	单株粒重（g）	4.60±0.30	3.37±0.32	3.67±0.55	4.13±0.78	3.94±0.54
	千粒重（g）	18.73±0.21	17.93±1.14	17.30±0.17	17.07±1.29	17.76±0.75
	产量（kg·hm⁻²）	2086.44±118.56	1795.34±389.54	2002.73±128.29	2186.25±219.11	2017.69±166.14
四川省	生育日数（d）	92.75±4.97	84.33±1.15		88.54±5.95	
	株高（cm）		112.33±7.57	99.77±2.30		106.05±8.88
	主茎分枝数（个）		5.69±0.57	6.07±1.03		5.88±0.27
	主茎节数（节）		15.21±1.01	13.93±0.81		14.57±0.90
	单株粒重（g）		3.44±0.51	3.47±1.10		3.45±0.02
	千粒重（g）		17.90±1.22	17.30±0.17		17.60±0.42
	产量（kg·hm⁻²）		1749.95±390.48	1816.48±34.42		1783.22±47.05

省（区）	性状	年份				平均
		2003—2005	2006—2008	2009—2011	2012—2014	
湖南省	生育日数（d）			85.50±1.38		85.50±1.38
	株高（cm）			105.52±3.22		05.52±3.22
	主茎分枝数（个）			6.30±1.01		6.30±1.01
	主茎节数（节）			14.37±0.73		14.37±0.73
	单株粒重（g）			3.85±0.42		3.85±0.42
	千粒重（g）			17.48±0.69		17.48±0.69
	产量 （kg·hm^{-2}）			2132.77± 120.46		2132.77± 120.46
重庆市	生育日数（d）				85.33±1.15	85.33±1.15
	株高（cm）				120.17±8.06	20.17±8.06
	主茎分枝数（个）				6.13±0.76	6.13±0.76
	主茎节数（节）				4.97±0.38	4.97±0.38
	单株粒重（g）				4.57±1.17	4.57±1.17
	千粒重（g）				6.60±0.70	6.60±0.70
	产量 （kg·hm^{-2}）				2237.99± 203.21	2237.99± 203.21

南方组苦荞供种单位共 19 个，分别位于陕西省、甘肃省、山西省、云南省、贵州省、江西省、四川省、湖南省和重庆市。近年来，参试品种的生育日数为（81.00±2.65）～（87.07±5.56）d，平均为（83.93±2.12）d，其中云南省最长，重庆市最短；株高为（102.53±7.02）～（115.00±6.91）cm，平均为（108.47±3.87）cm，其中重庆市最高，四川省最低；主茎分枝数为（4.66±0.58）～（6.05±0.71）个，平均为（5.10±0.45）个，其中湖南省最高，江西省最低；主茎节数为（14.17±0.52）～（15.15±1.28）节，平均为（14.53±0.33）节，其中云南省最高，湖南省最低；单株粒重为（4.33±1.17）～（5.73±0.94）g，平均为（4.85±0.50）g，其中湖南省最高，陕西省最低；千粒重为（19.50±0.54）～（21.18±0.88）g，平均为（20.62±0.52）g，其中云南省最高，湖南省最低；产量为（1 966.89±404.21）～（2 736.19±302.84）kg·hm^{-2}，平均为（2240.85±235.38）kg·hm^{-2}，其中湖南省最高，陕西省最低（表2-3）。

表2-3　近年南方组苦荞产量和农艺性状表现

省（区）	性状	年份				平均
		2003—2005	2006—2008	2009—2011	2012—2014	
陕西省	生育日数（d）	94.67±3.21	82.67±3.79	84.33±1.53	82.11±2.80	85.94±5.89
	株高（cm）	117.40±9.61	79.93±6.54	106.17±4.92	115.77±8.12	104.82±17.31
	主茎分枝数（个）	4.77±0.50	4.37±1.10	5.37±1.03	4.52±0.81	4.76±0.44
	主茎节数（节）	17.03±0.57	13.17±1.36	14.13±0.50	14.20±1.38	14.63±1.67
	单株粒重（g）	3.90±1.25	2.97±1.01	5.70±1.30	4.77±0.74	4.33±1.17
	千粒重（g）	21.43±2.48	21.23±0.76	20.83±0.93	20.47±1.32	20.99±0.43
	产量（kg·hm^{-2}）	2023.41±117.30	1387.13±387.19	2312.04±483.40	2144.98±358.67	1966.89±404.21
甘肃省	生育日数（d）	92.33±5.51	81.00±4.00	84.00±1.79	81.67±2.08	84.75±5.22
	株高（cm）	101.27±4.73	90.30±8.57	108.15±6.27	127.30±3.10	106.75±15.54
	主茎分枝数（个）	4.97±0.49	5.40±0.92	5.37±0.77	4.33±0.57	5.02±0.50
	主茎节数（节）	16.10±1.08	14.00±0.56	14.57±0.62	14.30±0.79	14.74±0.93
	单株粒重（g）	3.60±0.75	4.53±0.91	5.28±0.80	4.37±0.74	4.45±0.69
	千粒重（g）	22.33±1.81	21.03±0.76	20.32±0.79	19.43±0.45	20.78±1.23
	产量（kg·hm^{-2}）	1783.33±264.53	1894.32±284.12	2362.90±302.14	1970.25±296.74	2002.70±252.10
山西省	生育日数（d）	—	85.00±4.00		80.67±2.58	82.83±3.06
	株高（cm）		110.70±7.12		112.45±6.21	111.58±124
	主茎分枝数（个）		5.47±1.11		4.23±0.73	4.85±0.87
	主茎节数（节）		15.20±0.69		13.17±1.09	14.18±1.44
	单株粒重（g）		3.93±0.40		4.77±0.16	4.35±0.59
	千粒重（g）		20.10±0.61		21.32±0.59	20.71±0.86
云南省	生育日数（d）	95.38±5.76	84.56±4.00	83.67±2.31	84.67±4.56	87.07±5.56
	株高（cm）	110.10±10.04	97.53±2.54	118.27±5.00	114.58±8.81	110.12±9.03
	主茎分枝数（个）	4.21±0.93	5.61±1.05	5.60±1.06	4.68±0.74	5.02±0.70
	主茎节数（节）	17.03±1.20	14.87±1.17	14.43±0.64	14.27±1.73	15.15±1.28
	单株粒重（g）	3.33±0.95	4.56±0.94	6.70±0.82	4.58±0.60	4.79±1.40
	千粒重（g）	22.36±1.43	20.38±0.60	20.67±0.38	21.31±0.51	21.18±0.88
	产量（kg·hm^{-2}）	1785.14±384.19	2188.02±304.55	2796.93±150.02	2060.83±354.52	2207.73±427.28

省（区）	性状	年份				平均
		2003—2005	2006—2008	2009—2011	2012—2014	
贵州省	生育日数（d）	92.78±531	86.11±3.41	79.00±1.00	83.00±4.58	85.22±5.82
	株高（cm）	110.97±5.51	04.56±10.28	09.40±1.77	114.27±5.85	109.80±4.04
	主茎分枝数（个）	4.86±0.61	5.14±1.00	5.23±1.12	4.47±0.58	4.93±0.35
	主茎节数（节）	16.74±1.17	15.01±0.94	13.37±0.47	14.00±1.47	14.78±1.47
	单株粒重（g）	4.38±0.95	4.07±1.09	6.27±1.93	5.20+0.30	4.98±0.98
	千粒重（g）	22.78±1.96	19.82±1.14	20.63±0.15	20.57±0.51	20.95±1.27
	产量（kg·hm^{-2}）	2083.01±242.18	1823.59±251.16	3122.37±451.41	2043.17±432.23	2268.03±580.87
江西省	生育日数（d）	91.00±6.00	83.67±3.51	83.00±1.00	81.67±3.06	84.83±4.19
	株高（cm）	107.60±0.50	01.80±4.36	14.30±2.69	116.87±4.01	110.14±6.80
	主茎分枝数（个）	4.10±0.72	4.73±1.25	5.43±0.91	4.37±0.35	4.66±0.58
	主茎节数（节）	14.83±0.59	14.07±1.05	14.43±0.70	13.67±1.31	14.25±0.50
	千粒重（g）	22.20±1.57	19.90±0.66	19.47±0.81	20.70±0.26	20.57±1.20
	产量（kg·hm^{-2}）	1997.65±372.73	2038.94±355.64	2739.88±421.23	2229.39±363.26	2251.47±340.89
四川省	生育日数（d）		83.42±4.12	79.33±1.15		81.38±2.89
	株高（cm）		97.57±8.07	107.50±1.32		102.53±7.02
	主茎分枝数（个）		5.24±1.17	5.97±0.72		5.60±0.51
	主茎节数（节）		14.28±0.84	14.33±0.74		14.30±0.04
	单株粒重（g）		3.98±0.75	7.10±0.87		5.54±2.20
	千粒重（g）		20.13±0.54	20.10±0.26		20.12±0.02
	产量（kg·hm^{-2}）		2053.63±251.55	2829.64±282.74		2441.64±548.72
湖南省	生育日数（d）			82.33±0.52		82.33±0.52
	株高（cm）			105.50±2.58		105.50±2.58
	主茎分枝数（个）			6.05±0.71		6.05±0.71
	主茎节数（节）			14.17±0.52		14.17±0.52
	单株粒重（g）			5.73±0.94		5.73±0.94
	千粒重（g）			19.50±0.54		19.50±0.54
	产量（kg·hm^{-2}）			2736.19±302.84		2736.19±302.84

省（区）	性状	年份				平均
		2003—2005	2006—2008	2009—2011	2012—2014	
重庆市	生育日数（d）				81.00±2.65	81.00±2.65
	株高（cm）				115.00±6.91	115.00±6.91
	主茎分枝数（个）				5.00±0.82	5.00±0.82
	主茎节数（节）				14.57±1.03	14.57±1.03
	单株粒重（g）				4.90±0.98	4.90±0.98
	千粒重（g）				20.83±0.12	20.83±0.12
	产量（kg·hm^{-2}）				2201.52±330.01	2201.52±330.01

以南方组和北方组产量的比值（108.5%）为标准，将各育种省（区）的产量数据进行卡方检验，结果发现，云南省、贵州省和江西省所育苦荞的南北组产量差异不显著，说明这三个省的苦荞品种对自然环境的适应性较好，易于推广，抗环境变化能力强；陕西省、甘肃省、山西省、四川省、湖南省和重庆市苦荞品种南北组产量差异显著，其中陕西省、甘肃省、山西省和重庆市育成品种在北方组的产量更高，而四川省和湖南省所育成品种在南方组的产量更高，说明陕西省、甘肃省、山西省和重庆市的苦荞品种有明显的北方偏好性，在北方种植的经济效益大于在南方种植的经济效益，而四川省和湖南省的苦荞品种有明显的南方偏好性，更适于在南方推广种植。

将不同供种单位提供的苦荞参试品种的农艺性状进行聚类分析，结果显示，在相对遗传距离为 5 时，北方组苦荞品种被分为 4 组，其中陕西省、湖南省和山西省的育成品种被分为一组，甘肃省、贵州省、江西省和云南省的育成品种分为一组，重庆市和四川省的育成品种各自分为一组；南方组苦荞育成品种被分为 3 组，其中贵州省、江西省、云南省和重庆市育成品种被分为一组，陕西省、甘肃省、山西省育成品种分为一组，四川省和湖南省的育成品种被分为一组（图2-2）。

（三）苦荞参试品种主要农艺性状间的相关性分析与多元回归分析

分别利用 12 年间北方组苦荞和南方组苦荞参试品种的主要农艺性状进行相关性分析（表2-4）。结果表明，无论在北方组还是南方组中，单株粒重和最终的产量都有极强的相关性，株高和其他性状间的相关性在北方组和南方组的表现十分不同。北方组中，株高与主茎节数、单株粒重有很强的正相关性（$P<0.05$ 以及 $P<0.01$），已知单株粒重和产量之间具有强相关性（南北组中均 $P<0.01$），但是株高在与单株粒重显示出强相关性的同时，与产量之间没有显著关系，并且在南方组中，株高和任何性状间都没有显著相关性。

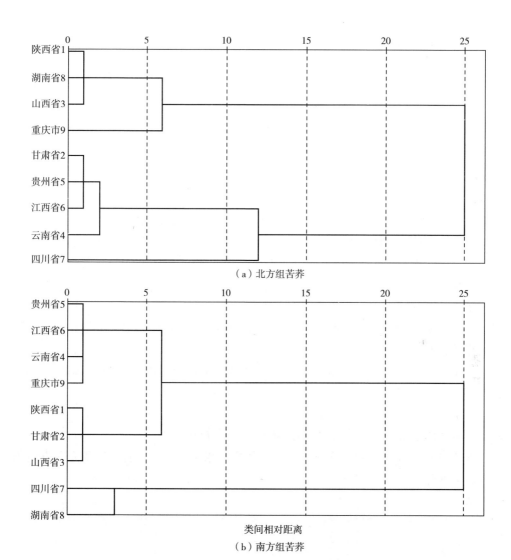

（a）北方组苦荞

类间相对距离

（b）南方组苦荞

图2-2　不同省（区）苦荞品种聚类分析

表2-4　北方组苦荞和南方组苦荞主要性状之间的相关性

性状	生育日数	株高	主茎分枝数	主茎节数	单株粒重	千粒重	产量
生育日数		0.550	-0.5168	0.7280	0.1057	0.7689*	-0.3775
株高	-0.0207		-0.4492	0.7614	0.8308**	0.1954	0.4583
主茎分枝数	-0.5019	-0.5130		-0.2343	-0.0704	-0.6097	0.1644
主茎节数	0.6598*	0.2379	-0.3475		0.5892	0.3712	0.1295

续表

性状	生育日数	株高	主茎分枝数	主茎节数	单株粒重	千粒重	产量
单株粒重	−0.5037	−0.3705	0.8875[**]	−0.2938		−0.2111	0.8269[**]
千粒重	0.6028	0.4917	−0.8535[*]	0.7421[*]	−0.7660		−0.3988
产量	−0.3914	−0.3320	0.8493[**]	−0.4213	0.9369[**]	−0.8380[*]	

主茎分枝数和株高在南北组中的表现相反，在南方组中，主茎分枝数和单株粒重间有很强的正相关性，而在北方组中则未展现出相关性。南方组中主茎分枝数与单株粒重间有很强的正相关性，但是与千粒重之间却显示出极强的负相关性，并且此现象并未在北方组中出现。在南方组中，千粒重和产量间显示出较强的负相关性；在北方组中，千粒重和产量也存在不显著的负相关关系，并且无论在南方组还是北方组之间，千粒重都和单株粒重显示出强的（$P<0.05$）或弱的（$r=-0.2111$）负相关性。

以生育日数（X_1）、株高（X_2）、主茎分枝数（X_3）、主茎节数（X_4）、单株粒重（X_5）和千粒重（X_6）这6个农艺性状为自变量，单位面积产量作为因变量（Y）进行多元回归分析，分别建立了北方组苦荞产量和南方组苦荞产量与其他性状的最优回归模型：

（1）北方组苦荞：$Y = 2005.990 − 0.310 X_1 + 0.150 X_3 + 0.686 X_5 + 0.163 X_6$（$r = 0.7283$，$R_2 = 0.5304$，$F = 23.5332$，$P = 0.0000$）。

（2）南方组苦荞：$Y = 868.800 + 0.325 X_1 + 0.327 X_3 − 0.320 X_4 + 0.594 X_5 − 0.250 X_6$（$r = 0.7836$，$R_2 = 0.6140$，$F = 33.6695$，$P = 0.0000$）。

表2-4中，左下三角为南方组苦荞性状之间相关性系数；右上三角为北方组苦荞性状之间相关性系数。[*]表示在$P<0.05$水平差异显著，[**]表示在$P<0.01$水平差异极显著

以上结果表明，在北方组苦荞中，生育日数、主茎分枝数、单株粒重和千粒重一起决定了产量53.0%的变异；而在南方组苦荞中，生育日数、主茎分枝数、主茎节数、单株粒重和千粒重共同决定了产量61.4%的变异。

二、苦荞品种选育的建议

（一）苦荞产量相关性状改良是高产品种选育的基础

通过对近年12年间所有北方组和南方组区域试验参试品种的分析发现，北方组和南方组苦荞品种的产量和主要农艺性状均存在显著差异，而且北方组苦荞中的产量及南方组苦荞中的主茎分枝数、单株粒重、产量均随年份的增长而增加，表明苦荞产量相关性状的改良取得成效。除了产量和粒重，其他性状的增幅均较低或为负增长。这一增幅差异可能是由于主茎分枝数、单株粒重和产量受生态因子的影响

较大，而生育日数、株高、主茎节数和千粒重这 4 个性状受生态因子的影响程度相对较小，由于试验北方组和南方组所用的苦荞品种相同，且每轮区试的条件和田间管理水平一致，因而可以认为在不同试点间各性状的差异可能是由于地理及气象条件不同。

通过相关性分析，发现单株粒重对于产量的形成十分重要，但其是否与其他产量相关因素有相互影响尚不得而知，因此，除了尽可能增加单株粒重之外，如何控制单株粒重和其他产量性状间的相互影响也非常关键。株高和主茎分枝数在南北方组中的表现相反，在北方，株高可以为苦荞产量形成提供参考；在南方，主茎分枝数可以为苦荞产量形成提供参考。无论在北方组还是南方组，千粒重、单株粒重及产量间都显示出或强或弱的负相关性，这表明，在苦荞种植中，单株粒重是比千粒重更值得关注的产量性状。重庆市、山西省、湖南省和陕西省的育种单位所提供的苦荞品种产量在北方组苦荞区试中表现较好；湖南省、四川省的育种单位提供的苦荞品种产量在南方组苦荞区试中表现较好，与聚类分析的结果一致，北方组区试中重庆市虽单独被划分为一组，但从整体上来看，提供高产量苦荞品种的育种省基本划分在一起。根据苦荞的地域偏好性，陕西省、山西省和重庆市所育成的品种适宜在北方推广种植；四川省和湖南省的苦荞品种在南方有更好的经济效益。但陕西省的苦荞品种在南方组第二轮区试中出现大幅减产的现象，说明了苦荞育种可能存在抗病虫、抗干旱和抗灾害等方面的不足，除了考虑提高产量，苦荞抗逆品种的选育是下一步育种的重点方向。四川省的苦荞品种单株粒重在南方组第三轮区试中变化非常大，且明显超越其他省份，产量也增加了近 800 kg，或许可以说明四川省的育种策略主要是通过增加单株粒重来实现增产。

众多研究表明，作物产量的构成因素很多，是一个复杂性状，苦荞也不例外。目前，苦荞产量与主要农艺性状相关关系的研究已有较多报道。通过分析产量与各性状间的相关性发现，在苦荞生态因子相关性方面，株高与纬度呈极显著正相关，主茎分枝数与生育期均温呈极显著正相关，说明高纬度的北方组可以通过选育植株较高的品种提高产量，年均气温较高的南方组则可以通过增加主茎分枝数实现增产。4 轮区试中，山西省和四川省只参加了 2 轮试验，而湖南省和重庆市只参加了 1 轮区试，虽然这 4 个省市的苦荞产量均表现优异，但不能很好地反映苦荞各个性状在 12 年间的变化趋势，因此需要继续对高产品种进行试验，观察其产量在年际之间的变化幅度，即是否具有稳产的特性，从而真正选育出适合南北方种植的高产、稳产苦荞。

（二）稳定的政策支持和持续的科技投入是苦荞品种改良取得进展的重要推动力

20 世纪 80 年代，中国科学家开始对苦荞进行开发利用，1989 年，原农业部科技司批准在太原成立"全国荞麦育种、栽培及开发利用科研协作组"，而后苦荞产业的发展不仅是科技人员和企业的呼吁要求，也得到了政府的支持。在这4轮苦荞区域试验中，一共有42个品种参加了区试试验，云南省、贵州省和陕西省的12家育种单位提供了25个苦荞品种，占苦荞参试品种总数的59.5%，是中国苦荞育种的中坚力量。而在主粮作物中，仅2018年通过国家审定的水稻品种就有268个，且达到优质米部标的水稻品种占审定品种的50%。2018年，有77个小麦品种通过国家审定。1972—2013年，玉米国家和地区审定的品种总数为6291。由此可见，苦荞品种选育的数量远远低于主粮作物，且育种力量也远不如大宗粮食作物。因此，为了更好地改良苦荞品种，要加强基础研究，如广泛考察、收集和鉴定野生资源，建立种质库等；还要适应市场，培育适宜机械化栽培、易于脱壳和满足保健功能的苦荞品种；此外，在选育新品种时，也要尝试多种育种方法，如杂交育种、生物工程育种和杂种优势利用等。目前，苦荞基因组测序工作已经完成，苦荞分子育种技术的发展也将为苦荞育种提供强力支持。

（三）高黄酮、易脱壳、低苦味、抗落粒、抗倒伏和适宜机械化的多元化目标是苦荞育种改良的主要方向

苦荞是一种营养极为丰富且保健功能较强的药食同源作物，富含蛋白质、维生素、膳食纤维等营养成分，还含有其他禾本科作物所没有的生物黄酮类活性成分，因此，苦荞品种改良不仅仅局限于关注产量性状，而富含功能成分的特殊性状和品种选育更为重要。但苦荞含有苦味素、面粉缺乏面筋、适口性差等限制了苦荞加工与利用。目前市场上常见的苦荞加工产品有苦荞茶、苦荞粉、苦荞酒、苦荞方便面等加工产品。但受制于高黄酮优质苦荞品种缺乏和加工工艺落后，苦荞加工产品的质量参差不齐，使得苦荞难以规模化生产。另外，苦荞脱壳加工机械化不足也成为制约苦荞加工业发展的主要因素之一。因此，培育易脱壳、高黄酮的苦荞品种是苦荞育种的重要方向之一。

苦荞生产区域往往土壤贫瘠、生产规模小，加之劳动力匮乏，难以适应新时代苦荞生产的需要，亟需提高苦荞机械化生产水平。选育抗落粒、抗倒伏、成熟期一致、适于全程机械化生产的新品种，加强农艺适应农机是苦荞产业发展的重要方向。

苦荞花期长，花色鲜艳，籽粒颜色多样，也可以加以利用。如盛花期叶片和花器芦丁含量高，是重要的药用植物资源；茎秆、花器、果皮中含有的花青素可作为食用色素，尤其在乡村振兴产业发展中，生育期长、枝繁叶茂、花色艳丽的观赏型苦荞新品种成为市场的新宠。

目前，中国苦荞育种多采用系统选育、单株混合选择、诱变育种及引种改良等传统育种技术和方法，要培育有突破性的苦荞品种，不仅要在资源挖掘、优异种质资源创新上下功夫，更主要的是依靠科技进步，借鉴大宗作物在远缘杂交育种、生物工程育种及杂种优势利用等领域的研究进展和成就，改进育种技术和方法，提高苦荞育种水平。

第三节　苦荞的高效栽培技术

随着社会科学的快速发展，农业种植技术也得到了优化进步。农业种植技术的发展促进了农业经济的蓬勃发展，为种植农户尤其是贫困山区的农户带来了理想的经济效益。为了促进当地苦荞种植产业技术水平的提升，正在积极研究并试验、示范、推广苦荞高产栽培技术，以促进苦荞产量与品质的提升，增加农民群众收入，为脱贫攻坚与乡村振兴有效衔接，推动当地农业农村经济高质量的发展提供产业支撑。

一、苦荞高产栽培环境要求

目前，在国家农业政策给予大力扶持下，农作物的栽培种植规模逐渐扩大。但是由于每种农作物对环境条件有着不一样的要求，因此想要实现高产增收的目的，就需要对当地的种植环境进行全面的分析，正确判断种植环境是否能够满足实际需求。苦荞对于种植环境有着较强的适应能力，但是想要得到增产增收的目的，就需要进一步确保种植环境的适宜，为苦荞的生长提供良好的环境，使苦荞的产量与品质都得到可靠保证。

（一）温度要求

苦荞作为一种营养价值较高的作物，对栽培区域也有明确的要求。虽然苦荞性喜阴湿冷凉，但是栽培区域的温度需要控制在合理的区间内。在温度过低的环境下种植苦荞，不仅会影响苦荞种子的发芽率和出苗率，还会影响授粉率和开花期，对于苦荞的种植效益造成不利影响。因此，为了给苦荞的生长提供适宜的环境，需要保证栽培过程中区域环境温度保持在0℃以上，在种子的发芽期间需要将温度控制在15℃左右，而在幼苗的成长阶段，整体温度应当在17℃左右，在苦荞的开花结果期需要将温度控制在20℃左右。合理安排调节好苦荞种植区域的温度，能够为苦荞的苗壮成长提供基本保障。

（二）光照要求

苦荞属于短光照非转化性作物。在苦荞不同的成长阶段，对光照具有不同的要求，光照时间的程度会影响到苦荞的成长情况。短光照能够有效促进苦荞加快生长速度，实现提前开花和结果的目的，但是这样的方式也会对苦荞的茎叶生长造成不良影响，阻碍了茎生长锥分化，使花絮和分枝的量逐渐降低。不同品种的苦荞对于光照的要求存在一定的差别，但是总体来看，如果苦荞在成长过程中不能够得到足够的光照，将会影响苦荞的光合作用，进而给苦荞的产品与品质带来不利影响。

（三）水分要求

苦荞作为一种喜湿类的农作物，在栽培过程中对于水分有着一定要求。一般情况下，苦荞栽培过程中土壤中的水分含量比较大，这样可以让苦荞在成长过程中吸取足够的水分。在栽培苦荞的时候，种植时需要合理地控制种植环境的温湿度。因为苦荞种子想要顺利发芽需要吸取大量的水分，当吸水达到了自身重量50%的时候才可以生根发芽。因此，需要确保种植区域的土壤持水量达到70%以上，这样才能够促进苦荞植株的生长与花芽分化，带来理想的栽培效果。苦荞虽然在生长过程中对于水分的需求量比较大，但是土壤含水量也需要保持在合理的区间内，如果土壤中的含水量过高，将会给植株根系的生长带来不良影响。所以，种植农户需要认真掌握与控制种植区域土壤的水分含量。

二、苦荞高产栽培技术

（一）播种前准备

1. 科学整地

苦荞适合在略酸性、有机质含量丰富、含水量充足的土壤中生长，并且对于土壤有较强的适应能力，所以对于土壤的要求不高。但是由于苦荞在成长过程中的顶土能力比较差，所以在正式种植苦荞之前应当进行整地工作，将种植区域的土壤进行适当松土，降低苦荞的顶土压力。同时也能够促进土壤提升蓄水能力，避免土壤中的水分大量挥发，为苦荞的生长发育提供有利条件。采取深耕整地能够有效改善土壤条件，是实现苦荞高产高效的可靠保障。不仅能够促进苦荞的生根发芽和幼苗的成长，还能够降低病虫害对苦荞的威胁。在进行深耕作业的时候，需要保证深度的适宜。一般情况下，苦荞种植地在进行深耕作业时，深度应当控制在20~25 cm，并且不可以一次性就达到太深，这样会造成当季生土层偏厚的情况，很有可能会影响到苦荞的产量。在深耕时需要注重循序渐进，应当在3~5年逐渐加深深耕层，每年加深3~5 cm，并且需要不断打破犁底层。在地势低洼且容易出现积水的区域，应当采取提厢开沟的种植方式，这样能够有利于排水，使积水容量逐渐减少，以免水分过多影响苦荞的生长发育。

2. 施用基肥

苦荞的生长周期比较短，对于肥料具有较高的敏感度，所以在栽培苦荞的过程中，应当尽早提升土壤中养分的含量，重施基肥。为了促进苦荞籽粒的绿色健康，选取的基肥应当以农家肥为主。具体的施肥量需要结合当地的土壤条件，根据土壤原始肥力来适当加减肥料用量。除此之外，也需要根据前茬来进行合理的调整，因为不同的农作物会对土壤产生不同的影响，所以根据前茬农作物来调整土壤肥力，可以令营养物质更加均衡。如果前茬农作物为小麦、玉米等农作物，由于这类农作物对于土壤的养分需求量较高，所以应当合理地增加施肥量。如果前茬作物为豆科作物或者油料作物，土壤消耗的肥力比较少，此时就可以适当减少施肥用量。以马铃薯为例，苦荞种植地应当施加农家肥 7500 kg/hm²，尿素 75 kg/hm²，16%普通过磷酸钙 450 kg/hm²，硫酸钾 75 kg/hm²。这样能够有效补充土壤内的养分，使土壤内的营养成分比例满足苦荞的生长需求。

3. 种子处理

为了保证苦荞的栽培效果，需要认真做好种子相关工作。选择抗病、抗逆性、适应性强、结籽早并且分枝多的、发芽率高、产量高、品质好的品种。在完成了种子选择工作之后需要进行科学的处理。种植时应当使用"泥水"将不成熟的种子进行剔除，这样能够有效保证后期的种子发芽率，同时保证种子的苗壮成长。在此之后，播种前还需要经过晒种、选种、浸种及拌种等工作。农业种植人员需要将选择的种子在晴朗天气进行晾晒 3 d 左右，每间隔 3 h 翻动 1 次，使种子晾晒较为均匀，这样能够有效消除种子表面可能残存的病菌或虫卵。在完成晾晒工作之后，种植人员还需要观察种子当中掺杂的其他物质，将混在种子里面的草籽、破粒种子进行剔除，以免影响种子的发芽率，同时可避免后期阶段受到病虫害的侵扰。为了更好地预防病虫害，种植人员还需要采取浸种措施，将种子放在温水中浸泡 20 min，随后使用 0.05%~0.1%硼酸进行浸种。在拌种的时候，一般会采用硼砂、高锰酸钾等物质，合理的拌种措施能够有效降低后期苦荞发生病虫害的概率，使其能够健康苗壮地顺利生长，进而促进产量及提升品质。

（二）合理播种

1. 播种时间

确定合理的播种时间是苦荞实现高产增收重要步骤。幼苗在成长过程中会受到温度的影响，温度过高或者过低都会影响到幼苗的生长状态，因此，播种时间的早晚也会直接影响苦荞最终的产量。在种植苦荞的时候，应当了解到晚霜对出苗不利及早霜对结籽成熟造成的影响，因此，需要根据当地的无霜期来确定具体的播种时期，同时也需要考虑到雨季来临的时间。在春播的时候，播种时间需要设定在当地终霜期之后的 4~5 d，在进行秋播的时候需要确保能够在降霜之前完成收获。根据陇南地区的温度情况，可以在年平均温度为 6.5℃ 左右的地区进行苦荞的春播，在立夏节气之前完成苦荞的播种。在确定播种时间的时候，也需要考虑到当地的气候变化情况及苦荞品种的特性，合理地做出调整。如果在有效积温高的地区种植苦荞，需要使苦荞的开花期避开当地的高温期，如果高温期气温超过了 26℃，将会对盛花期的苦荞作物造成不利影响。

2. 播种方式

在播种苦荞的时候，一般情况下可以选择撒播、塘播和条播 3 种方式。撒播的播种方式也就是瞒撒播种，这样比较省时省力，不会消耗过多的时间和体力。但是这样的方式播种的质量比较低，并且会造成种子分布的不均匀，为之后的田间管理工作增加难度。塘播则指开塘点播，这样的播种方式能带来理想的播种效果，但是整体工作效率不高，费时费力，比较适合在小范围的种植区域使用。条播则是指开沟播种，这种播种方式是当前较为理想的播种方式，不仅省时省力，还能够带来良好的播种效果，播种的质量与效率都很高。在使用这种播种方法的时候，需要使用畜力牵引犁地开沟，边开沟边顺沟进行点播。180 cm 下线，以 130 cm 开厢，同时预留出走道 50 cm，在厢内可以使用牛马等牲畜来进行开沟，开沟数量以 7 条最佳。播种的行距为 20~22 cm，塘距为 19~20 cm，每个塘放入 9 粒种子，这样可以令每塘长出 6~7 个苦荞幼苗，则预留苦荞幼苗 102 万~123 万株/hm^2。为了保证苦荞幼苗能够顺利地萌发生长，覆盖在种子表面的土壤不可以过厚，需要保持在 3~4 cm。采取条播的方式进行播种能够使播种深度保持一致，种子分布较为均匀，出苗效果整齐，也能够为后期的田间管理工作提供便利。

（三）田间管理

1. 苗期管理

在苦荞幼苗未出土的时候出现了地表结板的情况，可以使用钉耙进行处理，疏松地表。在雨后地表稍微干的时候进行浅耙，不要损伤幼苗。水分过多会影响苦荞的生长，导致缓苗期延长。因此需要在前期做好田间排水工作，采取加深厢沟、田间边沟的方式控制土壤含水量。

2. 中耕除草

第一次进行中耕除草的时候应当选择在幼苗高度为 6~7 cm 时，同时进行追肥。这个时候苦荞幼苗小，需要进行浅锄。第二次中耕除草需要在苦荞封垄前进行，深度在 3~5 cm。这个时候的中耕主要针对走道被踩实的土壤，在走道内对苦荞培土。如果此时发现了田间杂草，需要及时用手拔除，以免杂草汲取土壤养分影响苦荞的成长。

3. 看苗追肥和浇水

苦荞到现蕾开花期，对养分和水分的需要量大大增加，此时养分不足或发生长时间的干旱，就会影响授粉结实，秕粒大量增加。在播种前未施肥的地块，结合第二次中耕，施 3 kg/667 m^2 磷酸二铵或 5 kg/667 m^2 尿素，有明显的增产效果。但追肥量过大会造成徒长倒伏或贪青晚熟。也可以用尿素或磷酸二氢钾水溶液进行叶面喷肥。在有灌溉的地方，干旱时及时浇水，以畦灌或沟灌为好。

4. 花期管理

内蒙古农科院对蜜蜂、昆虫传粉与苦荞产量关系研究表明，在相同条件下昆虫传粉能使单株粒数增加37.84%~81.98%，产量增加83.3%~205.6%。故在苦荞田养蜂、放蜂，既是提高苦荞麦结实粒、株粒数、粒重及产量的重要增产措施，又利于养蜂事业的发展，有条件的地方应大力提倡。蜜蜂辅助授粉在苦荞盛花期进行，苦荞麦开花前2~3 d，苦荞麦田安放蜜蜂1~3箱/667 m²，在没有放蜂条件的地方采用人工辅助授粉方法，也可提高苦荞产量，辅助授粉以牵绳赶花或长棒赶花为好。辅助授粉要避免损坏花器，在露水大、雨天或清晨雄蕊未开放前或傍晚时，都不宜进行人工辅助授粉。苦荞为自花授粉作物，花数可达1500~3000朵，结实率一般为40%~60%，在肥水期应采取限制其无限生长的措施，促进干物质积累，提高单株粒重，获得优质高产。

5. 防治病虫鼠害

苦荞的病虫害主要有立枯病、轮纹病、褐斑病、白霉病和蚜虫、粘虫、地老虎、草地螟、钩刺蛾等，还有鼠害。防治病害，可采用65%代森锌500倍液，或20%粉绣宁1000倍液喷雾；对低畦田还须少灌水，降低湿度、控制病害。防治虫害可采用40%乐果1000倍液、80%敌敌畏800倍液或18%杀虫霜200倍液喷雾。千万不能用中等以上毒性农药，以免增加苦荞籽粒中农药的残留量，降低苦荞品质。

（四）适期收获

苦荞生长周期短但是开花期却比较长，短落粒性强，如果收获不当，容易导致减产，一般损失20%~40%，因此适期收获很重要。由于植株上下开花结实的时间早晚不一，所以成熟也不整齐。我们有时候会看到，同一株苦荞株上已经成熟了的苦荞种子，也有含苞待放的花朵，这个时候成熟的种子容易被风雨或受其他振动影响脱粒而导致减产，那么最好的收获期是苦荞全株2/3籽粒成熟，即籽粒变为褐色、银灰色时。过早收获尚未成熟，过晚收获籽粒就会脱落导致减产。

为了促进苦荞的产量与品质都得到提升，带来更好的种植效果。种植农户应当认真做好播种期准备、合理播种及田间管理工作，保证种植工作的科学规范。使苦荞植株苗壮成长，达到增收增产的目的。

第三章　我国苦荞种植现状、问题及发展对策

第一节　我国苦荞种植现状

荞麦起源于我国，栽培历史悠久，分布广泛，苦荞麦的种植面积和产量均居世界第一。已知最早的荞麦实物出土于陕西咸阳杨家湾四号汉墓中，距今已有2000多年。栽培荞麦有4个大种，甜荞、苦荞、翅荞和米荞。甜荞和苦荞是两种主要的栽培种。苦荞性喜阴湿冷凉，多种植于高山地域，垂直分布为海拔1200～3500 m。2015年，世界荞麦种植面积233.3万公顷以上，荞麦总产量约230万吨。我国荞麦种植面积约为73.3万公顷，荞麦总产量为66万吨左右，是世界荞麦主产国之一，面积和产量居世界第2位。目前，全国荞麦栽培分为南北两个产业带。北方荞麦产区以甜荞为主，主要分布在内蒙古、陕西、山西、甘肃、宁夏、吉林等地。南方荞麦产区以苦荞为主，以四川、云南、贵州、西藏等为主。综合来看，苦荞在我国主要集中在云南、四川、贵州、甘肃、陕西、山西等海拔1500～3500 m的高寒山区。

荞麦属于蓼科荞麦属植物，约23个物种，起源于中国西南地区，在西南地区具有大量野生资源和近缘种类，是重要的小宗粮豆作物，也是救灾作物和蜜源作物。药食同源的荞麦全身都是宝，荞麦籽粒可作米、面供食用；叶富含黄酮，可生产保健茶；多年生金荞麦的根是地道中药材；栽培荞麦或多年生荞麦的籽粒收获后的秸秆可生产优质饲料。有关研究表明，处于开花期的苦荞，第一片真叶以上部分的黄酮含量是收获后籽粒含量的5倍以上。近年来，农学、医学及食品营养学研究表明，荞麦，特别是苦荞麦含有其他粮食作物所缺乏的特种微量元素及药用成分，苦荞麦粉及其制品具有降血糖、降血脂、降血压、增强人体免疫力、减肥美容功效，此外荞麦还有护肝、抗癌、抗缺血、抗菌、抗病毒等多种药理作用，对亚健康等现代"文明病"及几乎所有中老年心脑血管疾病有预防和治疗功能。随着社会经济的快速发展，城乡人民经济条件的改善与生活水平的提高、健康意识的整体增强、生活方式的全面改进及人口老龄化的不断加速，人们对健康养生产品和服务的需求急剧增长，为荞麦产业的发展提供了广阔的市场空间。谚语"五谷杂粮，荞麦为王"，充分体现了荞麦在粮食作物中的地位。

一、云南种植现状

云南是苦荞的起源地和生产大省,苦荞在云南栽培历史悠久,是少数民族集居的高海拔冷凉山区的主要粮食作物。云南荞麦,常年种植面积约13.33万公顷。种植范围广,在全省海拔1500~3500 m的地区均有种植。

(一) 迪庆地区

荞麦是迪庆的特色作物,也是山区和高寒地区农牧民(彝族、傈僳族、藏族)赖以生存的粮食作物和发展畜牧业的饲草、饲料来源之一,同时也是发展"香格里拉"旅游产品的主要加工原料。但由于迪庆地区荞麦生产科研起步较晚,荞麦产业发展相对滞后。进入21世纪以来,迪庆州农科所加强荞麦产业基础性研究工作,从当地荞麦资源材料中系统选育出了国审苦荞品种"迪苦1号",积极开展荞麦良种繁育、高产栽培技术研究等,加强项目申报,争取省级、国家扶持荞麦产业发展,于2011年进入了国家现代农业燕麦荞麦产业技术体系建设的行列。

(二) 昆明地区

2016年,昆明苦荞种植面积15.9万亩,总产量2544万千克,平均亩产160千克,与2015年相比,种植面积和总产量分别增加6%、0.68%。2017年,苦荞面积略有增长,但增长幅度甚微。

二、贵州种植现状

贵州荞麦种植历史悠久,是中国主产区之一,主要以苦荞种植为主,占全省荞麦面积的70%左右。栽培有甜荞、苦荞、金荞麦3个种类。荞麦在全省35个县均有分布,其中,主要分布在毕节市和六盘水市,在遵义市和铜仁市也有部分种植,在黔南州、黔西南州、贵阳市零星种植。2015年贵州荞麦的生产规模达到4.65万公顷,约占全国种植面积的6.3%,比2010年增加91.5%,总产量约8.57万吨,比2010年增加82.3%,其中,毕节和六盘水的种植面积占了全省荞麦种植面积的70%。贵州省威宁县种植苦荞历史悠久,具有"荞乡"之称,为中国"三大苦荞"(云南、四川、贵州)产区最好的种植基地,种植面积最大,2015年种植1.02万公顷。

贵州独特立体气候资源,赋予了荞麦周年生产的优势,多数地区一年两熟,既有3—4月播种、6—8月收获的春作区,又有7—9月播种、10—12月收获的秋作区,贵阳等地还有12月播种、次年5月收获的冬作区。海拔2200 m以上地区主要以春作为主,海拔1600~2200 m地区春作、秋作均可,1600 m以下地区有秋作、冬作。在种植制度上,贵州省多数地区荞麦以净作为主,但威宁、纳雍等县荞麦与马铃薯套作面积逐年增加,种植效益高于净作模式。目前,甜荞的主栽品种仍以本地品种为主,威甜一号、丰甜一号等优质品种应用率还较低,苦荞的主栽品种以威宁农科所选育的黔苦系列为主。贵州多年生金荞麦的栽培面积约 0.33 万 hm²，主要分布在毕节市织金县、贵阳市龙里县、黔南州惠水县等地，一次种植后生长 3 年收获根茎，为安泰药业、太极集团等药业公司提供原料，品种主要是野生金荞麦混栽的自然群体。

三、凉山州种植现状

四川凉山州是全国最大的苦荞种植区域，常年种植面积逾 6.67 万公顷，年均产量 12 万吨，约占全国总产量的 1/2、全世界总产量的 1/3 以上。"凉山州苦荞麦"是四川凉山州特产、国家农产品地理标志产品。凉山苦荞在世界市场具有主导性、决定性的影响和地位。2015 年，凉山州被命名为"中国苦荞之都"。

从整个苦荞种植分布来看，凉山州苦荞种植主要分布在两大区域，一个是高山苦荞生产区：该生产区的海拔都在 2000 米以上，主要有布拖县、雷波县、金阳县、昭觉县及美姑县，每一年的平均温度都维持在 8~11.4℃，无霜期为 150~210 d，日照为 1700~1800 h，雨水滋润，气候合适，生长期空气湿度大于 80 个百分点，雨热同季，是栽培优质苦荞的最佳生态区，实行绿肥—苦荞—绿肥—马铃薯轮作制度，8—9 月收获。另一种是二半山以下秋荞麦生产区：苦荞是十分适宜于人均土地耕地少及无霜期较长的土地生长，在烟草、马铃薯、早玉米收获后宜于种植。通常都是在 7 月末至 8 月末，早霜到达前收获。每一年苦荞年种植面积都达到 50 万亩，亩产约达到 100 kg。而二半山地区是凉山州贫困人口最多、贫困程度最深的地区。凉山州 17 个县市均可在春、夏、秋三季种植苦荞在海拔 1500~3000 m 的区域内，2012 年种植面积 53.75 万亩，总产量 5.43 万吨，约占全国总产量的一半，可开发利用面积 300 万亩。由此可知苦荞种植是凉山州经济收入的主要来源，其产业结构越发合理化。

第二节 我国苦荞种植存在的问题

一、种植方式

荞麦忌连作，易轮作，可充分利用土壤养分，可改变病原菌和害虫的生活环境，可减少和调节土壤中有害物质和气体的积累，减轻对荞麦的污染，有利于保证荞麦产品安全。也可间作，但避免与高秆作物间作，种植密度尽量缩小，增加田间通风透光条件，获得高产。

二、种植水平低、区域分散

由于苦荞的单产低等因素的影响，苦荞一般种植在偏远山区及高海拔地区的坡地和半坡地中，土壤相对贫瘠，保水作用差，抵御自然灾害水平低，如：洪涝灾害等；种植区域分散不成规模，产业化水平低，市场价格偏低，土地年产出值不高，导致农民种粮积极性不高。

三、自然灾害

暴雨、泥石流、强风、冰雹、霜冻天气是凉山州主要的灾害性天气，因为气候控制着土壤形成的方向及其地理分布气候因素决定着成土过程的水热条件，直接影响土壤中的水、气、热的状况和变化，而气候又直接影响农作物的生长产量问题。强风多发生在春秋季节，它会造成土壤的水分减少，会影响苦荞幼苗的成活率和生长。冰雹和暴雨对苦荞的生长危害最大，比如 2016 年 6 月 6 日，冕宁县遭受了冰雹的袭击，导致荞麦受灾面积达到 249 亩。因为凉山州地处多山地带，苦荞生产种植多集中在高山地区，平均海拔 2000 m 以上。一旦暴雨来袭就会导致山体滑坡、泥石流，进而减少苦荞产量及其他农作物的受损。

四、环境条件

（一）温度

苦荞属于喜温粮食作物，对种植地方的气温有着相当严格的要求，耐寒力弱，怕霜冻，气温若低于 4℃ 就会导致叶片严重受害，低于 0℃ 造成整株死亡。一般来说，在苦荞生长期内，为了保证"高产"目标的实现，栽培户不但要确保生长期内种植区域温度在 0℃ 以上，还要保证萌芽期温度在 15～17℃，开花结果期温度在 20℃ 左右，温度过高或过低都会严重影响受精结实而使产量下降。

（二）水分

苦荞喜湿怕旱。其繁殖的前期需水量低，在高湿条件下繁殖速度快，因为苦荞种子顺利发芽需要吸取大量的水分，当吸水达到了自身重量 50% 的时候才可以生根发芽。由于苦荞开花结实期需水较多，其耗水量比小麦、大麦等作物高。调查表明，随着土壤水分的减少，荞麦的主茎叉形分枝数、单株粒数和百粒重都呈现了减少态势。在种植苦荞的时期，土壤含水率需维持在合适的区间内，土壤中的含水率过高将会对苦荞根系的生长带来不良影响，造成烂根烂苗。

（三）光照

苦荞是短日照作物。苦荞对光照强度变化的反应较其他禾谷类作物灵敏，萌芽期光线不足，植物瘦弱；开花、结实期间光线不够，将导致花果掉落，结实率降低，产量也降低。有研究发现，在苦荞幼苗阶段，通过缩短日照可以提高生殖速率、提早开花期和结果期，但也对苦荞的茎叶生长发育带来了一定负面影响，减低了茎的正常生长锥分化速率，也减少了花序和分枝的数量。

（四）养分

苦荞对养分的要求，一般以吸取磷钾较多，合理的氮磷肥配比对苦荞生长也非常重要。已有研究证实，合理的氮磷肥配施提高了苦荞植株氮、磷积累量，促进植株吸收更多的氮、磷养分，进而合成更多的同化物以形成较高产量。苦荞根系发达，抗瘠薄力强，对土质有很好的适应能力，对土质要求不高，但以排水性良好的砂质土壤为最适。

五、主要病害及其危害特点

在苦荞麦生产过程中，一些病虫影响荞麦的正常生长。现阶段苦荞麦病害主要有黑斑病、立枯病、霜霉病、斑枯病、病毒病、白霉病、轮纹病、叶斑病等。

（1）荞麦褐斑病：荞麦褐斑病由荞麦尾孢（*Cercospora fapopyri* Nakaterer et Takoimto）引起。该病主要侵害叶片，发病后表现为褐色圆形或不规则形病斑，边缘深褐色，微具轮纹；危害严重时病斑呈不规则形，连成一片，叶片出现早枯并脱落，在潮湿条件下叶背病斑常密，生灰褐色或灰白色霉层。褐斑病是荞麦主要病害之一，对产量影响很大。

（2）荞麦立枯病：荞麦立枯病主要由引立枯丝核菌（*Rhizoctonia solani* Kühn）引起。为苗期主要病害，又称腰折病。立枯病多发于出苗后半月，染病后苗茎基部有褐色不规则病斑，感病后期病斑凹陷，可致幼苗枯死；也可在萌发期发生，子叶出土前染病，种芽会变黄褐色直至腐烂。

（3）荞麦霜霉病：研究表明荞麦霜霉病是由种子携带的卵孢子萌发产生芽管并侵入幼苗引起的，随后在子叶上形成孢子囊和游动孢子并通过媒介传播。霜霉病多发于荞麦幼苗期、花蕾及开花期，主要发生在叶片上。染病时荞麦叶片正面可见失绿病斑，背面呈白色霜状霉物，严重时可致荞麦叶片卷曲直至枯萎脱落。

（4）荞麦病毒病：危害程度与种子带毒率和蚜虫发生数量密切相关。病毒病主要传媒为蚜虫，因此在蚜虫发生的年份易爆发。染病的荞麦植株会出现矮化、卷叶，叶缘出现灼烧状，叶缘不齐，叶片凹凸不平。

（5）荞麦白霉病：白霉病由异形柱隔孢（*Ramularia anomala* Peck）引起。多发于荞麦叶片，染病后叶面产生无明显边缘的黄色或浅绿病斑，多数病斑延伸至叶脉会被限制，叶背面生成白色霉状物，发病较快。

六、主要虫害及其危害特点

虫害主要有蛴螬、蚜虫、黏虫、草地螟、荞麦钩蛾、地老虎、蝼蛄、荞麦害螨、沟金针虫、西伯利亚龟象甲等。

（1）蚜虫：蚜虫属半翅目蚜总科，不同地区蚜虫种类不同，主要蚜虫种类有桃蚜、棉蚜、甜蚜和豆蚜4种。甜蚜能在5~30℃环境下繁殖，适应性强。蚜虫主要危害荞麦幼茎和子叶，通过吸取幼苗汁液进食，易造成幼苗枯萎；成株主要危害枝叶，造成叶片蜷缩，但一般不致枯死。

（2）荞麦钩蛾：荞麦钩蛾属鳞翅目钩蛾科，是一种专食荞麦的黄色蛾类。在荞麦生长前期主要危害叶片，幼虫取食叶片会留下白色表皮薄膜，在开花期幼虫会通过爬行、吐丝转移至花序取食，还可通过吐丝卷叶取食花序及籽粒，使籽粒空壳，产量大幅度降低。

（3）蝼蛄：蝼蛄属直翅目蝼蛄科昆虫，口器为咀嚼式，主要在苗期取食地下根及嫩茎，造成荞麦缺苗断条和苗土分离，致使幼苗缺水萎蔫。

（4）荞麦害螨：为害荞麦的螨虫主要为叶螨科植食螨类的皮氏叶螨、二斑叶螨和截形叶螨，其中二斑叶螨是优势种。其主要取食叶背，先从基部老叶直至顶部新叶和花。发病初期，为不规则白色小斑块，斑块慢慢扩大，颜色为白色、黄色或褐色，导致整叶干枯脱落甚至植株枯死。

第三节　我国苦荞产业化发展及对策

一、国内苦荞产业概况

（一）贵州省苦荞产业发展概况

贵州省苦荞种植具有悠久的历史，种植面积广，近年来均产量也在持续稳步上升。苦荞种植面积主要分布在贵州西北部地区，以毕节市代表。2014年，种植面积达到23.6万亩，产量为2.68万吨左右。其主要的种植品种有黔黑荞1、2、3、4、5、6号。贵州黔丰荞业有限公司是具有一定实力的苦荞加工龙头企业，有固定资产8000万元，生产厂区占地总面积26000平方米。该公司原料供求采用公司基地种植及优选级农户种植的方式，以北京营养源研究所为技术依托，拥有苦荞系列产品十几种，更采用国际特级枕制技术研发原生态苦荞枕，建有先进的化验室、全自动苦荞加工流水线，年产量500吨，发展至今，建立了自己的品牌"黔丰"。其公司生产的苦荞产品得到了消费者们的一致认可。此外，贵州省政府也为苦荞产业发展做出了推动和引导，成立了50家荞麦合作社，在金融扶持上贵州省农委给予苦荞专项资金支持，并建成中国荞麦行业首家农民股份制经营集团；在科研技术上加快建设步伐抢抓发展良机；建立贵州省荞麦工程技术研究中心，提升贵州荞麦技术创新。国家苦荞麦专家与贵州省建立了长期的苦荞研究合作关系，支持贵州师范大学的陈庆富教授负责国家燕麦荞麦产业技术研发中心育种与种子研究室荞麦育种的研发工作；积极开展企业员工培训讲座，为农户提供专业知识学习讲座。

（二）云南省苦荞产业发展概况

云南省是中国苦荞主产区之一，种植面积达 8 万公顷，年产 17 万吨左右，主要的种植品种有云荞 1、2 号，昭通 1、2 号，怒江苦荞、红土地苦荞、毕节苦荞、武定苦荞。云南省苦荞加工企业目前加工的产品主要有苦荞粉、苦荞米、苦荞壳等初加工产品，其著名的品牌有彩云之荞。深加工产品主要有苦荞茶、苦荞桃酥、苦荞家居用品等。云南省苦荞加工企业数量虽不少，如新平华兴食品有限责任公司、云南朱提苦荞生物科技开发有限公司等，但具有一定实力的龙头企业却不多，其中昆明五谷王食品有限公司可以算得上是当地的加工企业领头羊。五谷王如今已是一家集苦荞育种、基地种植、生产加工、销售服务于一体的现代化农业科技创新型企业，占地 2.1 万平方米，拥有国际标准化厂房和生产车间 1.2 万平方米，国内先进的苦荞产品生产线 4 条，具有教授、副教授职称的产品研发人员 10 名，公司已经成为亚洲最大的苦荞产品生产商和供应商，在国内国际市场具有较高知名度。企业在乌蒙山拥有数千亩苦荞麦种植基地，利用独特的苦荞资源优势，建立了"企业+基地+市场"的产业链，与中国各大高等学府进行产品研发、建立技术合作关系，提高乌蒙山区群众生产积极性，增加了农户收入。

（三）山西省苦荞产业发展概况

山西省素有"小杂粮王国"之称，我国苦荞种植地区之一，仅次于四川、云南、贵州，种植面积不大，约为 1.3 万亩，种植面积仅占全国总量的 1/40，但其产业化程度高，苦荞原材料加工成食品种类多，依据优良的自然生态环境苦荞品质高，产品遍布全国甚至远销海外。随着山西省政府对农业产业化结构的调整，将苦荞产业作为当地农业的支柱产业，在全国苦荞产业中具有很大优势。山西苦荞主产区主要集中在晋北和晋中两个区域。山西省高度重视良种培育，先后开展多种育种方式，如单株混合选择、杂交育种，对种子培育研究不再局限于籽的产量，而涉及更为全面的茎、叶方面。

大同市苦荞种植面积约占全省 58%，苦荞企业大多集中在广灵县、灵丘县、左云县，拥有 17 多家加工企业，比较有代表是广灵县山西清高食品有限公司，"雁门清高"被誉为中国苦荞行业第一品牌，是山西省农产品加工龙头企业，雁门清高拥有苦荞杂粮种植示范基地 1000 亩，订单基地 10000 亩，生产规模 5000 余吨，拥有现代化生产车间和世界一流的科研设备，公司投资 7000 万进行扩建和持改。山西春阳生物科技有限公司产品创新能力强、产品附加值高，公司产品主要在苦荞壳上大做文章，研制出苦荞壳保健型产品，公司投资 6000 万拟生产高科技苦荞保健产品。产品主要分为 3 大类、50 多个品种，就枕头这一块，从作用上分就有明目枕、颈椎枕、护肩美容枕、健脑枕等，大力打造中国第一有机绿色睡眠品牌。山西省灵丘县益寿面食品厂 2017 年生产苦荞麦 2000 吨，直接带动农户 2300 余户，增加农民收入 300 万元，并可安置待业青年和农村剩余劳动力 200 人就业。灵丘县国春苦荞食品有限责任公司专注苦荞健茶饮品研究，苦荞健茶饮料可年转化苦荞 2 万吨，实现产值 9000 万元、利税 430 万元，安排农村富余劳动力 120 多人，带动 1000 多苦荞种植户增收。大同市苦荞产业的良好发展离不开政府的大力支持，2018 年 3 月 18日，灵丘县政府与网库集团进行战略合作协议的签署，共同努力打造"中国苦荞电子商务基地"，不仅能推动广灵县产品的网络营销发展，更能为整个山西省苦荞产业的快速发展做出贡献。随着苦荞市场需求的不断扩大，大同市的苦荞产业规模也将不断扩大，苦荞加工企业集群将逐渐突出不断上升趋势，尤其是在深加工领域尤为突出。各企业都拥有当前一流的科技加工技术、产品创新研发团队、高端的机器设备、标准化生产空间、强大的政府支持力量。

（四）凉山州苦荞产业发展概况

凉山州苦荞种植于海拔 1500~3500 m 的区域，耕地较为贫瘠，难以种植其他谷物，苦荞却极为适应。苦荞是当地百姓的主要粮食作物，苦荞种植为凉山州彝族同胞提供了主要粮食原料，其发展直接关系着凉山州彝族同胞的生产生活，同时对于保持彝族传统和文化、保持彝族同胞的生活习惯有重要意义。苦荞产业是凉山州的重要产业之一。凉山州已开发出米、面、粉、羹、菜、茶、酒、食品、调味品、日用品十大系列几百种苦荞产品，培育了"环太""正中""三匠""航飞""彝家山寨"等苦荞产品品牌，产品畅销全国，出口日、韩、俄罗斯及欧美等多个国家。凉山州苦荞年加工量约 3 万吨，需要大量苦荞原料，苦荞原料价格由过去的 1.0~1.5 元/kg 提高到 3.5~3.6 元/kg，优质黑苦荞达到 6 元/kg。凉山州苦荞产业的持续稳定发展为推动凉山州农业产业进步，促进彝族同胞增产增收、防止返贫提供了有力支撑。

凉山州 17 个县市均可在春、夏、秋三季种植苦荞在海拔 1500~3000 m 的区域内，2012 年种植面积 53.75 万亩，总产量 5.43 万吨，约占全国总产量的一半，标准化生产基地，达到 120 万亩的规范化种植面积，进而能够在整体产量上超过 20 万吨，产业总值突破 50 亿元。近年来凉山州苦荞麦产业有了较快发展，随着相关增粮增收项目的不断开展，凉山州政府通过开展相关的"荞麦优质增效工程"，极大地推动了全州苦荞麦的不断发展，为苦荞麦市场化给予了相应的保证，并且效果显著。首先是巩固对苦荞新品种的培育，由西昌学院及西昌农科所依次孕育了抗逆、优质及高新的相关优良品种，并且明确提供了与之相符的高产栽培技术策略。二是拟定了当地的要求，在 2003 年修订了相关的无公害生产项目条例，凉山州在

2006 年第一次拟定与公开彝族文版相关的 2 项生产技术地方标准，这极大地提高了优质苦荞标准化生产的开展程度，使苦荞生产有法律保障，促进农业标准化的发展，持续地增强苦荞麦的质量。三是不断增强落实高产创建活动，依靠大量连片的建设，春荞已经突破了 200 kg，秋荞也跟着突破了 150 kg。四是编制苦荞麦产业发展书，以绿色农产品为生产目标，依靠生物、物理等预防治病虫技术措施，推动与促进大规模发展，为产业化发展打好根基。

二、苦荞产业发展现状及问题

（一）贵州省苦荞产业发展现状及问题

1. 栽培技术落后，产量低、价格低，比较效益差，农民种植积极性不高

生产上，贵州省 90% 以上荞麦种植区仍然沿用传统的栽培方式，广种薄收，栽培管理粗放，致使荞麦产量偏低。近年来，苦荞麦平均产量仍然徘徊在 125 kg/666.7 m^2 左右，2015 年收购价格 3.0～3.6 元/kg，每 666.7 m^2 产值 400 元左右，种植荞麦的比较效益较低，导致农户种植荞麦的积极性不高，多属自产自食，商品率低，制约了荞麦产业的发展。

2. 创新型新品种选育进程迟缓

目前，贵州省栽培品种多以农家品种为主，长期自留种，相互混杂，失去特性，主栽培品种退化现象明显，结实率低，抗落粒性差，易倒伏。贵州省有约 10 个品种通过审定，但新品种推广难度大，生产上良种应用率低。选育的品种产量潜力多数在 100 kg/666.7 m^2 以上，200 kg/666.7 m^2 以上的少，在 300 kg/666.7 m^2 以上的极少，仅黔苦 5 号最高单产可达 300 kg/666.7 m^2。荞麦新品种选育、品种改良和品种引进的速度远远跟不上荞麦产业发展的步伐，很大程度上制约了荞麦生产的发展后劲。

3. 政策措施乏力，种植面积不稳定

各级政府对荞麦产业的重视程度不高，至今仍未将荞麦产业的发展作为发展当地经济的支柱产业。荞麦生产仅仅作为遇自然灾害的救灾作物，政府缺引导，投入少，由农民自行种植，播种面积不稳定，导致荞麦种植比较分散，形不成规模效应。

4. 加工企业落后，市场竞争力不强

目前，贵州省荞麦加工生产大多数是以家庭为单位的初级加工，作坊式的生产，加工企业绝大多数是中小型民营企业，点多面广，分散经营，技术装备水平低，生产规模小，产品质量和卫生指标均没有保证，产品输出功能弱，难以进入国内、国际大型连锁超市，也很难满足出口需求。苦荞系列产品虽然有较好的市场，但产品多以初级产品为主，产品同质化严重，量小，包装档次低，生产成本高。在精深加工方面，产品附加值低，且加工数量有限，规模小，经济效益低，企业原料短缺。

作为资源大省的贵州在荞麦产业化发展方面起步较晚，但先进地区，如紧邻的四川省，经历了近 20 年的发展期。荞麦产业已经成为四川主产区凉山州的特色优势产业，加工企业最多、加工规模最大、开发程度最高、系列产品最全、产业链条最长、市场开发最深的农产品加工行业。

5. 产品开发能力不足，产业链短

目前，贵州省荞麦产品开发研究仍处在较低层次，重复性研究较多，基本上处于定性阶段，量化的、深层次的、细化的研究还比较少。企业缺乏自主创新和产品优化升级能力，是制约荞麦加工产业进一步发展壮大的主要瓶颈。荞麦精深加工产品市场还未形成有序的竞争格局，加工能力有限，产品质量较差，不能适应市场多元化的需求，能够供应市场需求的产品很少，能够出口创汇的更少。现有技术中采用苦荞麦制作的食品产品品质差、粗糙无嚼感、口感不好，以及具有淀粉反生现象的缺点，苦荞酒还缺乏保健功能成分等。因此，现有的苦荞麦食品没有一种能够作为人们日常主食，从而使苦荞麦的作用没有得到应有的发挥。在医疗保健方面，研究者大都关注于黄酮类物质，而对于有可能协同发生作用的镁、铬、硒、精氨酸、GABA、多肽和苦味素等微量元素或活性成分的研究相对较少。在食品加工方面的研究，则主要集中在几种常规食品，总体上企业产品开发能力不足，导致荞麦产业链短，产品附加值不高。

6. 营销初级，品牌体系建设薄弱，缺乏龙头企业带动和具有全国影响力的强势品牌

贵州省荞麦部分作为原料供给四川、山西等其他厂家，绝大部分初加工企业均没有注册自己的品牌，只是单纯的批发原料，原料流通到省外，被包装为收购企业的品牌产品，进入市场销售。此外，市场上低值、杂乱的同类苦荞产品品牌越来越多，导致竞争比较激烈、无序，较难形成一个良好的市场氛围，一定程度上影响了消费者的消费意愿。市场上很难见到贵州省的荞麦品牌，注册了商标的企业也没有形成全国知名品牌。贵州省从事荞麦食品生产的企业 30 家左右，且以中小型企业为主，荞麦产业未形成大型企业集团，一般为 1000 万元资产规模以下，已有的企业也只是把自己作为苦荞米、苦荞面、苦荞茶为主的生产企业，战略定位不高。行业的集中度还不够高，尚未出现占有绝对优势的品牌，这种状况目前无法满足国际国内市场的需求。品牌建设相对滞后，品牌推介宣传不到位，没有发挥出贵州荞麦品牌的辐射力和影响力。

7. 产业配套设施薄弱、信息服务滞后

目前，贵州省荞麦产业配套设施相对薄弱，特别是缺乏与荞麦产业发展相配套的仓储、物流、包装、农机服务、大型交易市场、电子商务平台、职业培训机构、

营销和策划等，制约了荞麦产业的快速发展。荞麦种植、销售、加工、储运、再销售、市场信息、科技等信息服务体系建设滞后，无法为农户和加工提供产前、产中、产后服务，服务范围和领域较窄。种植户无法掌握市场信息，受市场冲击大，种植户的合法利益得不到有效的保障。

（二）凉山州苦荞产业发展现状及问题

1. 气候环境条件适宜，但基础设施薄弱

凉山州地貌复杂多样，地势西北高、东南低，高山、深谷、平原、盆地、丘陵交错，海拔 305～5958 m，高差大。当地独特的地理环境和气候条件非常适宜苦荞生长，凉山州 17 个县市的海拔 1500～3500 m 区域的耕地均可种植苦荞，特别是海拔 2000 m 以上的高寒地区，年均气温 14～17℃，日照充足，降雨量丰沛，无霜期长，雨热同期，年温差小，日温差大，病虫害少，远离工业区和居民区，是种植绿色、有机苦荞的"理想净土"。然而，凉山州苦荞主产区大部分位于高海拔山区，土地较为贫瘠，基础设施薄弱，抗洪涝等自然灾害的能力差，苦荞生产种植难以做到旱涝保收，种植风险较大。

2. 种质资源丰富，但优良苦荞品种覆盖范围不广

凉山州是世界苦荞主要发源地和最大主产区，全世界苦荞有 15 个种 2 个变种，凉山州就有 10 个种 2 个变种。在中国农业科学院种质资源库中，有 278 份苦荞种质资源来自凉山州，占苦荞种质资源总数的 50.9%。凉山州苦荞种质资源非常丰富，但是优质苦荞品种覆盖范围不广。一是科技投入少，科研条件较差，设施、设备、手段落后，试验示范基地基础设施条件薄弱，科研人员积极性不高，苦荞品种创新和改良工作远远不能满足当前苦荞产业发展的需要。二是西昌农业科学研究所、西昌学院组建苦荞品种创新人才队伍，育成了川荞、西荞两个系列品种，并相应地提出了配套高产栽培技术，但凉山州苦荞生产没有统一的良种繁育和推广体系，基层示范推广队伍不足、机制缺位、资金缺乏，优良苦荞新品种难以推广。三是农民习惯自留种，存在品种杂乱、退化严重等问题，优良品种覆盖范围不广。

3. 苦荞生产管理粗放，农机化水平低

凉山州苦荞主要种植于高二半山及高寒山区，生产管理较为粗放、广种薄收、单产水平较低。目前，凉山州苦荞生产主要依靠人工劳动，只有部分耕地采用机械化作业。苦荞生产主要包括耕整地、施基肥、播种、田间管理、收获等环节。当前市场上，耕整地机械、田间管理机械（如植保机械、施肥机械、提灌机械等）技术较为成熟，产品多，能满足苦荞生产机械化耕整地和田间管理需求。播种环节可用莜麦播种机，但因苦荞种子多呈菱形，用莜麦播种机播苦荞种子存在不匹配问题，影响播种效果。因苦荞是无限花序作物，种子成熟期不一致，且苦荞植株柔韧，用目前市面上的莜麦收获机收获苦荞损失率高。苦荞播种和收获环节存在无机可用或无好机可用的情况，而且部分农户思想上还没有接受农机化生产方式。凉山州苦荞生产农机化水平低、生产成本高、效率低，与现代农业生产要求的标准化、规模化、规范化、集约化相距甚远，苦荞生产对人工劳动的依赖严重影响了苦荞种植效益。此外，随着社会进步和经济快速发展，人员流动加快，农村大量劳动力外出务工，苦荞种植因劳动力缺乏、生产成本高而受到严峻威胁。

4. 农户信息不对称情况严重，科技培训不到位

凉山州农民种植苦荞多是自发、传统的自种自收，缺乏长远规划。农户居住较为分散，信息互通不足，销售苦荞时甚至出现同村不同价的现象，信息不对称情况严重，直接影响了苦荞种植收益。农户文化水平有限，青壮年劳动力外出务工，留在农村的中老年人或文化水平不够，或缺乏了解现代农业科技的渠道和手段，加上科技培训和现代农业技术示范推广不到位，农户缺乏苦荞优良新品种、先进生产种植方式、新技术装备、苦荞流通、支持政策等知识和信息，难以正确理解和采用现代农业科技，不利于苦荞生产种植业的稳定和发展。

5. 组织化程度低，政策支持力度有待增强

根据《四川省调整完善农业三项补贴政策实施方案》（川农业〔2015〕50 号），苦荞被明确列为主要粮食作物，获得适度规模经营补贴的最低要求为种粮大户、家庭农场、土地股份合作社、农民专业合作社、直接从事粮食种植的农业产业化龙头企业种植面积分别达到 2.00 hm²、6.67 hm²、13.33 hm²、20.00 hm²、33.33 hm²。凉山州苦荞种植以农户零散种植为主，专业化和组织化程度低，农民合作社、农业社会化服务组织、苦荞种植企业等农业生产单位和组织相对缺乏，能享受适度规模经营补贴的生产主体较少。苦荞是凉山州的特色粮食作物，当地政府重视苦荞产业，特别是苦荞加工产业的发展，积极引导苦荞种植业采用先进的技术装备，但由于种植海拔较高、种植区域受限、种植面积不大等，仍难以列入国家和省级重点规划，政策支持力度和投入有限。凉山州苦荞种植业要向现代农业转变，实现机械化生产，任重而道远。

三、苦荞产业化发展对策

（一）加大对荞麦产业发展的政策支持力度

各级各部门要紧紧围绕贵州省大力发展现代山地特色高效农业和"大扶贫"发展战略的要求，以供给侧结构性改革为引领，按照"一二三产互动、城乡经济共融"的新模式，以政府为引导，企业为主体，园区为平台，科技为支撑，投入为保障，依托专家团队，把荞麦产业作为贵州省的优势特色产业努力做大做强，出台荞麦产业发展规划及有关种植、流通、加工、研究、品牌打造、金融扶持等的相关产业政策，加强荞麦产业发展的综合力量，推进荞麦产业健康有序快速发展，形成农

民因种荞麦而致富、企业因加工荞麦而盈利、人民因食用荞麦而健康的局面。积极争取得到各方面的重视和扶持，对生产基地和龙头企业，在项目、资金、信贷、税收等方面予以优惠政策扶持。省级优势产区政府设立荞麦产业发展专项资金，列入同级财政预算，重点支持荞麦新品种选育与推广、良种扩繁、原料基地建设、新技术推广、新产品研发、品牌建设、产品营销宣传等环节，推进荞麦产业快速发展。

积极争取国家各级政府及主管部门的政策支持，促进凉山州苦荞种植业发展。积极引导凉山州培育苦荞生产种植农业农机合作社、农业社会化服务组织和农业企业，在3~5年时间内，每个主产县培育不少于5个苦荞种植农业农机专业合作组织。完善农机社会化服务体系，提高苦荞生产种植的专业化水平、组织化程度，引导苦荞种植业逐步向机械化、规模化、标准化、产业化方向发展。建立凉山州州级农副产品电商平台，进行苦荞等特色农副产品销售，实现产品溯源，确保产品地道、品质好；产品直销，减少中间环节，提高苦荞等农副产品效益。建立州级农业科技信息服务平台，依托现代网络通信技术开展农业科技信息服务和咨询，及时发布新品种、新机具、新模式、新政策等农业科技信息。

（二）加强原料生产基地建设和产业化经营

1. 加大荞麦良种繁育工作

加大科研力度，大力开展荞麦新品种选育和优良品种引进筛选，针对荞麦品种杂、产量低的问题，积极实施"荞麦良种工程"，开展提纯复壮活动，建立良种繁育基地，满足生产需要，加快新品种推广步伐，加速良种更新换代，提高良种的覆盖率，提高单产水平。针对苦荞品种种子难以脱壳生产新鲜苦荞米，加快繁育薄壳苦荞新品种。

凉山州高校、科研院所已培养了苦荞育种创新改良人才队伍，建立了实验室，配置了试验设施设备。应进一步增强凉山州西昌农业科学研究所、西昌学院等当地高校、科研院所的科研实力，完善设施条件，整合资源，协同攻关，重点选育多抗、优质、高产、专用的优良苦荞新品种。

2. 加强荞麦优质商品基地建设

通过良种推广、合理密植、轮作，测土配方施肥、病虫草鼠害绿色防控、轻简化栽培、机械化耕种收等技术手段，提高单产水平，降低生产成本，增加种植效益。普及无公害生产，逐步扩大绿色生产面积，积极发展有机荞麦基地，打造有机荞麦产品，推广优势新品种，形成标准化、规范化、规模化种植，产品质量可追溯。

例如，筛选、引进与凉山州苦荞种植农艺要求相适应的耕整地、播种、施肥、植保、灌溉、收获等机具，研究制定凉山州苦荞机械化种植技术规范，优化集成凉山州苦荞机械化种植模式。在凉山州昭觉、美姑、布拖等苦荞主产县建立苦荞机械化种植示范基地，采用苦荞机械化种植模式实地种植优良苦荞品种，通过示范基地进行优良品种、先进机具和生产模式的示范推广，带动凉山州苦荞机械化生产。

3. 转变商品基地经营管理模式

以农村土地承包经营权流转和农村金融体制改革为突破口，加强农民专业合作社和行业协会建设。完善"公司+合作社+基地+农户"的经营模式，由合作社参与并引领荞麦产业区域化布局，专业化生产，规模化经营。开展订单生产，落实保护价收购、耕地补贴、种植保险等政策，保护农民利益。组建荞麦的行业协会，开展行业管理的基础工作和相关标准制定。

4. 加大荞麦产品认证

加强对荞麦生产基地选点及生产过程的监管，严格按照无公害、绿色、有机标准，控制肥料和农药使用，建立健全质量追溯体系。引导龙头企业主导或参与国家标准、行业标准的制（修）订，积极开展有机农产品认证、GAP（良好农业规范）、CAS（优良农产品）、ISO（质量管理体系）、HACCP（危害分析与关键控制）、GMP（产品生产质量管理规范）等认证工作。

5. 打造荞麦旅游文化产业

荞麦无论在开花还是采收时期，都能形成独特的风景。目前，我国荞麦作为旅游文化产业进行开发利用几乎空白，各优势产区要充分利用各地荞麦资源优势，结合当地民风民俗，努力探索开发荞麦旅游文化产业，让荞麦旅游文化产业成为"新兴产业"，推动荞麦与旅游产业的融合。

（三）扶持龙头企业提质增效创品牌

1. 扶持加工企业做大做强

采取政府引导和市场运作相结合的方式，推进企业整合重组，逐步淘汰落后产能，切实改变当前初级产品恶性竞争、资源浪费等现状。狠抓龙头企业，形成基地规模化、生产订单化、加工精细化和销售市场化的运作格局。利用目前的良好基础，加强工艺、装备优化，通过技术创新和设备改造升级，大力延伸产业链，发展精深加工产品，迅速开发全国最齐全、最高端和技术领先的"荞麦深加工产品""苦荞麦和各类健康饮品""各类健康烘焙产品""糖尿病人专用主食产品""其他药食同源产品的配方食品及保健食品"，打造安全、放心、健康、营养食品产业链。

2. 增强企业的品牌建设意识

要牢固树立品牌意识，大力实施"基地品牌化、企业品牌化、产品品牌化"三位一体品牌战略，打造"贵州荞麦"公共品牌，构建一批各具特色的区域品牌和产品品牌，以适应不同区域、不同层次、不同类型、不同消费群体。创建国内名优品牌，抢占市场制高点，不断提高荞麦产品市场的占有率。

3. 加强行业联合

抱团出黔、抱团出海，不仅要实现产业集群的效应，更要构建一个供应商、生产商、销售商、市场中介、投资商、政府、消费者互相依存的生态系统，鼓励并培养一批对地方经济和社会发展具有带动效应的龙头企业或联合企业集团，并培养出有代表性的全产业运作"巨人"企业，尽快把贵州荞麦等特色杂粮资源转变为区域经济的竞争优势。

（四）加大营销宣传力度

加强与外界的交流与合作，搭建招商引资和信息服务平台，通过农产品展销会、博览会、推介会和旅游节庆等活动，利用互联网、报刊、广播、电视等媒介，将贵州荞麦的产业特点、品质特性、营养及保健功能、文化魅力和旅游体验等进行总结提炼和宣传推广。结合"黔货出山"的大势，建立全国的复合型营销网络，分别在商超等传统渠道，电商、国内外大中型城市专卖店等现代渠道，保健品药店特殊渠道，建立经销商和直营布局，提升贵州荞麦品牌在国内外市场的知名度和市场占有率，把贵州荞麦产业打造成为多彩贵州新名片。

（五）加强科技创新

1. 加强荞麦新品种选育和高产关键技术创新

利用杂交技术开展荞麦品种选育，针对市场需求鉴选专用品种。包括对高黄酮苦荞、易脱壳苦荞（米苦荞）、多年生苦荞、观赏荞、盆景荞等品种的选育及栽培规程制定。同时研究荞麦与其他作物（特别是马铃薯）间套作技术，同时开展荞麦超高产栽培研究。

建立和完善州、县、镇（乡）三级苦荞良种繁育体系，确保优良苦荞品种的供应。加强苦荞主要种植区域农技推广机构的建设，形成以州为中心、县为主干、乡村为基础的农技推广服务体系，充实农技人员队伍，加强农技推广服务队伍的专业技术知识更新培训，提高其服务手段和能力，确保优良苦荞品种、新种植技术、新机械设备等推广到基层农户。

2. 提高荞麦产品研发能力

开展荞麦加工工艺与装备技术的研发、创新，功能制品开发与精深加工，荞麦营养功能与药用保健功效评价及苦荞麦综合利用等方面的研究，提升传统荞麦产业核心技术水平。如针对现有加工技术中苦荞黄酮流失率高的共性问题，开展养分流失抑制机理研究，提升产品品质；充分挖掘苦荞籽粒萌发物（芽苗菜）高营养特性，开发高黄酮类功能性产品等。

（六）强化金融服务

深化与金融机构的合作，创新金融产品与融资模式，吸引各类资本进入荞麦产业。

（1）建立有效沟通机制，召开银企、银政及政企对接会，搭建金融机构、投资担保机构与荞麦行业主管部门、荞麦产区、荞麦生产企业之间交换信息的重要平台。

（2）引导、支持金融机构优先扶持荞麦种植面积较大的县，荞麦产业园区，重点荞麦品牌、荞麦加工和营销龙头企业。

（3）建立融资平台，尤其在荞麦收获的关键季节，收购企业的流动资金需求大，帮助企业融资，有助于稳定荞麦收购价格和稳定荞麦产业的发展。

（4）建立完善"担保—贷款—贴息""基金""风险投资"支持荞麦产业发展资金使用机制。

（七）重视科技培训，引导农户接受和采用现代农业生产方式

高度重视苦荞机械化生产技术培训，兼顾交通问题和语言交流问题，采用"送上门"的方式开展汉语、彝语双语培训，主要针对机械化耕整地、播种、施肥、植保、收获等技术及机具应用进行培训，应特别重视拖拉机的驾驶培训。拖拉机是众多农业生产机具的动力机械，做好拖拉机驾驶培训，可从源头上预防和减少拖拉机应用中可能发生的安全事故，有利于农户掌握苦荞机械化种植技术。科技培训应做到"室内理论教学培训，户外现场参观实训，学员生产实践操作，入村入社入户指导"，积极引导凉山州农户正确认识、接受并采用现代农业生产方式，提高苦荞种植业的农业科技水平，逐步实现机械化种植。

第四章 不同地区、不同品种 苦荞品质的差异

第一节 不同地区苦荞品质的差异

一、不同地区苦荞营养成分的差异

我国苦荞的产区主要集中在云南、山西、四川三省，所产苦荞产量大、品性好，另外在陕西、湖南等地也有种植。选取了产自云南、四川、山西、陕西及湖南地区的苦荞作为研究对象，并以内蒙古地区产的甜荞作为对照，分析了不同地区的荞麦样品的蛋白质、粗脂肪、淀粉、膳食纤维及总黄酮含量，采用高效液相法测定了其中的芦丁和槲皮素含量。

（一）不同产区苦荞水分含量的差异

不同地区的苦荞品种含水量为 11%～15%，其中水分最高的是云南苦荞（14.50%），最低的是山西苦荞（11.87%）。导致水分差异的主要原因与其生长地区、荞麦品种、收获和储存方式等有关。

（二）不同产区苦荞蛋白质含量的差异

苦荞蛋白不含有谷蛋白，是一种不含谷蛋白的谷物。荞麦蛋白的 1/3 是清蛋白，能清除体内毒素和异物，提高 SOD 含量，抑制脂肪堆积，改善便秘，抑制胆结石的发生，抑制对有害物质的吸收等。苦荞中的蛋白质还具有降低胆固醇、预防胆固醇沉积、抑制体内胆结石形成等多种生理功能，而且荞麦蛋白在抗疲劳作用等方面明显优于黄酮类化合物，其中球蛋白的抗疲劳作用在白蛋白、球蛋白和谷蛋白三者中最为显著。

不同产区苦荞麦蛋白质含量测定结果如图 4-1 所示。结果显示，苦荞麦的蛋白质质量分数为 8.5%～12.5%。这与李月等、刘三才等的实验结果类似。甜荞麦中的蛋白质质量分数最高，为 12.79%。所选苦荞麦中蛋白质量分数最高的是山西苦荞 12.23%，最低的是云南苦荞 8.88%，但仍高于玉米、小麦、大米等其他谷物的蛋白质含量。不同产区的苦荞麦蛋白质含量之间的差异可能与种植区域的气候环境有关，还可能与苦荞麦所种植地区的海拔高度、生态条件等有关。

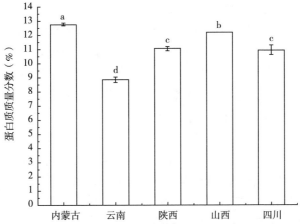

图 4-1　不同地区苦荞的蛋白质含量

(三) 不同地区苦荞脂肪含量的差异

荞麦脂肪质量分数为 1%~3%，与其他谷物相比，荞麦脂肪中不饱和脂肪酸含量丰富，其中油酸和亚油酸质量分数很高，占 70% 以上，油酸是人体合成前列腺素和脑神经的重要前体物质。此外，荞麦脂肪的摄入能够促进体内胆固醇和胆酸的排泄，能够降低胆固醇、低密度脂蛋白含量，具有一定的降脂作用。

由图 4-2 可知，所测的样品中，山西苦荞、陕西苦荞与内蒙古甜荞质量分数分别为 3.45%、3.39%、3.43%，均大于云南苦荞和湖南苦荞品种含量，其中最低的湖南苦荞脂肪质量分数只有 2.39%。不同地区苦荞脂肪含量的差异主要是生长环境及不同品种造成的。

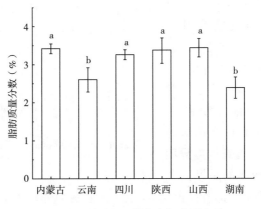

图 4-2　不同地区苦荞中粗脂肪含量

（四）不同地区苦荞淀粉含量差异

苦荞麦淀粉颗粒粒径范围 2~15 μm，平均粒径 6~7 μm，颗粒较小，外观为多边形形状，属于 A 型淀粉。淀粉质量分数最高的是云南苦荞，为 77.59%，淀粉质量分数最低的是山西苦荞，为 67.59%。四川、陕西、内蒙古地区荞麦的淀粉质量分数依次为 73.49%、71.27%、73.51%。不同地区的苦荞麦淀粉含量差异不明显（$P>0.05$）。不同地区的苦荞麦淀粉含量之间的差异主要是环境及品种的差异造成的。相比大米、小麦等谷物淀粉，苦荞麦淀粉中含有更多的抗性淀粉，其质量分数为 7.5%~35%。抗性淀粉是一种在小肠中不能消化和吸收的淀粉，但能在大肠内被发酵和利用。研究表明，长期摄入含有大量抗性淀粉的食物可以改善体内胆固醇水平。由于其具有与膳食纤维相似的功能，因此能有效预防结肠癌发生，降低血浆总胆固醇和甘油三酯的含量。

（五）不同地区苦荞膳食纤维含量分析

膳食纤维是人体消化酶不能分解的碳水化合物，对肠道排便和体内毒素的清除有良好效果，是人类消化系统的净化剂。膳食纤维可刺激肠道蠕动，预防便秘、直肠癌等。此外，膳食纤维还可调节血液中胆固醇的含量，预防心血管疾病如动脉粥样硬化和冠心病的发生，进食以后产生饱腹感，提高耐糖性，调节糖尿病患者血糖水平。

不同地区荞麦膳食纤维含量测定结果如图 4-3 所示。从图中可以看出，内蒙古甜荞的膳食纤维远远低于其他品种苦荞中的含量，甚至不足膳食纤维含量最高的湖南苦荞的一半，在一定程度上表明了甜荞的膳食纤维含量低于苦荞麦的膳食纤维含量。在本实验所测的苦荞品种中，膳食纤维质量分数最低的是云南苦荞，为 6.64%，最高的湖南苦荞含量可达 10.2%。进一步对所选荞麦品种的膳食纤维进行测定，结果（表 4-1）显示，不同地区荞麦的可溶性膳食纤维（SDF）和不溶性膳食纤维（IDF）含量差异较大。荞麦中的膳食纤维主要以不溶性膳食纤维为主，约占总膳食纤维的 80%。可溶性膳食纤维以山西苦荞质量分数最高，为 2.65%，是含量最低的湖南苦荞的 2.23 倍。不溶性膳食纤维差异明显，其中质量分数最高的是湖南苦荞，为 9.01%，比内蒙古甜荞高出 2.63 倍。内蒙古甜荞的不溶性膳食纤维较其他品种苦荞均存在较大差距，这与其总膳食纤维含量规律一致。研究表明，苦荞中膳

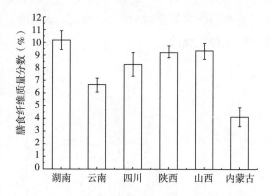

图 4-3　我国不同地区苦荞膳食纤维含量

食纤维的含量是普通米面的 8 倍之多，且不同品种的荞麦含量各异。

表 4-1　不同地区荞麦种可溶性膳食纤维和不溶性膳食纤维质量分数

质量分数(%)	苦荞产地					甜荞产地
	湖南	云南	四川	陕西	山西	内蒙古
SDF	1.19±0.08	1.29±0.28	1.74±0.41	1.31±0.02	2.65±0.13	1.66±0.61
IDF	9.01±0.66	5.35±0.89	6.54±0.54	7.94±0.47	6.68±0.51	2.48±0.41

（六）不同地区苦荞总黄酮含量差异

黄酮类化合物是苦荞中一种重要的生物活性物质，它赋予了苦荞降血糖、降血脂、降胆固醇、抗氧化、抗肿瘤、抗疲劳等多种生理功能。苦荞中的黄酮类物质主要有槲皮素、芦丁、坎菲醇、桑色素等，且以芦丁为主。槲皮素和桑色素可以改善人体血管平滑肌收缩和舒张；芦丁具有扩张血管的功能，可维持毛细血管的抵抗力，还可降低血脂、扩张冠状动脉、增强冠状动脉血流等功能。此外，由于芦丁和槲皮素的分子结构符合有效的酚羟基理论，苦荞类黄酮物质还具有清除自由基的良好功效：可清除超氧阴离子和羟自由基等自由基，提高自由基清除酶 SOD、GSH-Px 活力，降低脂质过氧化水平，从而达到防衰、抗癌、抗心脑血管病的目的。

研究表明，荞麦中的黄酮含量受品种、产地等影响较大，且荞麦的不同部位黄酮含量差异较大。朱友春等测得九江苦荞黄酮含量高于其他所测苦荞样品（如会宁苦荞和凉荞一号），不同生育期的苦荞黄酮含量不一，依次为幼苗>植株>籽粒。彭镰心等采用分光光度法测定了 17 种不同品种苦荞麦中总黄酮含量，发现黄酮质量分数最高的是美姑苦荞，达到了 2.40%，而最低的仅为 1.54%，是川荞 1 号。目前测定苦荞中黄酮含量最常见的方法有高效液相色谱法、毛细管电泳法、分光光度法等。相比于甜荞，苦荞中黄酮类物质的含量是其 20 多倍，因而具有更高的研究价值。所测的样品中，湖南苦荞的总黄酮含量最高，为 16.32 mg/g；含量最低的是云南苦荞，为 11.32 mg/g；四川苦荞、山西苦荞、陕西苦荞总黄酮含量分别为 12.35 mg/g、15.66 mg/g、12.54 mg/g。

（七）不同地区苦荞芦丁、槲皮素含量分析

通过建立 HPLC 方法测定了不同地区荞麦中芦丁、槲皮素的含量，结果见表 4-2。从表中可以看出，内蒙古甜荞芦丁含量远远低于其他苦荞品种，甚至不到其他品种芦丁含量的 1%，仅有 0.10 mg/g。而在所测的苦荞品种中，不同地区的苦荞芦丁含量也存在差异，其中山西苦荞的芦丁浓度含量最高，达到了 14.59 mg/g，含量最低的云南苦荞为 8.57 mg/g，陕西、四川、湖南地区苦荞芦丁含量分别为 10.08 mg/g、

11. 23 mg/g、9. 93 mg/g。

由表4-2可知，本实验所选的各个地区荞麦品种的槲皮素含量都不高，内蒙古甜荞的槲皮素较其他苦荞品种含量也相差较大，其中含量最高的陕西苦荞的槲皮素含量为 0. 13 mg/g，是内蒙古甜荞的 11. 9 倍，其次是云南、四川、山西的苦荞品种，湖南苦荞槲皮素含量最低，为 0. 088 mg/g。甜荞无论是芦丁还是槲皮素含量均远低于苦荞，因此苦荞较甜荞具有更好的药用价值，且主要以芦丁为主，槲皮素含量很低。

表4-2　不同地区苦荞麦中芦丁和槲皮素含量

名称	苦荞产地					甜荞产地
	山西	陕西	四川	云南	湖南	内蒙古
芦丁（mg·g⁻¹）	14. 591±0. 241	10. 084±0. 440	11. 232±0. 317	8. 568±0. 213	9. 933±0. 218	0. 104±0. 006
槲皮素（mg·g⁻¹）	0. 091±0. 001	0. 131±0. 005	0. 106±0. 001	0. 1 09±0. 005	0. 088±0. 005	0. 011±0. 001

二、不同地区苦荞组分、物化特性的差异

（一）不同地区苦荞组分的差异

对收集到的市售 8 种不同产地的甜荞和苦荞的组分及部分营养物质含量进行测定。不同产地的甜荞水分含量在 12. 04%～15. 28%，淀粉（干基）含量在 70. 62%～80. 77%，蛋白质（干基）含量在 3. 90%～5. 86%，脂质（干基）、灰分（干基）和粗纤维（干基）含量分别在 0. 30%～0. 74%、0. 25%～0. 65%和 0. 52%～0. 80%，总黄酮和总多酚含量分别在 3. 00～6. 26 mg RE/g（以芦丁质量分数计）和 14. 90～57. 87 mg GAE/100 g（以没食子酸质量分数计）。不同产地的苦荞水分含量在 11. 47%～15. 08%，淀粉（干基）含量在 64. 75%～78. 28%，蛋白质（干基）含量在 4. 59%～7. 24%，脂质（干基）、灰分（干基）和粗纤维（干基）含量分别在 0. 36%～0. 99%、0. 31%～0. 87%和 0. 46%～0. 80%，总黄酮和总多酚含量分别在 20. 37～44. 17 mg RE/g 和 58. 96～157. 75 mg GAE/100g。

不同产地的样品之间各个组分含量均存在差异，其中宁夏和山西的甜荞总淀粉含量显著低于其他产地的样品，而两者的蛋白质、脂质、灰分、总黄酮和总多酚含量较高。山东甜荞拥有较高淀粉含量的同时，含有较高含量的蛋白质、总黄酮和总多酚。直链淀粉含量的不同往往会影响淀粉基食品的物化特性，因此将其作为组成中的一个重要指标进行研究。

贵州苦荞总淀粉含量最高，山西、四川、云南苦荞的总淀粉含量显著低于其他产地的样品，四川苦荞的其他基本组分、总黄酮及总多酚含量均显著高于其他产地

的样品。而淀粉含量较高的贵州苦荞，除蛋白质外，其他组分、总黄酮及总多酚含量均显著低于其他产地的样品，甘肃苦荞的蛋白质含量最低。不同产地苦荞的直链淀粉含量在20.73%~28.69%，其中甘肃、贵州、山西和云南苦荞的直链淀粉含量较高，另外4种样品直链淀粉含量较低。

与之前的研究相比，整体来说淀粉含量较高，脂质及黄酮量较低，除了品种的差异外，主要原因应该是在磨粉过程中保留了更高比例的芯粉，而脂质、黄酮等物质更多存在于荞麦米的麸皮之中。从总体上看，不同产地甜荞与苦荞的水分、粗纤维含量差异不明显，甜荞中淀粉含量略高于苦荞，而蛋白质、脂质、灰分含量稍低于苦荞。但两种植源的荞麦的黄酮与多酚含量差异较大，这与王等人的研究类似。上述的组分差异会影响其制品的品质，对我国不同植源与产地荞麦的组分差异性进行研究，有助于荞麦新产品的开发和推广。

（二）不同地区荞麦色差

颜色是评价食品感官性状的重要指标，不同植源、产地荞麦的色差测定结果见表4-3。表中 L^* 值越大说明样品越接近白色，"0"表示黑色，"100"表示白色；a^* 值为正值时说明样品偏红，负值时表示样品偏绿，数值越大则颜色更明显；b^* 值为正值时说明样品偏黄，负值时表示样品偏蓝，同样数值越大表明颜色更明显。

根据表4-3，不同植源、产地荞麦的 L^* 值较高，样品较白，a^* 值接近"0"，而 b^* 值较高，说明不同荞麦样品均呈现略黄的颜色。从数值上看，甜荞的 L^* 值较苦荞高，b^* 值较苦荞低，表明甜荞在视觉上给人以更亮白的感受，这种差异可能是由于黄酮含量的差异。

表4-3　不同植源、产地荞麦粉的色差

样品	L^*	a^*	b^*	样品	L^*	a^*	b^*
甘肃甜荞	93.59±0.08[a]	0.19±0.01[ef]	6.09±0.07[d]	甘肃苦荞	85.71±0.21[c]	-0.08±0.01[e]	9.88±0.05[e]
湖北甜荞	88.98±0.14[c]	0.86±0.02[a]	6.43±0.04[c]	贵州苦荞	89.03±0.35[a]	0.19±0.04[c]	9.21±0.11[f]
内蒙古甜荞	93.51±0.19[a]	0.16±0.01[f]	6.00±0.07[d]	湖南苦荞	85.78±0.09[c]	0.31±0.01[ab]	11.77±0.05[a]
宁夏甜荞	87.71±0.05[e]	0.89±0.00[a]	7.22±0.07[a]	山东苦荞	84.96±0.19[d]	0.27±0.03[b]	11.35±0.25[b]
山东甜荞	90.48±0.13[b]	0.44±0.03[c]	6.79±0.01[b]	陕西苦荞	86.50±0.12[b]	0.12±0.02[d]	10.81±0.07[c]
陕西甜荞	93.47±0.12[a]	0.20±0.01[e]	5.81±0.07[e]	山西苦荞	84.56±0.19[de]	0.33±0.04[a]	9.70±0.02[e]
山西甜荞	88.54±0.68[d]	0.68±0.01[b]	6.72±0.06[b]	四川苦荞	84.06±0.04[e]	-0.16±0.02[f]	11.61±0.21[ab]
云南甜荞	93.34±0.17[a]	0.29±0.03[d]	6.38±0.04[c]	云南苦荞	86.46±0.15[b]	0.12±0.02[d]	10.39±0.07[d]

注　数值表示为平均值±标准差；同一列中相同植源样品所带字母不同表示差异性显著（$P<0.05$）。

（三）不同地区荞麦糊化特性的差异

糊化是荞麦食品加工中的重要过程，荞麦的糊化特性往往与样品的加工性能相关。根据以往研究，样品峰值黏度一定程度上能够反映样品与水的结合能力；崩解值能够反映样品抵抗高温剪切的能力，崩解值越小，样品的热稳定性越好；最终黏度可以反映样品在加热后冷却过程中形成的凝胶强度，回生值能够反映凝胶稳定性及老化趋势；样品的糊化温度可以一定程度反映样品糊化的难易程度，与样品的结晶性质有关。表4-4为不同植源、产地荞麦糊化特性。

表4-4　不同植源、产地荞麦糊化特性

样品	峰值黏度（cP）	峰谷黏度（cP）	崩解值（cP）	最终黏度（cP）	回生值（cP）	糊化时间（min）	糊化温度（℃）
甘肃甜荞	2823.67± 26.08[bc]	2607.67± 93.37[b]	216.00± 71.47[ab]	5085.00± 38.76[e]	2477.33± 81.20[a]	6.00± 0.14[a]	71.25± 0.36[d]
湖北甜荞	2769.33± 20.50[c]	2593.00± 2.45[b]	176.33± 22.90[b]	4706.67± 32.43[d]	2113.67± 33.31[d]	5.80± 0.09[a]	72.55± 0.00[bc]
内蒙古甜荞	3123.00± 55.48[a]	2793.67± 99.80[a]	329.33± 104.27[a]	5409.00± 34.65[a]	2615.33± 77.31[a]	5.82± 0.03[a]	72.85± 0.39[ab]
宁夏甜荞	2465.33± 14.01[d]	2343.00± 19.80[c]	122.33± 7.41[b]	4209.33± 44.17[f]	1866.33± 30.03[d]	6.36± 0.19[a]	71.73± 0.71[d]
山东甜荞	2400.67± 112.57[d]	2297.33± 133.69[c]	103.33± 43.62[b]	4491.67± 86.96[e]	2194.33± 86.26[c]	6.2± 0.61[a]	70.97+ 0.69[d]
陕西甜荞	2910.00± 19.30[b]	2724.33± 68.13[ab]	185.67± 84.29[b]	5043.67± 38.06[c]	2319.33± 103.46[b]	6.13± 0.05[a]	71.83± 0.02[cd]
山西甜荞	2449.33± 35.96[d]	2347.33± 40.34[c]	102.00± 18.83[b]	4490.00± 63.38[e]	2142.67± 94.71[c]	5.96± 0.22[a]	73.67± 0.38[a]
云南甜荞	2872.00± 12.83[bc]	2691.67± 7.76[ab]	180.33± 19.67[b]	5286.67± 34.92[b]	2595.00± 21.29[a]	6.11± 0.22[a]	73.15± 0.39[ab]
甘肃苦荞	2622.00± 54.52[c]	2495.00± 26.62[b]	127.00± 21.95[bc]	4563.67± 26.95[bc]	2068.67± 13.89[b]	6.91± 0.13[a]	73.77± 0.37[b]
贵州苦荞	2886.33± 54.65[b]	2584.00± 12.73[b]	302.33± 66.39[a]	4794.33± 57.70[a]	2210.33± 68.63[a]	5.71± 0.11[c]	73.68± 0.37[b]
湖南苦荞	3095.67± 23.68[a]	2818.00± 52.33[a]	277.67± 28.67[a]	4630.00± 4.32[b]	1812.00± 48.99[c]	5.58± 0.06[c]	72.50± 0.04[c]
山东苦荞	2334.33± 83.28[d]	2253.67± 94.67[c]	80.67± 20.07[c]	3889.33± 97.71[f]	1635.67± 10.78[d]	6.93± 0.05[a]	73.97± 0.44[b]

样品	峰值黏度 （cP）	峰谷黏度 （cP）	崩解值 （cP）	最终黏度 （cP）	回生值 （cP）	糊化时间 （min）	糊化温度 （℃）
陕西 苦荞	2346.67± 58.89[d]	2221.33± 19.70[c]	125.33± 39.23[bc]	4486.00± 45.32[c]	2264.67± 54.65[a]	6.38± 0.52[b]	72.55± 0.70[c]
山西 苦荞	2674.67± 8.33[c]	2570.67± 18.37[b]	104.00± 23..72[c]	4336.67± 109.21[d]	1766.00± 126.98[c]	5.80± 0.14[c]	75.58± 0.38[a]
四川 苦荞	1599.00± 16.97[f]	1478.67± 53.12[e]	120.33± 38.86[bc]	2853.33± 24.63[g]	1374.67± 32.05[e]	6.87± 0.14[a]	73.43± 0.05[b]
云南 苦荞	2189.00± 7.07[e]	2001.33± 27.81[d]	187.67± 34.88[b]	4188.67± 13.20[e]	2187.33± 14.61[ab]	7.00± 0.00[a]	72.08± 0.33[c]

注 数值表示为平均值±标准差；同一列中相同植源样品所带字母不同表示差异性显著（$P<0.05$）。

根据表中不同产地甜荞的数据，除内蒙古样品外，各产地甜荞样品的崩解值不存在显著差异，具有相似的热凝胶稳定性，内蒙古甜荞的各项数值均较高，该样品在糊化过程中黏度较高，热凝胶稳定性较差，但其冷却后凝胶强度较大，稳定性较高。相反地，宁夏、山东和山西甜荞样品的各项数据均较低，表明该样品易糊化，冷却后的凝胶强度及稳定性相对较弱。不同产地苦荞样品的糊化特性差异较大，其中湖南的样品峰值和峰谷黏度最高，贵州、甘肃和山西的样品峰值和峰谷黏度相对较高，四川的样品该数值最低。山东和山西的样品热凝胶稳定性较好，贵州和湖南的样品凝胶抵抗高温剪切的能力较差，但贵州样品的冷凝胶强度和稳定性较好，陕西和云南样品的冷凝胶稳定性同样较高，但通过最终黏度数值的比较可知，二者的冷凝胶强度不如贵州样品。

平均来看，与不同产地的苦荞样品的糊化特性相比，甜荞的峰值黏度较高，最终黏度和回生值同样高于苦荞样品，说明与苦荞相比，甜荞更易老化并具有更好的凝胶稳定性。此外，甜荞样品的糊化温度低于苦荞样品，可能是由于苦荞淀粉结晶区的晶体稳定性较好，需要更多的热能使其糊化，从而导致其糊化温度较高。我国不同植源、产地的荞麦糊化特性存在差异，这种差异会影响其在生产加工中应用，根据不同糊化特性可对应选择不同加工方式与应用方向，增强荞麦的加工适宜性。

（四）不同地区荞麦凝胶质构特性的差异

凝胶质构特性能够在一定程度反映样品在经历糊化与冷却后的品质，对判断淀粉基食品的感官品质与稳定性密切相关。不同植源、产地荞麦的凝胶质构特性见表4-5。不同产地甜荞样品的硬度、胶着度和咀嚼度的差异性较大，弹性与黏聚性无显著差异，回复性的差别较小。其中陕西甜荞样品的硬度、胶着度与咀嚼度均最高，山西甜荞样品的上述 3 个指标最低，这可能与荞麦中的直链淀粉含量有关。在苦荞中，除弹性外，其他指标均存在一定的差异。从硬度上看，贵州和云南苦荞样品的硬度较高，四川的样品较低，对于黏聚性，不同产地样品的差异不大，其中甘肃苦荞样品该指标略高，陕西和云南的样品略低，但与其他产地样品的差异并不显著。与甜荞类似，不同产地苦荞的胶着度与咀嚼度呈现相似的变化趋势。对于不同植源的样品，其凝胶硬度、胶着度和咀嚼度差异不大，但甜荞的弹性略高于苦荞，黏聚性和回复性略低于苦荞，说明二者拥有相近的凝胶强度和耐咀嚼性，但苦荞的凝胶黏度较大，发生形变后的恢复能力较弱。

表 4-5　不同植源、产地荞麦凝胶质构特性

样品	硬度（g）	弹性（g）	黏聚性	胶着度	咀嚼度	回复性
甘肃甜荞	54.33±2.63[bc]	0.95±0.02[a]	0.51±0.02[a]	27.53±0.83[bcd]	26.21±0.82[bc]	0.04±0.01[a]
湖北甜荞	57.03±4.42[b]	0.95±0.02[a]	0.50±0.03[a]	28.57±3.50[bc]	27.04±2.78[bc]	0.03±0.00[ab]
内蒙古甜荞	60.08±3.73[b]	0.95±0.01[a]	0.53±0.01[a]	31.89±2.65[b]	30.31±2.65[b]	0.04±0.01[a]
宁夏甜荞	44.88±1.58[de]	0.94±0.02[a]	0.50±0.02[a]	22.82±1.09[de]	21.35±0.94[cd]	0.02±0.00[b]
山东甜荞	48.93±1.49[cd]	0.94±0.01[a]	0.51±0.02[a]	24.83±0.81[cde]	23.34±0.99[cd]	0.04±0.00[a]
陕西甜荞	69.04±2.13[a]	0.97±0.02[a]	0.57±0.07[a]	39.31±4.84[a]	38.25±5.42[a]	0.03±0.00[ab]
山西甜荞	40.80±1.99[e]	0.94±0.01[a]	0.53±0.00[a]	21.45±1.09[e]	20.10±1.25[d]	0.03±0.00[ab]
云南甜荞	55.10±3.05[be]	0.95±0.02[a]	0.51±0.03[a]	27.96±0.32[bed]	26.47±0.27[bc]	0.04±0.01[a]
甘肃苦荞	58.34±0.94[b]	0.80±0.18[a]	0.62±0.09[a]	36.36±4.69a	28.24±4.02[ab]	0.03±0.01[ab]
贵州苦荞	62.52±1.44[a]	0.91±0.03[a]	0.54±0.03[ab]	33.43±1.53[ab]	30.58±2.27[a]	0.04±0.00[a]
湖南苦荞	54.11±1.25[c]	0.92±0.00[a]	0.53±0.00[a]	28.70±0.71[bc]	26.34±0.78[ab]	0.02±0.00[c]
山东苦荞	42.10±1.63[e]	0.92±0.00[a]	0.53±0.01[ab]	22.38±1.05[d]	20.62±0.97[c]	0.02±0.00[bc]
陕西苦荞	58.30±2.66[b]	0.94±0.01[a]	0.50±0.09[b]	29.10±4.98[bc]	27.27±443[ab]	0.04±0.01[a]
山西苦荞	47.84±2.59[d]	0.93±0.01[ab]	0.53±0.01[ab]	25.23±1.07[cd]	23.35±0.90[bc]	0.02±0.00[c]
四川苦荞	31.02±1.22[f]	0.90±0.02[a]	0.52±0.02[a]	16.26±1.17[e]	14.68±1.25[c]	0.02±0.00[c]
云南苦荞	59.78±2.12[ab]	0.96±0.02[a]	0.50±0.02[b]	29.29±0.72[bc]	27.93±0.97[ab]	0.03±0.00[a]

注　数值表示为平均值±标准差；同一列中相同植源样品所带字母不同表示差异性显著（P<0.05）。

第二节 不同品种苦荞品质的差异

一、不同米苦荞品种营养成分差异

（一）不同米苦荞籽粒中营养成分差异

6 个参试品种芦丁含量变化幅度为 2.92% ~ 3.48%，粗脂肪含量变化幅度为 2.21% ~ 2.50%，淀粉含量变化幅度为 54.49% ~ 61.89%，粗蛋白含量变化幅度为 11.88% ~ 14.56%（表 4-6）。与对照相比，米 115-1 芦丁含量比对照高 2.65%，差异显著，其余品种均显著低于对照，降低幅度在 4.72% ~ 13.86%。粗脂肪含量表现为米 115-1 显著低于对照，比对照低 11.6%，其他品种粗脂肪含量与对照品种差异不显著，但都低于对照品种。米 55-1、米苦荞 1 号、米 153-84 籽粒淀粉含量均显著高于对照，分别比对照高 13.58%、8.81% 和 6.09%，米 115-1 和米 2-1 籽粒淀粉含量与对照差异不显著。对照品种的粗蛋白含量在所有品种中最低，其余 5 个品种均显著高于对照，其中米 115-1 籽粒粗蛋白含量比对照高 22.56%。

表 4-6 不同米苦荞籽粒营养成分 单位:%

品种	芦丁	粗脂肪	淀粉	粗蛋白
米苦荞（对照）	3.39^b	2.50^a	54.49^d	11.88^d
米苦荞 1 号	2.92^e	2.49^a	59.29^b	13.55^b
米 2-1	3.23^c	2.35^{ab}	55.11^d	12.51^c
米 55-1	2.94^e	2.41^{ab}	61.89^a	12.42^c
米 115-1	3.48^a	2.21^b	55.73^{cd}	14.56^a
米 153-84	3.08^d	2.49^a	57.81^{bc}	12.37^c

（二）不同米苦荞籽粒中矿质元素差异

不同米苦荞品种籽粒中镁、铁、锌、铜和锰含量存在显著差异，除米 55-1 籽粒中钙含量显著低于其他 5 个品种外，其余 5 个品种籽粒中钙含量差异不显著。不同米苦荞籽粒中镁含量变化幅度为 330.61 ~ 443.02 mg/kg。米苦荞 1 号籽粒镁含量比对照低 11.65%，差异显著。米 2-1、米 55-1 和米 152-84 籽粒镁含量比对照分别高 12.29%、18.38% 和 17.95%，差异显著。不同米苦荞籽粒中矿质元素含量见表 4-7。

表4-7　不同米苦荞籽粒中矿质元素含量　　　　　　　　单位：mg/kg

品种	镁	钙	铁	锌	铜	锰
米苦荞（对照）	374.22[b]	148.04[a]	121.58[a]	36.84[c]	4.53[c]	9.39[b]
米苦荞1号	330.61[c]	138.24[a]	126.13[a]	34.33[cd]	4.60[c]	10.32[a]
米2-1	420.20[a]	138.21[a]	107.61[b]	39.82[b]	5.85[a]	10.34[a]
米55-1	443.02[a]	130.09[b]	121.37[a]	46.38[a]	4.54[c]	10.75[a]
米115-1	367.57[b]	144.04[a]	119.07[a]	41.47[b]	5.03[b]	9.36[b]
米153-84	441.38[a]	145.24[a]	102.14[b]	33.33[d]	4.73[bc]	10.78[a]

　　不同品种籽粒的铁含量变化幅度相对较小，米2-1和米153-84两个品种铁含量显著低于对照，分别比对照低11.49%和15.99%，其余品种籽粒铁含量与对照差异不显著。不同品种籽粒中，米2-1、米55-1和米115-1锌含量分别比对照高8.10%、25.90%和12.57%，差异显著，米苦荞1号和米153-84与对照差异不显著。米2-1籽粒中铜含量显著高于其他品种，比对照高29.14%；米115-1和米153-84两个品种间差异不显著；其余品种和对照无显著差异。籽粒中的锰含量表现为：除米115-1和对照差异不显著外，其余4个品种均显著高于对照，其中米153-84最高，比对照高14.80%。

（三）不同米苦荞品种籽粒中铅、镉含量差异

　　米55-1、米115-1和米153-84籽粒中铅含量显著低于对照；米苦荞1号和米2-1，对照、米苦荞1号和米2-1之间差异不显著。米55-1、米115-1和米153-84籽粒中铅含量相较对照品种分别低16.15%、9.42%和18.43%，米153-84籽粒铅含量在所有品种中最低。籽粒镉含量比较，米苦荞1号比对照高30.66%，差异显著，与米2-1和米55-1差异不显著，米115-1和米153-84与对照品种相比，差异不显著，但米115-1在所有参试品种中镉含量最低，仅为0.106 mg/kg（图4-4）。

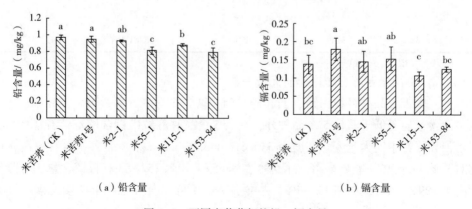

（a）铅含量　　　　　　　　　　（b）镉含量

图4-4　不同米苦荞籽粒铅、镉含量

二、不同苦荞品种的出粉率和苦荞粉色差

对贵州威宁地区种植的黔苦 7 号、黔黑荞 1 号等 8 个苦荞品种进行分析，由图 4-5 可知，黔苦 3 号出粉率最高，达 74.63%，其次是 AL-031，为 73.71%，均显著高于其他品种；六苦 1901 出粉率最低，为 49.00%，与其他品种间差异显著。云荞 1 号、黔苦 7 号、黔黑荞 1 号与六苦 3 号间出粉率差异不显著，出粉率分别为 67.61%、67.29%、66.72% 和 66.72%.

由表 4-8 可知，所有苦荞品种苦荞粉的红绿差异 a 和黄蓝差异 b 值均为正值，表明苦荞粉的颜色偏红和偏黄，其中，黔苦 7 号、黔黑荞 1 号、AL-031 的 a 值明显低于其他品种，说明其颜色没有其他品种红；黔苦 3 号的 b 值显著高于其他品种，颜色更黄。L 值除黔苦 7 号外均大于 50，说明苦荞粉颜色明亮，其中，黔苦 3 号、黔苦 8 号的 L 值显著高于其他品种，说明这两个品种的苦荞粉颜色更亮。各品种中，黔苦 3 号的苦荞粉呈明亮的黄色，与其他品种苦荞粉色差异明显。

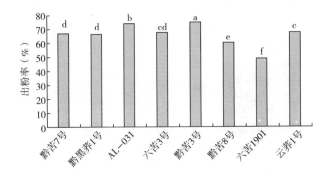

图 4-5　不同苦荞品种的出粉率

表 4-8　不同苦荞品种的苦荞粉色差

品种	明度差异 L	红绿差异 a	黄蓝差异 b
黔苦 7 号	48.31±0.54[e]	2.91±0.34[b]	15.62±0.16[e]
黔黑荞 1 号	50.41±0.41[de]	3.25±0.20[b]	14.04±0.18[f]
AL-031	51.11±0.75[d]	2.55±0.38[b]	13.07±0.66[g]
六苦 3 号	57.54±0.67[c]	4.73±0.90[a]	22.66±0.37[b]
黔苦 3 号	63.14±2.91[a]	5.22±0.46[a]	24.73±0.81[a]
黔苦 8 号	62.41±1.37[a]	5.26±0.42[a]	19.68±0.52[d]
六苦 1901	58.42±0.18[bc]	4.81±0.14[a]	20.17±0.12[d]
云荞 1 号	59.92±0.80[b]	5.05±0.08[a]	21.32±0.22[c]

第五章 苦荞中的主要营养素

第一节 苦荞中的淀粉

一、淀粉的概念和结构

淀粉是由葡萄糖分子聚合而成的高分子碳水化合物，基本构成单位为 α-D-吡喃葡萄糖。淀粉由绿色植物在质体中以颗粒状形式合成，每种植物的淀粉都有其独特性但它们的内部有着非常相似的层次结构，从小到大依次为直/支链淀粉、双螺旋（Å）、无定形/结晶层（8~10 nm）、小颗粒、生长环（≈0.1 μm）和颗粒结构（1~100 μm）（图 5-1）。淀粉的消化是获取代谢能量的重要途径。

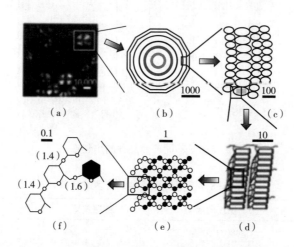

图 5-1 淀粉的层次结构：从颗粒到葡萄糖单元

（a）淀粉颗粒的"马耳他十字"；（b）生长环；（c）小颗粒；（d）无定形/结晶层；
（e）支链淀粉双螺旋；（f）以 α-（1, 4）和 α-（1, 6）-形式连接的葡萄糖单元

淀粉是苦荞的主要成分，淀粉对于苦荞食品的质量起着决定性作用。Kim et al. 研究报道了荞麦中直链淀粉含量为 25%。Li et al. 研究报道了 6 个中国荞麦品种的表观直链淀粉含量为 21.5%~25.7%。

钱建亚等分析了 5 个不同来源荞麦品种直链淀粉的含量和淀粉的性质，发现直

链淀粉的含量为 21.3%~26.4%，含量位于谷类淀粉的正常范围。相比于普通荞麦淀粉的研究，对于不同基因型苦荞的研究非常有限。发现荞麦淀粉颗粒的形状为多边形和卵圆形，大小为 2~6 μm，比玉米淀粉小 2 倍以上。在扫描电镜观察中发现苦荞淀粉呈现多角形，其中心有一个小的空间。通过原子力显微镜观察发现苦荞淀粉颗粒边缘呈多边形，可见中央门。原子力显微镜还可以观察到苦荞淀粉的无定形和结晶的生长环结构，但生长环向中央门方向不明显。除 1 个品种的淀粉糊化温度较低（75℃）外，其余 4 个荞麦品种的淀粉糊化温度均高于 80℃，黏度曲线上没有峰值出现，其糊化行为与豆类淀粉相似。淀粉高的结晶度导致了糊的高黏度。

张国权等以 4 个陕西省主栽甜荞品种和引进甜荞品种榆荞 1 号、榆荞 2 号、日本秋播荞麦和甘肃红花荞为材料，研究淀粉的理化特性，结果发现 4 个甜荞品种的直链淀粉含量在 25.82%~32.67%，淀粉颗粒形状为多角形或球形，粒径大小 1.4~14.5 μm，偏光十字较明显，微晶结构为 A 型，荞麦淀粉的凝胶质构特性兼顾薯类淀粉和豆类淀粉的优点。苦荞淀粉的多晶型也会受生长条件的影响，夏季收获的苦荞淀粉为 A 型，而秋季收获的相同基因型淀粉为 Ca 型。

除了上述淀粉基本结构的研究外，研究中发现苦荞支链淀粉与其他谷物淀粉有显著的差别。苦荞支链淀粉的含量低于大米、玉米和小麦，但平均链长较长。苦荞支链淀粉的超长链［长单位链（$DP>100$），简称为 LCAP］含量为 12%~13%，明显高于小麦（3.4%）、玉米（5.6%）和甘薯淀粉（5.4%）。但到目前为止，苦荞支链淀粉的精细结构还不清楚。由于苦荞淀粉结构还未完全解析，其他淀粉（如玉米和马铃薯淀粉）大量且廉价的供应，这些都限制了苦荞淀粉在各种领域中的开发应用。苦荞淀粉中独特的支链结构和特性都应使其在某些食品和非食品应用中占有特殊的地位。

对甜荞粉、苦荞粉和带壳苦荞的主要营养成分进行测定，结果见表 5-1。从表 5-1 可看出几种荞麦的粗蛋白含量，呈现出带壳苦荞>甜荞粉>苦荞粉的趋势，且带壳苦荞的蛋白质含量较小麦粉、大米和玉米粉的蛋白质含量高，甜荞粉和苦荞粉的蛋白质含量虽低于小麦粉，但较大米和玉米粉的蛋白质含量高；甜荞粉、苦荞粉和带壳苦荞的脂肪含量分别为 2.05%，2.04% 和 2.12%，三者的含量均高于小麦粉和大米，但低于玉米粉；淀粉含量分别为 67.80%，72.70% 和 71.05%，与其他粮食的淀粉含量大体接近。甜荞粉和苦荞粉的纤维含量与玉米粉的纤维含量相当，但高于小麦和大米。

表 5-1　荞麦及其他粮食作物中营养成分　　　　　　　　　　　单位:%

项目	甜荞粉	苦荞粉	带壳苦荞	小麦粉	大米	玉米粉
水分	11.35	11.33	11.40	12.00	13.0	13.40

续表

项目	甜荞粉	苦荞粉	带壳苦荞	小麦粉	大米	玉米粉
粗蛋白	9.40	8.94	11.80	9.90	7.80	8.40
粗脂肪	2.05	2.04	2.12	1.80	1.30	4.30
淀粉	67.80	72.70	71.05	71.60	76.60	70.20
粗纤维	1.20	1.62		0.60	0.40	1.50

二、淀粉的消化

淀粉可以水解为低分子碳水化合物，例如葡萄糖和麦芽糖。其消化过程分为3个阶段：酶向淀粉扩散，酶向淀粉吸附（即形成酶—淀粉复合物）和淀粉水解。在整个淀粉消化过程中，α-淀粉酶和α-葡萄糖苷酶是参与淀粉分解的关键酶。α-淀粉酶由唾液腺和胰腺分泌，催化淀粉的α-D-1,4-糖苷键水解产生较短的寡糖。α-葡萄糖苷酶在肠细胞刷状边界表面膜上催化寡糖为可吸收的单糖，最终完成淀粉的消化（图5-2）。

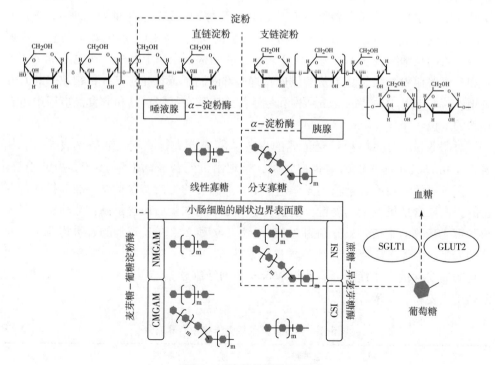

图5-2 淀粉的消化过程

　　苦荞淀粉的颗粒形态和结构是影响其消化特性的主要内部因素。苦荞淀粉颗粒表面光滑，呈多角形或球形且直径较小。苦荞支链淀粉的平均单位链长度为23~24个葡萄糖残基，高于谷物支链淀粉。苦荞支链淀粉超长链的重量百分比为12%~13%，高于籼稻（2个基因型分别为7%和11%）、小麦（3.4%）、玉米（5.6%）和甘薯（5.4%）。支链淀粉分子大小的分布数据表明，与籼米、小麦、玉米和甘薯相比，苦荞的超长链具有较高的大分子含量。苦荞支链淀粉的较长的平均单位链长度和较低的短/长链比可能归因于超长链的含量较高。基于对苦荞淀粉不同层次结构的研究，对苦荞淀粉的消化性质目前还存在争议。

　　苦荞淀粉呈现A型晶体结构，相比于B型晶体，该结构含有的α-1,6-支链（分支点）更分散并且聚集在结晶和无定型区内，导致其层状结构较松散，最终导致消化率较高。但苦荞颗粒尺寸较小，有利于淀粉酶的酶解。基于上述原因，大部分研究都指出淀粉酶对苦荞淀粉的敏感性较高，并将苦荞食品的低血糖指数归因于其中的非淀粉成分。

　　现阶段对苦荞淀粉的消化特性研究提出了不同观点。其中对于淀粉结构的研究中发现，超长链可以在淀粉簇内部重组螺旋及将晶体结构平行堆积（图5-3）从而形成更多的双螺旋结构，最终形成更紧密的晶体结构，导致对淀粉酶的敏感性降低。研究发现相比于A型晶体结构，B型晶体的淀粉酶酶解率较低的主要因素也是高比例的超长链。因此，苦荞淀粉中高含量的超长链有利于淀粉结构呈现出与类B型晶体的结构，从而对淀粉酶具有抗性。另外，A型晶体结构中仅仅含有8个双螺旋水分子/每单斜晶体，而B型晶体结构含有36个双螺旋水分子/每单斜晶体。A型晶体结构形成了较少的氢键（图5-4），这也导致食品基质中其他化学成分更易通过氢键与其相互作用进而间接降低其消化性。Chi等人的研究也指出相比于高直链淀粉（B型），没食子酸更容易与普通玉米淀粉（A型）结合。因此苦荞淀粉（A型）在食品加工过程中易与其他化学物质作用，从而影响其消化性质。

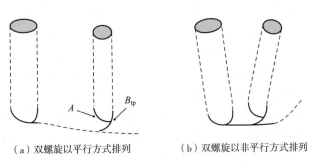

（a）双螺旋以平行方式排列　　　　　（b）双螺旋以非平行方式排列

图5-3　支链淀粉内链形成的双螺旋结构

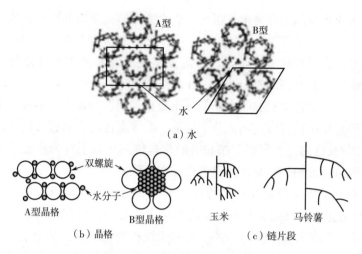

（a）水

双螺旋

水分子

A型晶格　　　B型晶格　　　玉米　　　马铃薯

（b）晶格　　　　　　　（c）链片段

图 5-4　A 型和 B 型淀粉晶体

　　影响苦荞淀粉消化的内部因素仍不明朗，因此苦荞淀粉本身作为低血糖的因素还有待进一步研究。但根据上述的研究可以合理推测，在加工过程中其他成分与淀粉和/或体内淀粉消化酶作用也极有可能影响其消化性质。特别是在常见的水热加工中，苦荞中槲皮素含量大幅度上升，基于槲皮素生理活性及其与淀粉的相互作用，导致影响苦荞淀粉消化特性。

三、淀粉的性质

　　周小理等研究发现荞麦淀粉的糊化曲线与小麦相似，苦荞淀粉在 80℃有最高溶解度，甜荞淀粉则在 60℃有最高溶解度，苦荞淀粉膨胀过程与绿豆淀粉相似，而甜荞淀粉的膨胀曲线与小麦淀粉相似，荞麦淀粉的冻融析水率高于小麦和绿豆，但低于大麦淀粉。荞麦淀粉与参照物的透光率高低顺序为：苦荞麦＜大米＜甜荞麦＜绿豆＜小麦。

　　抗性淀粉因具有多种生理功能活性而成为研究的热点。在未加工处理的荞麦籽粒中，抗性淀粉含量占总淀粉含量的 33%~38%，但是经加工处理后，抗性淀粉含量降为 7%~10%。Kreft et al. 比较了蒸煮荞麦面条、蒸煮小麦面条、蒸煮荞麦籽粒和小麦面包中抗性淀粉含量，结果发现：蒸煮荞麦籽粒中抗性淀粉含量最高为 6%（占总淀粉含量，后同），其次为蒸煮荞麦面条（3.4%）、蒸煮小麦面条（2.1%）、小麦面包（0.8%），蒸煮荞麦面条的淀粉水解指数高于蒸煮荞麦籽粒但低于蒸煮的小麦面条，蒸煮荞麦面条可以用作糖尿病人食品。Skrabanja et al. 利用荞麦制成荞麦面包等产品（荞麦面粉含量为 30%~70%），发现其体外淀粉分解速度显著慢于 100%小麦面粉制成的面包（$P<0.05$），与小麦面包相比，荞麦面包显著降低餐后血糖水平

和胰岛素响应（$P<0.05$），因而荞麦有潜力制成具有低血糖生成指数（GI）的食品。

苦荞的淀粉属于难以消化淀粉，具有在肠道内不会被完全消化和吸收、降低血液中葡萄糖浓度与促进胰岛素分泌等特点。因此苦荞对患有糖尿病和肥胖症人群有特殊功效。此外，苦荞淀粉还可预防肠道疾病、降低血液中胆固醇和甘油三酯含量。每天摄入定量苦荞淀粉，可有效降低体内胆固醇含量。

四、膳食纤维

膳食纤维被称为"第七营养素"，具有降低血糖和血清胆固醇的作用。荞麦籽粒的膳食纤维含量为 3.4%~5.2%，其中可溶性膳食纤维含量占总膳食纤维含量的 20%~30%，是膳食纤维丰富的食物来源。

作为非产热型营养素，膳食纤维也是荞麦籽粒中的重要营养组分。荞麦中甜荞和苦荞中膳食纤维的质量分数相似，分别为 12.30% 和 10.60%。不同的荞麦部位膳食纤维的含量不同。苦荞麸皮中膳食纤维的质量分数最高，为 40%~45%，而粗粉和细粉中膳食纤维质量分数较低，分别为 21.3% 和 15.36%。此外，不同部位中膳食纤维的组成也存在明显差异。苦荞壳、粗粉和细粉中可溶性膳食纤维的质量分数分别为 4.07%、5.43% 和 4.86%，而不可溶性纤维质量分数分别为 27.69%、15.90% 和 12.51%。苦荞麸皮中提取的可溶性膳食纤维的单糖组成以中木糖为主，其质量分数高达 65.21%，平均相对分子质量为 3000，属于低聚糖。

研究表明，食用荞麦纤维具有降低血脂，特别是降低血清总胆固醇和低密度脂蛋白胆固醇含量的功效，同时有降血糖和改善糖耐量的作用；饮食中的膳食纤维可能与矿质元素和蛋白质结合，减少了它们各自在小肠中的吸收率和消化率，研究表明小麦蛋白比荞麦蛋白更容易消化利用，可能由于荞麦中高含量的膳食纤维。然而，在饮食中矿物质元素和蛋白质充足的情况下，较多地摄入膳食纤维有益无害。

第二节　苦荞中的蛋白质

一、蛋白质

蛋白质是由 α-氨基酸按一定顺序结合形成一条多肽链，再由一条或一条以上的多肽链按照其特定方式结合而成的高分子化合物。蛋白质就是构成人体组织器官的支架和主要物质，在人体生命活动中起着重要作用，可以说没有蛋白质就没有生命活动的存在。

蛋白质是一种复杂的有机化合物。氨基酸是组成蛋白质的基本单位，氨基酸通过脱水缩合连成肽链。蛋白质是由一条或多条多肽链组成的生物大分子，每一条多肽链有二十至数百个氨基酸残基（-R）；各种氨基酸残基按一定的顺序排列。蛋白质的氨基酸序列是由对应基因所编码。除了遗传密码所编码的 20 种基本氨基酸，在蛋白质中，某些氨基酸残基还可以被翻译后修饰而发生化学结构的变化，从而对蛋白质进行激活或调控。多个蛋白质，往往是通过结合在一起的方式形成稳定的蛋白质复合物，折叠或螺旋构成一定的空间结构，从而发挥某一特定功能。合成多肽的细胞器是细胞质中糙面型内质网上的核糖体。蛋白质的不同在于其氨基酸的种类、数目、排列顺序和肽链空间结构的不同。

植物种子贮藏蛋白在氨基酸积累中起关键作用，并且在种子萌发期间为植物幼苗提供了足够的营养物质。荞麦贮藏蛋白主要由白蛋白、球蛋白、谷蛋白和醇溶蛋白组成，其中白蛋白和球蛋白的含量占总贮藏蛋白的 70%~80%。8 S 球蛋白、13 S 球蛋白和 2 S 白蛋白的组分被鉴定为荞麦贮藏蛋白的主要成分，这些蛋白质与大豆球蛋白和豌豆蛋白相比，具有一定的结构相似性，并具有多种生物学功能。通常，荞麦 13 S 球蛋白单体在种子发育过程中首先被合成为前体蛋白，然后分离信号肽将产生的前体蛋白裂解成酸性和碱性亚基，通过单个二硫键连接。成熟的 13 S 球蛋白翻译后在内质网中以寡聚体形式存在，它们被组装成同源三聚体并最终组成六聚体。球蛋白的核心结构含有一个或两个保守的 cupin 结构域，cupin 结构域根据保守的 β 链折叠命名，并包含两个含有两条 β 链的保守序列，其中间环具有可变长度，表明这些贮藏蛋白来自相同的祖先基因，它们在物种进化过程中提供稳定的蛋白质结构。以往的研究表明，荞麦 13 S 球蛋白由多种多样的亚基组成，而荞麦 13 S 球蛋白的电泳多态性主要与不同的荞麦品种和控制 13 S 球蛋白亚基的编码基因有关。

荞麦粉是食用蛋白的一个重要来源，荞麦粉的蛋白质含量为 8.51%~18.87%。据中国医学科学院卫生研究所对我国主要粮食的营养成分分析，荞麦粉的蛋白质含量明显高于水稻、小麦、玉米、谷子和高粱面粉含量。

苦荞中水溶性清蛋白和盐溶性球蛋白占蛋白总量 50% 以上，Pomeranz 报道荞麦蛋白主要由 80% 的清蛋白和球蛋白组成；Tahir 和 Farooq 发现荞麦中，（清蛋白+球蛋白）：醇溶蛋白：谷蛋白：其余蛋白质之比为（38%~44%）：（2%~5%）：（21%~29%）：（28%~37%）。

魏益民等研究发现荞麦蛋白的组分同小麦粉差异较大，其中水溶性清蛋白的含量较高，为 31.8%~42.3%；谷蛋白含量次之，为 25.4%~26.1%；醇溶蛋白含量最低，为 1.7%~2.3%。Zheng 等指出，荞麦虽然被认为是假禾谷类作物，但高含量的清蛋白、球蛋白，低含量的醇溶蛋白、谷蛋白表明荞麦蛋白更接近于其他豆类植物蛋白。

荞麦蛋白和小麦蛋白之间最大差异体现在荞麦蛋白中清蛋白和球蛋白的含量高，而醇溶蛋白和谷蛋白的含量低。所以小麦蛋白质面筋含量高、延展性好，而苦荞蛋白无面筋、黏性差，难以形成具有弹性和可塑性面团。

二、氨基酸

氨基酸是蛋白质的结构单位。氨基指存在着 NH 基（一种碱），而酸存在着 COOH 基（一种酸）。由于所有的氨基酸均具有一致的化学结构，既含酸，又含碱，在体内既可发生酸的反应又能发生碱的反应，因此被称为两性物质。

现已发现氨基酸有 20 余种，为了在体内合成蛋白质，必须提供构成蛋白质的各种氨基酸。氨基酸有两类：能在体内合成的某些氨基酸，叫非必需氨基酸；而某些不能在体内合成，以满足身体正常生长发育的生理需要，须从食物中获得的叫必需氨基酸。

苦荞蛋白氨基酸比例平衡，包含了人体所需的 8 种必需氨基酸及 2 种非必需氨基酸（精氨酸和组氨酸）。对荞麦中 8 种人体必需氨基酸的含量进行测定（表 5-2），结果表明，苦荞粉和甜荞粉所含的 8 种氨基酸含量较为丰富，甜荞粉的亮氨酸含量高于苦荞粉，但其缬氨酸和蛋氨酸的含量低于苦荞粉，其他几种氨基酸的含量则基本持平。荞麦中 8 种氨基酸的含量与其他粮食作物形成较好的互补性，有的氨基酸组分含量较高（如赖氨酸），有的氨基酸组分含量较低（如亮氨酸、苯丙氨酸），有的氨基酸含量持平或者大体相当。

表 5-2　荞麦中氨基酸含量及与其他粮食作物的比较　　　　单位：mg/g

项目	甜荞粉	苦荞粉	小麦粉	大米	玉米粉
苏氨酸	0.236	0.224	0.328	0.288	0.347
缬氨酸	0.381	0.586	0.454	0.403	0.444
蛋氨酸	0.150	0.183	0.151	0.141	0.161
亮氨酸	0.549	0.457	0.763	0.662	1.128
赖氨酸	0.359	0.340	0.262	0.277	0.251
色氨酸	0.102	0.112	0.122	0.119	0.053
异亮氨酸	0.253	0.267	0.384	0.245	0.402
苯丙氨酸	0.267	0.258	0.487	0.343	0.395

苦荞籽粒中谷氨酸含量最高，其次为天门冬氨酸、精氨酸、脯氨酸、亮氨酸和赖氨酸，限制性氨基酸为蛋氨酸、胱氨酸和酪氨酸。籽粒中氨基酸总量和必需氨基酸总量苦荞均比甜荞高。蛋白质中必需氨基酸的平衡性是衡量食物营养品质的重要指标。与小麦相比，苦荞籽粒必需氨基酸除蛋氨酸和亮氨酸略低外，其余均高于小

麦，接近标准蛋白质，尤其是籽粒中富含赖氨酸，远高于小麦和标准蛋白质，是其他谷物所不能相比的，说明苦荞有较好的营养品质。

蛋白质营养的高低，除蛋白质的含量、氨基酸的种类和含量外，更重要的是各种必需氨基酸的比例是否合适。由于荞麦蛋白的氨基酸组成均衡，配比合理，符合或超过联合国粮食及农业组织和世界卫生组织对食物蛋白中必需氨基酸含量规定的指标。人体在吸收代谢蛋白时，各种必需氨基酸都是按一定模式组合的，食物中必需氨基酸的比例越接近人体需要的模式，其营养价值越高，鸡蛋的蛋白质接近人体需求的模式，化学分值为100。化学分值是评定食物蛋白质营养价值的指标，化学分值越高，蛋白质越易消化。甜荞氨基酸的化学评分为63分，苦荞氨基酸的化学评分为55分，均高于大米（49）、小麦（38）和玉米（40），荞麦蛋白中富含赖氨酸和精氨酸，而赖氨酸是其他谷类蛋白的第一限制性氨基酸。荞麦蛋白中苏氨酸和甲硫氨酸含量较低，而这两种氨基酸在其他谷物蛋白中含量相当丰富，使得荞麦蛋白与其他谷类蛋白之间有很强的互补性，搭配食用可改善氨基酸平衡。

三、苦荞多肽

多肽是由蛋白质中天然氨基酸以不同组成和排列方式构成的从二肽到复杂的线性或环性结构的不同肽的总称，其中可调节生物体生理功能的多肽称功能性肽或生物活性肽。从苦荞麦籽粒及其蛋白水解得到的苦荞多肽粗提物具有多种生物活性，如降血压、抗氧化、抑制细菌和抑制肿瘤等，所以将苦荞蛋白加工成生物活性肽，能大幅拓宽苦荞的应用领域。

苦荞活性肽是属于相对低分子质量肽类的活性肽，相对分子质量集中在100~1000，有7种人体必需的氨基酸（缬氨酸、异亮氨酸、亮氨酸、苯丙氨酸、蛋氨酸、酪氨酸、赖氨酸），占苦荞活性肽氨基酸总量的31.1%，具有较高的营养价值和保健功能。苦荞活性肽是源于蛋白质的多功能化合物，具有多种人体代谢和生理调节功能，比苦荞蛋白质具有更好的理化性质。

（1）对热很稳定，黏度随温度变化不大，即使在50%的高浓度下仍具有流动性。

（2）溶解度很好，在较宽的pH范围内仍可保持溶解状态。

（3）可直接由肠道吸收，吸收速度快，吸收率高。

（4）无抗原性，不会引起免疫反应。

（5）具有抗疲劳、抗氧化、增加血液中乙醇代谢产率、降血压、降血脂等重要生理活动。

荞麦中的一些多肽具有降血压的功效。将荞麦蛋白用蛋白酶分解得到一种结构与响尾蛇毒素十分相似的三肽，这种物质对血管紧张素转移酶具有很强的抑制作用，从而使血压下降。有学者发现其酶水解产物有抗氧化活性，李红敏等利用5种不同酶酶解荞麦蛋白，制备荞麦多肽，结果发现不同酶酶解得到的荞麦多肽液的抗氧化活性也不同。王兴等通过体外模拟部分胃、肠道消化过程，考察苦荞麦蛋白经胃、肠道消化后生成肽的组成和抗氧化活性，试验结果显示，荞麦蛋白经模拟人体消化后可产生抗氧化多肽，在模拟消化过程10 h时产生的多肽抗氧化活性最强，并且显著高于维生素C。经凝胶电泳分离，抗氧化活性最强的多肽分子质量是900 Da，分子质量较小，易被吸收。

苦荞活性肽具有免疫调节、激素调节、抗高血压、抗血栓、抗菌、抗病毒、抗肿瘤和降胆固醇等多种生物学功能。它是由几个氨基酸组成，再由肽键经磷酸化、糖基化和酰化修饰而成。与其他生物活性肽相比，植物活性肽具有黏度不受浓度影响、多肽溶液不受加热和pH变化等特点，具有较强的乳化性、良好的水合作用、吸收速率较快等优点。

四、苦荞蛋白功能

众所周知，高脂饮食不仅会使血浆胆固醇升高，还会促进动脉粥样硬化的生成，对人体心脑血管的健康有着极大的威胁。研究发现，多种植物蛋白如杏仁蛋白、大豆蛋白、燕麦蛋白等，均具有降血脂功效。因此，开发更多的功能性食品，可以使人们通过膳食达到维持机体健康、预防多种疾病的目的。苦荞作为"药食兼用"类绿色食品的典型代表，具有较高的营养价值和药用价值，是亚洲和中东欧人们的传统作物。苦荞蛋白是苦荞的主要生物活性成分，研究表明不同苦荞蛋白组分均具有不同程度的降血脂功能，其中清蛋白降血脂功能最强，其次为球蛋白，谷蛋白最弱。研究发现，荞麦蛋白的生理功能主要有以下3个方面。

（一）降低血液胆固醇

Kayashita等于1995年首次发现，摄入荞麦蛋白（BWP）提取物能够降低血浆胆固醇。与大豆分离蛋白和酪蛋白相比，BWP有显著的降低肝胆固醇的作用。初步认为，荞麦蛋白之所以有此功效，是由于其氨基酸组成与大豆蛋白和酪蛋白不同。饮食的蛋白质中，赖氨酸与精氨酸的比率决定血浆胆固醇的水平，甘氨酸的含量也同样对降低胆固醇有影响。对荞麦蛋白的氨基酸分析表明，其赖氨酸与精氨酸比率较低，甘氨酸含量高于大豆蛋白和酪蛋白。此外，BWP含有的一些脂质也可能有降低胆固醇的效果。

Kayashita等于1997年再次对荞麦蛋白进行研究，结果表明，提高粪便中中性甾醇排泄量可调控荞麦蛋白降胆固醇的功效，且荞麦蛋白的低消化性也与此存在一定关系。实验同时否定了荞麦蛋白中的脂类具有降胆固醇功能的假设。

Tomotake等在2000年分别用荞麦蛋白、大豆蛋白及酪蛋白喂养小鼠，与上述研究不同的是，饲料中均不含有胆固醇和胆酸钠。研究结果表明，荞麦蛋白同样具有降低胆固醇的功能，并且不仅可提高粪便中性甾醇的排泄量，而且提高了酸性甾醇的排泄量。食用富含胆固醇和不含胆固醇饲料的小鼠，其粪便中胆汁酸含量不同，但机理目前尚不清楚。

（二）抗氧化、抗衰老功能

张政等指出，从苦荞麦中提取的蛋白复合物以 20% 加入饲料喂小鼠，对小鼠血液、肝脏和心脏中超氧化物歧化酶（SOD）、过氧化氢酶（CAT）和谷胱甘肽过氧化物酶（GSH-Px）等抗氧化酶的活性均有不同程度提高，而脂质过氧化产物丙二醛（MDA）含量下降，证明苦荞蛋白复合物对生物体有抗衰老和抗氧化作用。

张美莉等研究结果显示，一定浓度范围的荞麦蛋白液能显著清除 HPX-XOD 体系产生的 O_2 自由基，且具有明显的量效关系；荞麦蛋白质提取液对·OH 有一定清除效果，低浓度时随浓度增加清除率增大，但之后随浓度梯度增加清除率缓慢增加，无明显的量效关系。

（三）抗肿瘤功能

郭晓娜等采用倒置显微镜和扫描电子显微镜对肿瘤细胞形态进行观察，研究苦荞麦蛋白对人乳腺癌细胞株 Bcap37 细胞的作用方式及作用机理，体外抗肿瘤活性实验（MTT 法）表明，苦荞蛋白对 Bcap37 的生长有明显的抑制作用，并且存在时间效应和剂量效应。

Zhihe Lul 等研究了荞麦蛋白产品对由 1,2-二甲阱（DMH）诱发的大鼠结肠癌的影响，结果发现，经过荞麦蛋白膳食干预后的大鼠，可以有效抑制由 DMH 诱导的结肠癌变作用，其作用原理是抑制了癌细胞的增殖。

Li 等报道了荞麦蛋白提取物在一些慢性病中具有很好的治疗作用，例如糖尿病、高血压、高胆固醇和其他一些心脑血管疾病。Tomotake 等报道了苦荞蛋白提取物能够改善小鼠体内胆固醇的代谢，具有降低小鼠体内胆固醇过高的作用。Guo 等从苦荞水提物中分离了一种抗肿瘤活性的蛋白——TBWSP31。Kayashita 等报道了荞麦蛋白提取物具有通过降低小鼠体内雌二醇而延缓乳腺癌的作用。

荞麦蛋白比大豆蛋白和酪蛋白具有更强的降低胆固醇作用，荞麦蛋白降低胆固醇的机制与其独特的氨基酸组成有关，其赖氨酸（Lys）/精氨酸（Arg）和蛋氨酸（Met）/甘氨酸（Gly）的比值较低。荞麦蛋白的低消化率和较低的胆固醇溶解度引起的粪便甾醇排泄增加也有助于降低体内胆固醇。同时，荞麦蛋白还能改善多种慢性疾病，如糖尿病、高血压引起的肥胖症、动脉粥样硬化和其他乳糜泻等。

第三节 苦荞中的脂肪

一、脂肪的概念

膳食脂肪是人类所需的三大宏量营养素之一，其对维持人体健康有十分重要的作用。近百年来，随着经济的发展与生活方式的转变，脂肪摄入过量和失衡进而促使多种慢性疾病发生的问题已在全世界范围受到广泛关注。脂肪也是组成生物体的重要成分，如磷脂是构成生物膜的重要组分，油脂是机体代谢所需燃料的贮存和运输形式。脂类物质也可为动物机体提供溶解于其中的必需脂肪酸和脂溶性维生素。某些萜类及类固醇类物质如维生素 A、维生素 D、维生素 E、维生素 K、胆酸及固醇类激素具有营养、代谢及调节功能。有机体表面的脂类物质有防止机械损伤与防止热量散发的保护作用。脂类作为细胞的表面物质，与细胞识别、种特异性和组织免疫等有密切关系。

苦荞中蕴含大量的膳食脂肪，尤其是不饱和脂肪酸的优质来源。其脂肪含量要高于小麦与大米；包含多种脂肪酸，包括亚油酸、油酸等。上述 2 种物质占总脂肪量的 75% 以上。也有学者通过研究发现，苦荞中包含大量的脂肪酸，其脂肪酸的含量占比与玉米油接近，且显著高于小麦油。

荞麦中脂肪质量分数约为 3%，其中麸皮脂肪质量分数接近 11%，而胚乳层为 1%。荞麦油中检测到 9 种脂肪酸，其中 75% 都是不饱和脂肪酸，以亚油酸和油酸为主，此外主要是棕榈酸和亚麻酸等。荞麦油的脂肪酸含量具有明显的地区差异，北方荞麦的不饱和脂肪酸含量相对较高，其中油酸和亚油酸质量分数大于 80%。除了脂肪酸外，荞麦脂肪中还含有相当含量的非皂化物，如甾醇类物质。研究发现，苦荞油和甜荞油中非皂化物分别占总脂肪质量分数的 6.56% 和 21.9%，其中 β-谷甾醇质量分数分别为 54.37% 和 57.29%。

脱壳的荞麦籽粒中脂肪含量为 2.6%～3.2%，与大宗粮食作物相近，其中 81%～85% 的是中性脂肪、8%～11% 为磷脂、3%～5% 为糖脂类。从籽粒外层到中心，荞麦脂肪含量逐渐减少，商业上的荞麦面粉主要来自荞麦中心的胚乳层部分，其脂肪含量为 1%，荞麦麸皮中脂肪含量为 11%。Bonafaccia 等报道了甜荞籽粒中脂肪含量为 2.88%，麸皮中脂肪含量为 7.2%，粉中脂肪含量为 2.34%；苦荞籽粒中脂肪含量为 2.81%，麸皮中脂肪含量为 7.35%，粉中脂肪含量为 2.45%。荞麦脂肪在常温下为固形物，呈黄绿色。

二、脂肪酸

在人体当中除了我们可以从食物当中获取的脂肪酸外，还可以自身合成多种脂肪酸。非必需脂肪酸是机体可以自行合成、不必依靠食物供应的脂肪酸，它包括饱和脂肪酸和一些单不饱和脂肪酸。必需脂肪酸为人体健康和生命所必需，但机体自己不能合成，必须依赖食物供应，均为不饱和脂肪酸。必需脂肪酸包括两种：一种是亚油酸，另一种是亚麻酸。当人体里摄入亚油酸过多会表现为血粘稠度增加、血管引起痉挛，而亚麻酸在人体里具有抗血栓形成、降低血脂舒张血管、消炎的作用。

荞麦的脂肪酸有9种（棕榈酸、硬脂酸、油酸、亚油酸、亚麻酸、花生酸、二十碳烯酸、山俞酸、芥酸），其种类及含量因产地而异，主要为油酸和亚油酸，北方荞麦油酸和亚油酸约占总脂肪酸80%，四川荞麦油酸和亚油酸约占总脂肪酸的75%。Bonafaccia等对甜荞和苦荞中脂肪酸组成和含量进行了分析，结果如表5-3所示。

表5-3　甜荞和苦荞中脂肪酸的组成　　　　单位：g/100g 总脂肪酸

脂肪酸	甜荞	苦荞
肉豆蔻酸	0.0	0.0
棕榈酸	15.6	19.7
棕榈油酸	0.0	0.0
硬脂酸	2.0	3.0
月桂酸	37.0	35.2
亚油酸	39.0	36.6
亚麻酸	1.0	0.7
花生四烯酸	1.8	1.8
二十碳一烯酸	2.3	2.0
二十二碳烷酸	1.1	0.8
饱和脂肪酸	20.5	25.3
不饱和脂肪酸	79.3	74.5
不饱和脂肪酸/饱和脂肪酸	3.87	2.94

注　数据引自 Bonafaccia et al.（2003）。

三、脂肪酸的性质

亚油酸是带两个双键的18碳多个不饱和脂肪酸，能与胆固醇结合成酯，促进胆固醇的运转，抑制肝脏内源性胆固醇合成，并促进被降解为胆酸而排泄，它不能在体内合成，必须由膳食供应。因此，3 种脂肪酸，即亚油酸、亚麻酸、花生四烯酸在体内有重要的功能。

已有研究资料证实，亚油酸是人体必需的脂肪酸（EFA），不仅是细胞膜的必要组成成分，也是合成前列腺素的基础物质，具有降血脂、抑制血栓形成、降低血液总胆固醇（TC）、低密度脂蛋白胆固醇（HDL-C）、抗动脉粥样硬化、预防心血管疾病等作用。食用苦荞使人体多价不饱和脂肪酸增加，能促进胆固醇和胆酸的排泄作用，从而降低血清中的胆固醇含量。而油酸在提高超氧化物歧化酶（SOD）活性、抗氧化等作用效果更佳。β-谷甾醇具有类似乙酰水杨酸的消炎、迅热作用，食物中较多的植物甾醇可以阻碍胆固醇的吸收，起到降血脂的作用。

王敏等对苦荞面粉中提取的植物脂肪进行脂肪酸和非皂化物的成分测定。结果表明：苦荞脂肪中不饱和脂肪酸含量可达 83.2%，其中油酸、亚油酸含量分别为 47.1%、36.1%，非皂化物占总脂肪含量的 6.56%，其中主要的 β-谷甾醇含量达 57.3%。由于苦荞含有约 80% 不饱和脂肪酸和 40% 以上的多元不饱和必需脂肪酸（亚油酸），在脂肪酸组成上，荞麦比其他谷类化合物更有营养价值。花生四烯酸在体内可通过亚油酸加长碳链进行合成，它不仅能降低血脂，而且是合成对人体生理调节方面起必需作用的前列腺素和脑神经组分的重要成分之一。此外，食用荞麦使人体增加多不饱和脂肪酸，有助于降低血清胆固醇和抑制动脉血栓形成，因此，在预防动脉硬化和心肌梗塞等心血管疾病方面具有良好的作用。

第四节　苦荞中的微量元素

一、矿质元素

矿质元素是指除碳、氢、氧以外，主要由根系从土壤中吸收的元素。矿质元素是植物生长的必需元素，缺少这类元素植物将不能健康生长，矿质元素可以促进营养吸收。苦荞中含有的丰富微量元素是人体必需营养矿物质元素镁、钾、钙、铁、锌、铜、硒等的重要提供来源。世界卫生组织提出铁、锌、铜、钴、锰、硒、碘、氟、铬、镍、锡、硅、钒等为人体的必需微量元素。铁是血红蛋白的重要组成成分，是血液中输送氧和交换氧的重要元素，也是许多酶的组成成分和氧化还原反应酶的激活剂。含量较高的钾可以调节细胞内适宜的渗透压和体液的酸碱平衡，参与细胞内糖和蛋白质的代谢；锰参与蛋白质的合成，促进细胞内脂肪的氧化，可防止动脉粥样硬化；锌是参与免疫功能的一种重要元素，对部分病菌有抗生作用，苦荞茶中 Cu/Zn 比值非常低，长期饮用可增强人体免疫力。这些元素与人的生命过程极为密切，在新陈代谢中起着很重要的作用。

荞麦中矿质元素含量十分丰富，主要有钾、锰、铁、钙、铜、锌、硒、钡、硼、碘、铂和钴等元素，这些元素主要集中于荞麦种子的外层和壳中。钾、镁、铜、铬、锌、钙、锰、铁等含量都显著高于禾谷类作物，其含量受栽培品种、种植地区的影响较大。荞麦中含量最高的矿质元素是钾，荞麦中镁和铁的含量也较为丰富，镁含量是小麦和大米的 3~4 倍，铁含量是其他粮食作物的 2~5 倍。此外，荞麦中还含有硒元素，不同产地苦荞中硒的平均含量为 40.6 mg/kg，可作为富硒食品的重要原料。四川有些甜荞含钙量高达 0.63%，苦荞为 0.742%，是大米的 80 倍，可作为天然补钙食品食用。荞麦中镁含量是小麦和大米的 3~4 倍，摄食富镁荞麦可以调节人体心肌活动、预防动脉硬化和心肌梗塞，此外还有防治高血压和调节神经系统等作用。在山西省盂县富硒地区，甜荞、苦荞中硒含量分别为 0.738 mg/kg、0.395 mg/kg；四川凉山彝族自治州苦荞的含硒量为 0.43 mg/kg，有提高机体免疫力、抗衰老等作用。

二、维生素

维生素是人和动物为维持正常生理功能而必须从食物中获得的一类微量有机物质，在人体生长、代谢、发育过程中发挥着重要的作用。维生素既不参与构成人体细胞，也不为人体提供能量。

荞麦是膳食维生素的重要来源，如维生素 B_1、B_2、B_3、E 和芦丁等，荞麦含有其他谷物中所没有的芦丁、维生素 C 和叶绿素。荞麦中维生素 B_2 高于大米、玉米 2~10 倍；芦丁是维生素 P 的主要组成成分，它与维生素 C 并存，具有重要的生理功能和抗氧化活性。在苦荞籽粒中，维生素 E 的主要存在形式有 γ-生育酚（117.8 μg/g）、δ-生育酚（7.3 μg/g）和 α-生育酚（2.1 μg/g）。其抗氧化能力强，对动脉硬化、心脏病、肝脏病等老年病有预防和治疗效果，对过氧化脂质所引起的疾病有一定疗效。荞麦种子发芽期间其维生素 C、维生素 B_1 的含量增加，维生素 B_2、维生素 B_6 的含量几乎保持不变，而维生素 E 的含量下降。此外，苦荞芽中还含有较为丰富的类胡萝卜素，主要为叶黄素和 β-胡萝卜素。在以白光为发芽环境时，苦荞芽总类胡萝卜素含量可达 1.3 mg/g。

除上述荞麦所含的营养物质外，与谷类食物相比，荞麦还富含多种具有保健作用的植物化学成分和生物活性物质，如黄酮类化合物、手性肌醇、抗消化蛋白、植物甾醇等，具有很高的药用价值。越来越多的实验证实了这些物质的抗氧化、抗衰老和抗肿瘤作用，以及对糖尿病、高血压、肥胖症等慢性病的辅助治疗作用，因此荞麦是开发功能性食品的良好原料。

第六章 苦荞中的生物活性物质及其提取工艺

第一节 苦荞中的黄酮及其提取工艺

一、黄酮的概念

到目前为止，荞麦属中研究较多的化学成分是黄酮类化合物，该类化合物是荞麦中最重要的生物活性物质之一，广泛存在于荞麦，特别是苦荞的花、茎、叶和种子中，具有抗氧化、防治冠心病、降低胆固醇等多种保健功能。黄酮类化合物又称生物类黄酮，是苯丙氨酸合成途径中产生的一类重要次生代谢产物。类黄酮代谢途径起始于苯丙氨酸裂解，首先苯丙氨酸经过三种酶的催化产-类黄酮合成途径中重要中间产物——对香豆素基辅酶 A，对香豆素基辅酶 A 与丙二酰辅酶 A 在查尔酮合成酶和查尔酮异构酶的催化下作为类黄酮合成途径的起始反应开启类黄酮的合成，并将柚皮素作为主要的代谢产物进入其他类黄酮的合成途径，由于类黄酮化合物的合成途径在植物中是保守的，所以由于外界因素的不同，许多酶会改变类黄酮的基本骨架，从而生成不同种类的类黄酮化合物。

天然黄酮类化合物以 2-苯基色原酮为基本骨架，通过三个碳原子连接两个苯环（A 环和 B 环）而构成一系列具有 C_6-C_3-C_6 结构的化合物。在植物体内多以糖苷形式存在，因中央三碳链的氧化程度、B 环连接位置（2 或 3 位）及三碳链是否构成环状等存在的差异，又可将黄酮类化合物分为黄酮类、黄酮醇类、黄烷醇类、二氢黄酮类、二氢黄酮醇类、查耳酮类、花青素类等不同的种类（图 6-1）。上述各类黄酮中，又以花青素和黄酮醇在植物中含量最丰富、研究最深，通常以单核、二或三糖苷的形式出现。

荞麦黄酮类化合物主要包括芦丁、槲皮素、山奈酚、桑色素、金丝桃苷等化合物，其中芦丁又称芸香苷、维生素 P，占苦荞中黄酮总量的 75% 以上。有研究者发现从甜荞中分离鉴定了 6 种黄酮类化合物，分别为：芦丁、荭草素、牡荆素、槲皮素、异牡荆素和异荭草素，其中脱壳的种子中只含有芦丁和异牡荆素，而壳中含有这 6 种化合物，并且甜荞脱壳种子和壳中的总黄酮含量分别为 18.8 mg/100 g 和 74 mg/100 g。应用液质联用技术，结合紫外光谱，分离鉴定了山西苦荞和四川苦

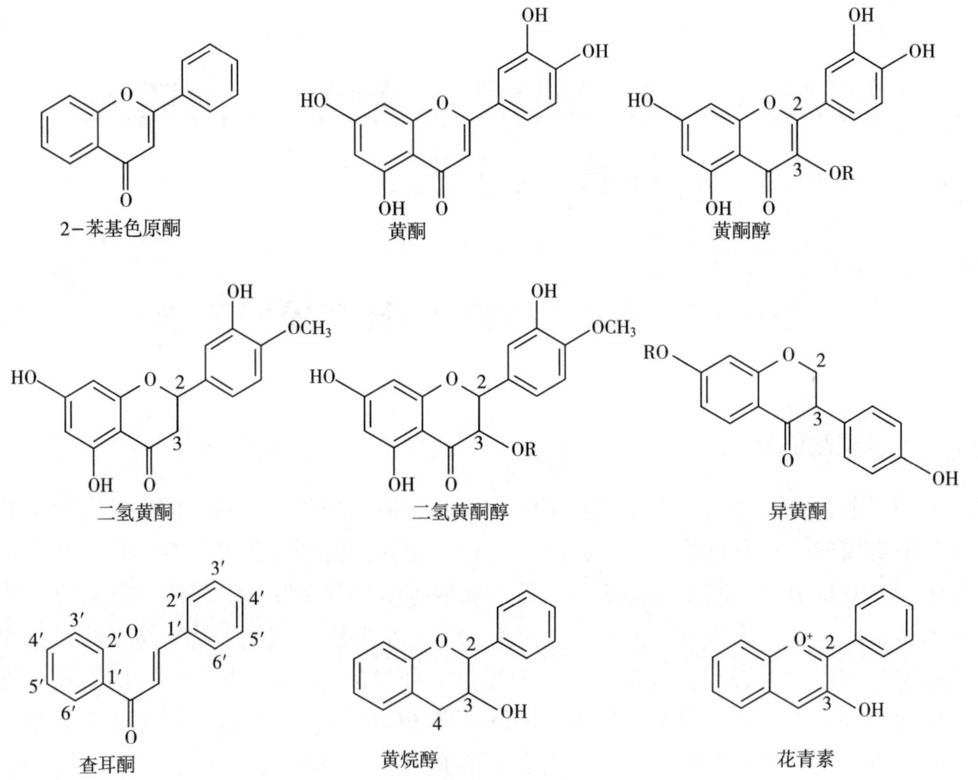

图 6-1　几种主要类黄酮基本结构

荞中 4 种主要的黄酮类化合物：芦丁，槲皮素，山奈酚-3-芸香糖苷和槲皮素-3-芸香糖苷，葡萄糖苷。

苦荞种子和植株中黄酮类化合物的含量均高于甜荞。特别是籽粒中苦荞总黄酮的含量是甜荞的几十倍，苦荞籽粒中总黄酮含量为 3.05%，而甜荞籽粒中总黄酮含量为 0.095%~0.21%，苦荞种子外层粉中总黄酮含量为 5.23%~7.43%，中层粉为 3.10%~4.13%，心粉中含量为 0.47%~0.975%。唐宁等研究发现苦荞、甜荞叶中总黄酮平均含量达 5.3%，芦丁平均含量达 4.9%，并在开花结实期达到最高值，后期下降，茎中的含量较低，平均值分别为 1.0% 和 0.7%，生育期中无明显变化，同一时期发育不同的生殖器官总黄酮和芦丁含量为蕾>花>胚乳未充实的种子>成熟种子。有研究报道了苦荞中黄酮类化合物含量达 40 mg/g，甜荞中含量为 10 mg/g，在苦荞的花、叶和茎中，黄酮化合物的含量可达 100 mg/g。甜荞种子和壳中黄酮类化合物的含量分别为 0.188 mg/g 和 0.74 mg/g，苦荞麸皮中总黄酮的含量为 56.5~58.1 mg/g。

二、黄酮的功能

苦荞中含有丰富的类黄酮活性成分，因其具有抗氧化活性、抗菌、清除自由基离子等功效备受人们关注。同时苦荞黄酮对抗菌、抗炎、改善血循环、降低胆固醇、降血糖、降尿糖、降血脂等有显著功效，非常适合患有三高和糖尿病患者食用。

（一）降低血糖作用

研究荞麦种子总黄酮对高脂饮食大鼠血糖及抗脂质过氧化的影响时，发现荞麦种子总黄酮提取物明显降低高脂饮食的糖尿病大鼠的血糖，改善糖耐量，而对胰岛素影响不明显。同时总黄酮提取物能显著升高血和肝组织中的 SOD 活性而降低MDA 含量，由此得出总黄酮提取物的治疗机制可能与其抗氧化清除自由基、改善脂质代谢、增加组织对胰岛素的敏感性有关。例如，连晓芬等研究表明苦荞黄酮对2 型糖尿病患者有治疗作用，通过设置对照组和干预组随餐冲服苦荞膳食粉，比较两组患者干预前后动态血糖指标［24 h 平均血糖水平（MBG）、血糖达标时间占比（TIR %）、高于目标血糖范围的时间占比（TAR %）、低于目标血糖范围的时间占比（TBR %）］及血糖变异性［血糖的曲线下面积（GAUC）、血糖标准差（SDBG）、平均血糖波动幅度（MAGE）］变化情况，发现在干预 10 d 后，干预组各项指标明显低于对照组，说明苦荞黄酮能降低 2 型糖尿病患者 24 h 的整体血糖水平，改善 24 h 内血糖的波动，对血糖管理具有良好的调节作用。研究者还分别对苦荞总黄酮溶液、苦荞水溶性黄酮溶液、苦荞醇溶性黄酮溶液用 α-葡萄糖苷酶进行体外活性抑制实验，结果表明其抑制作用大小顺序为：苦荞总黄酮>苦荞水溶性黄酮>苦荞醇溶性黄酮>阿卡波糖。苦荞类黄酮降解血糖的机制可能是：类黄酮作为一种 α-葡萄糖苷酶抑制剂，在体内抑制其活性，从而延缓或减慢碳水化合物在肠道的消化和吸收，抑制餐后血糖水平的升高，同时也能在一定程度上降低空腹血糖。

（二）降低血脂作用

研究发现，荞麦花总黄酮提取物能够改善高脂血症大鼠中血脂水平，影响血管活性物质和改善血液流变学。李洁等利用高血脂模型对苦荞类黄酮降血脂功效进行试验，结果表明苦荞类黄酮可以使高血脂小鼠的甘油三酯和胆固醇水平明显下降，但是不降低高密度脂蛋白水平。此外还有研究表明，苦荞黄酮不仅能降低大鼠模型中的甘油三酯（TC）、总胆固醇（TG）及低密度脂蛋白（LDL-C）水平，升高高密度脂蛋白（HDL-C）水平，且能降低全血比黏度、血浆比黏度，并存在一定的剂量效应关系。

（三）抑菌作用

周小理等研究了苦荞芽中黄酮类化合物的抑菌作用，结果发现苦荞萌发 3 d 后，苦荞芽中苯丙氨酸解氨酶（PAL）比活力与黄酮类化合物含量随发芽天数增加而升高，且 PAL 比活力与黄酮类化合物的含量呈同步变化关系，苦荞芽提取物对大肠杆菌、金黄色葡萄球菌、枯草芽孢杆菌和沙门氏菌均有抑制效果，其中对沙门氏菌的抑制效果最显著。

（四）抗氧化作用

研究苦荞麸皮总黄酮提取对高血压小鼠的血脂和抗氧化作用的影响时，发现苦荞麸皮总黄酮提取物能够显著降低小鼠血脂水平和肝脏脂肪，提高血清抗氧化活性并能抑制血清脂肪过氧化物的形成。利用液相色谱—质谱联用技术鉴定了苦荞籽粒中主要黄酮化合物为芦丁，还有槲皮素-3-O-芸香糖苷-3′-O-β-吡喃葡萄糖苷、山奈酚-3-O-芸香糖苷和槲皮素3种微量黄酮化合物，同时研究发现苦荞黄酮提取物的 DPPH 自由基清除能力强于甜荞黄酮提取物，说明苦荞黄酮提取物具有较强的抗氧化作用。

苦荞黄酮表现出的生理功能大多是抗氧化作用，多数研究表明苦荞叶、苦荞壳、苦荞粉和苦荞麸皮的提取物都具有较强的抗氧化能力。黄酮类化合物抗氧化作用的主要机制是其酚羟基与自由基反应生成较稳定的半醌式自由基，从而终止自由基链式反应的发生。王菲等以超声辅助溶剂浸提法提取黑苦荞麦黄酮，研究黑苦荞麦黄酮的体外抗氧化活性。结果表明，黑苦荞麦黄酮具有较强的体外抗氧化能力，对清除羟基自由基（·OH）的效果大于维生素 C，对 DPPH、超氧阴离子自由基（O^{2-} ·）有一定的清除和还原能力，但效果要小于维生素 C。童钰琴等研究苦荞麸皮总黄酮（TFTR）的体外抗氧化活性及解酒护肝作用，结果表明，苦荞麸皮总黄酮对超氧阴离子自由基（O^{2-} ·）、DPPH· 及 NO^{2-} 表现出较强的抗氧化活性。

（五）抗肿瘤作用

黄酮类化合物作为许多中草药的化学成分普遍应用于药品中。杨楠等和张树冰等论述黄酮类化合物具有抗肿瘤活性，主要通过两种途径发挥作用：阻断肿瘤细胞的增殖和（或）促进肿瘤细胞凋亡，为临床研究提供理论基础。研究发现银杏叶中黄酮物质能够抑制小鼠肿瘤细胞的生长，有研究证明小槐花中黄酮化合物能够有效抑制宫颈癌细胞、人肝癌细胞、人表皮癌细胞3种人癌细胞的抗肿瘤活性。目前有许多关于荞麦黄酮的抗肿瘤活性的研究报道，发现荞麦花中总黄酮能有效抑制 H22 细胞增殖，促进 H22 细胞凋亡。

（六）其他作用

黄叶梅等研究了苦荞黄酮对大鼠脑缺血再灌注损伤的保护作用，结果发现大小剂量苦荞黄酮和芦丁均能降低脑组织中丙二醛（MDA）、乳酸脱氢酶（LDH）、一氧化氮含量，但对超氧化物歧化酶（SOD）活力影响不明显，说明苦荞黄酮可能通过抗自由基和减轻一氧化氮介导的神经毒性来发挥对脑缺血再灌注的保护作用。

研究还发现苦荞黄酮提取物可明显抑制人体骨髓性白血病（AML）HL-60 细

胞的增长，因而可能具有治疗白血病作用。此外，荞麦苗中黄酮提取物对受制约的小鼠有抗压作用。

三、黄酮的提取工艺

（一）提取方法

目前荞麦总黄酮的提取方法主要有溶剂浸提取法、超声波辅助提取法、微波辅助提取法、超临界萃取法、超高压提取法、酶辅助提取法、减压内部沸腾法等。通过对提取方法及具体工艺技术条件的研究，为进一步做纯化工艺及质量控制研究奠定基础。

1. 溶剂浸提法

黄酮类化合物因结构和存在状态不同，其溶解度也存在较大差异。水、甲醇、乙醇是传统的黄酮提取溶剂，提取时一般根据目标物的极性大小，常选择一定浓度的醇—水溶液浸提。按操作方式可分为热回流提取、索氏抽提、热水浸提等。

米智等以浓度为80%的乙醇溶液为提取剂，采用索氏抽提法提取苦荞黄酮，经正交实验优化后，发现在最佳工艺条件下需提取3次，回流1.5 h，黄酮才有较高得率。扶庆权的研究表明，加热回流条件下，苦荞黄酮最优提取工艺条件为：使用体积分数为70%的乙醇溶液，在80℃下连续回流1 h，此时苦荞总黄酮提取率可达7.85%。这些研究表明，采用溶剂浸提法提取，设备简单、操作成本低，但存在操作费时、能耗高、溶剂用量大且回收难等缺点。

2. 超声波辅助提取法

苦荞黄酮的提取过程是一个相际间的传质过程，即黄酮在浓度差的作用下由苦荞组织内部向提取剂进行渗透扩散。超声波产生的强烈的空化效应、机械效应与活化效应，极易破坏植物的细胞壁，加速细胞内黄酮的释放。同时，超声场引起的搅拌、扰动、湍动和旋涡运动，使传质阻力减少、提取剂的穿透力增强，这有助于苦荞黄酮的高效率提取。采用超声波辅助乙醇提取苦荞麸皮中的总黄酮，研究表明，与传统有机溶剂提取工艺相比，超声波提取可降低提取温度、缩短提取时间，且得到的黄酮化合物的纯度及二次提取率均较高。

王丽娟等在提取黑苦荞中黄酮类化合物时，利用单因素及正交实验优化了超声提取工艺，优选后的工艺条件为：在超声功率400 W条件下，体积浓度为80%的乙醇按料液比1∶15（g∶mL）在60℃下浸泡提取，黄酮提取率为4.58%。上述试验表明，超声波辅助提取具有操作易、效率高、产物品质高、提取成本低、生产周期短等优点，但在超声场下进行规模提取尚有困难。

3. 微波辅助提取法

微波的辅助作用可归因于其穿透溶剂后能直接深入细胞内部，产生的微波能可为细胞吸收并快速转换为热能，使细胞内部温度瞬间升高，致压力激增，当细胞壁无法承受高压时便发生破裂，细胞内部目标组分得以释放，并迅速传递至周围溶剂而溶解。微波产生的热效应，可提高扩散系数，并使固液界面间的有效层、流膜层变薄，增强了传质的推动力，提高了黄酮的得率。

李富兰等以提取率为目标，研究了苦荞茶中黄酮的提取工艺，得出最佳工艺为苦荞茶粉末按 1：20（g：mL）料液比加入浓度为 70%的乙醇溶液、微波功率300 W、提取时间 3.0 min，该最佳组合条件下黄酮的提取率可达 4.13%。梁虓等将微波提取技术与传统回流提取法相结合，对苦荞籽样品先进行微波预处理，然后于80℃下水浴回流提取，响应曲面法优化出最佳提取工艺条件，经验证试验表明，黄酮得率为 5.02%，与预测模型符合度较好。

相比于其他提取方法，微波具有波动性、高频性、热特性和非热性特征。因此采用微波提取溶剂用量少（比索氏提取和水浸提法节约溶剂用量 50%～80%）、产品质量好（可以避免长时间高温引起的物料分解，可最大限度地保护荞麦中的功能活性成分）、选择性好（极性较大的分子可以获得较多的微波能，使产品的纯度提高，质量得以改善）、能耗低（由于提取时间显著缩短，可以大大节约能源）。不足之处是提取过程温控不易操作，会产生局部过热现象，部分黄酮可能会分解失活，影响产品品质及最终得率。

4. 超临界萃取法

超临界萃取法是利用某些萃取剂在超临界区所表现出的特殊溶解性能来实现对目标物的萃取，并通过改变温度和压力让萃取剂和目标物分离的一种现代萃取技术。超临界流体（SF）的理化性质介于液体和气体之间，其密度比气体大 100～1000 倍，与液体密度相近，由于分子间距离缩短，分子间相互作用大大增强，因而溶解作用近似于液体；超临界流体的黏度非常低，与液体相比，超临界流体的黏度低 10~100 倍，其扩散系数较高，比液体大 10~100 倍，因此，超临界流体萃取的传质速率明显高于液体萃取。当超临界流体在临界温度以上时，压力的微小变化都会引起超临界流体密度、黏度和扩散系数的大幅变化，影响超临界流体对各种成分的溶解能力，正是由于超临界流体的性质，决定了其能从植物中萃取出有活性成分的液体及固体物质。

可以作为超临界流体的物质很多，如 CO_2、NH_3、C_2H_6、CCl_2F_2、C_7H_{16} 等，在实际中应用 CO_2 较多。CO_2 的临界温度（$T_c = 31.4℃$）接近室温，临界压力（$P_c = 7.37MPa$）也不太高，易操作，且本身呈惰性，价格便宜，是植物超临界流体萃取中最常用的溶剂。

郭月英以荞麦壳为原料，研究了超临界 CO_2 萃取苦荞黄酮工艺，得出最优工艺条件为：选择乙醇为夹带剂，控制萃取压力 25 MPa，固液比为 1：10，35℃下萃取

4 h。谭光迅的研究表明，压力和温度是影响超临界萃取的主要因素，萃取前若能将萃取釜保压一段时间，可以使苦荞黄酮的提取率提高近 33.33%。超临界萃取可在常温下操作，操作条件易控，无有机溶剂残留，特别适合非极性化合物的提取，但该法存在设备投资费用较高、日常维护烦琐等缺陷。

5. 超高压提取法

超高压提取技术是指在超高压釜内加压，使密闭体系压力升至 100~1000 MPa 处理植物原料，使细胞组织结构发生破坏，目标组分得以更多、更快地转移到提取溶剂，进而获得高提取效率的一种新兴提取技术。王居伟等研究了超高压法提取苦荞黄酮工艺，采用 Box-Behnken 试验设计优化确定最优工艺条件为：压力 388.1 MPa、保压时间 8.09 min、乙醇体积分数 95.31%、液料比 19.82（mL：g），在此条件下提取的苦荞黄酮得率为 2.185%，而传统回流提取法只有 1.982%。该法提取耗时短，可在常温下操作，能很好地保留黄酮的生物活性。

6. 酶辅助提取法

酶法提取技术，是通过加入某些特定的酶，使包裹于植物细胞内的有效成分转移到溶媒中。酶反应能够较温和地将植物组织分解，可以较大幅度地提高得率，最大限度地从植物体内提取荞麦黄酮等有效成分。

溶剂浸提法在工业上由于成本低而应用广泛，但总黄酮得率较低，而其他方法在应用中有溶剂污染、需专用设备或增加成本等问题。近年来纤维素酶被应用于黄酮类化合物的提取。植物组织中的有效成分大多包裹在细胞壁中，对这些有效成分的提取，传统的热水、酸、碱、有机溶剂提取法，受细胞壁主要成分纤维素的阻碍，往往提取效率较低。

因目标化合物主要存在于植物的细胞壁内，而细胞壁的致密结构使活性组分难以扩散到提取溶剂中，若经恰当的纤维素酶、果胶酶处理，则可提高细胞壁的通透性，增加溶剂的可及性，降低溶出阻力，还能在一定程度上提升产品的品质。李会瑞等研究了纤维素酶提取苦荞茶中总黄酮的工艺，在醇提条件不变的情况下，考察了酶解 pH 值、酶用量、酶作用时间等因素对提取率的影响，经响应面分析优化确定：酶用量 0.6%，在 pH 值为 5.0、40℃条件下，酶解 90 min，苦荞茶中总黄酮提取率为 1.497%。与乙醇浸提法相比，酶解法使总黄酮的提取率增加了 34%。

7. 减压内部沸腾法

减压内部沸腾法是目前应用于植物活性组分提取的一种较为高效实用的提取技术。该法是让低沸点的有机溶剂充分渗入植物组织内部，然后加入沸点较高的热溶剂，在一定的真空度下使内部有机溶剂迅速发生沸腾而汽化，进而加快被提组分解吸的一种提取方法。王九峰等的研究表明，采用减压内部沸腾法提取苦荞籽粒中的总黄酮时，通过 Plackett-Burman 实验筛选出对总黄酮得率有显著影响的实验因子为真空度、乙醇浓度、提取时间和提取温度，而溶剂用量不是显著因子。再以响应面法优化出最佳工艺参数，发现黄酮得率最高时提取温度较低，为52℃，提取时间仅需5 min。由此可见，内部沸腾法在天然活性成分提取方面有着独特的优势，可以减少高温对活性组分的破坏、缩短提取时间、降低溶剂使用量，且在一定程度上提高了提取效率。

(二) 测定方法

1. 光谱法

光谱法是测定苦荞中黄酮类化合物应用广泛且重要的分析方法，主要有紫外可见分光光度法、荧光光度法、流动注射分光光度法等。其中，分光光度法因操作简单、设备及检测投资少、准确度高、重现性好而成为目前苦荞中总黄酮测定最常用的检测方法。该法是利用黄酮类化合物能与一些金属离子发生络合作用，生成稳定的有色络合物，然后在特定波长下测出吸光度，以实现定量分析，常使用的络合剂为 Al $(NO_3)_3$ 和 $AlCl_3$。

王锐等采用 Al $(NO_3)_3$-$NaNO_2$-NaOH 比色法，对云南昭通大山包的系列苦荞产品中的总黄酮含量进行测定。经方法学考察，该法简便快捷、结果可靠，研究发现黄苦荞仁中总黄酮含量较黑苦荞仁中高，苦荞仁经炒制加工后黄酮含量会增高。韩旭等系统比较了 Al $(NO_3)_3$-$NaNO_2$-NaOH 和 $AlCl_3$-NaAc 两种方法在对苦荞酒中的总黄酮进行分析测定时的差异，结果表明，Al $(NO_3)_3$-$NaNO_2$-NaOH 法测定的结果偏高，分析可能是苦荞中的一些多酚类物质，如肉桂酸类、原花色素等物质在510 nm 处参与了显色。因此，$AlCl_3$-NaAc 法测定苦荞黄酮的专属性高，结果更为可靠，需要注意是使用 $AlCl_3$-NaAc 法应在显色反应发生后30 min 内进行测定，否则结果会发生偏差。

由于黄酮能与铝离子在一定条件下形成稳定的强荧光络合物，近年来，荧光分光光度法测定苦荞中黄酮已引起学者们的关注。李小梅等建立了一种流动注射液滴荧光增敏法测定苦荞中芦丁含量的测定方法。样品经超声振荡萃取后，含芦丁的上清液中加入适量 $0.1 \text{ mol} \cdot L^{-1}$ 的 Al^{3+}，生成了 Al^{3+}芦丁络合物，再选择激发波长239 nm、发射波长507 nm 测定荧光强度，该法的检出限较低为 $0.02 \text{ mg} \cdot L^{-1}$，回收率为 86.0%~104%，RSD 为 3.1%~6.1%。实际检测时要注意络合物的荧光强度会受共存金属离子 Cr^{3+}、Hg^{2+}、Fe^{3+}的干扰。

2. 高效液相色谱法

高效液相色谱法（HPLC）分析黄酮类化合物具有灵敏度高、进样量少、可批量测定等优点，能满足苦荞中多种黄酮类组分的同时测定。由于黄酮类化合物大多具有多个羟基，黄酮苷含有糖基，花色素类为离子型化合物，故用高效液相色谱分离时，往往采用反相柱色谱，常用的洗脱剂为含有一定比例的甲酸或乙酸的水—甲醇溶剂系统或水—乙腈溶剂系统。

对苦荞黄酮进行定性定量分析时，常与紫外、荧光、二极管阵列检测系统相结合，可以快速、准确实现对目标组分的检测，适用范围较广。

高效液相色谱法是指用高压输液泵将具有不同极性的单一溶剂或不同比例的混合溶剂、缓冲液等流动相泵入装有固定相的色谱柱，经进样阀注入供试品，由流动相带入柱内，在柱内各成分被分离后，依次进入检测器，色谱信号由记录仪或积分仪记录。

张继斌等采用 HPLC 法测定四川、云南、贵州、陕西不同产地的苦荞麦中黄酮类成分，先以热水浴回流提取样品中活性组分，再以乙腈-0.1% H_3PO_4 溶液为流动相，经 Sepex C18 色谱柱分离，紫外检测器在 360 nm 处测定 4 种黄酮类成分的含量。结果表明，不同产地的黄酮类成分含量存在一定的差异，云南产的苦荞麦中槲皮素、山柰酚的含量明显高于其他地区，而不同地区样品中的芦丁、山柰酚-3-O-芸香糖苷的含量相差不明显。张莉等选用 Won-dasil C18 柱（4.6 mm×250 mm，5 μm），流动相为甲醇-0.4% H_3PO_4 溶液（60∶40）、测定波长为 370 nm，HPLC 法测定了苦荞麦不同部位槲皮素的含量，得出同一品种苦荞不同植株部位的槲皮素含量顺序为叶>茎>根。郑瑾等在研究酸水解工艺条件对苦荞提取物中槲皮素含量影响时，采用 HPLC 法测定提取物中芦丁和槲皮素的含量。测定方法学考察表明，芦丁和槲皮素的线性范围分别为 0.093~291.2 μg/mL、0.167~259 μg/mL，精密度和重复性的 RSD 均小于 1.24%，方法的稳定性较好，并得出在最佳水解工艺条件下，苦荞醇提物中有 64.11% 的芦丁可转化为槲皮素，药代动力学表明，水解后的苷元槲皮素更易被肠道吸收。

对于含量较低的黄酮类化合物，仅用高效液相色谱法分析往往难以获得有效分离和准确定量，将色谱技术与质谱技术联用，可对目标组分进行有效识别，并可对物质结构进行解析。薛长晖采用 HPLC-UV/ESI-MS 技术对来自山西灵丘的苦荞粉中的黄酮类化合物进行了分离识别，共分离出 5 种黄酮类化合物，并首次发现六取代黄酮和槲皮素-3-双鼠李糖苷是苦荞粉的重要组成。李欣等建立了一种超高液相色谱—串联四极杆质谱法（UPLC MS-MS）对苦荞麦中芦丁、槲皮素和山柰酚含量进行测定的方法。结果表明，3 种黄酮组分的线性范围为 0.1~100 μg/mL，相关系数 R^2 大于 0.99，高、中、低三水平加标回收率均在 94% 以上，芦丁的最低检测水平为 0.01 ng/mL，其余两种物质为 0.1 ng/mL。此法具有预处理简单、分析耗时少、灵敏度高、选择性强等特点。

3. 毛细管电泳法

毛细管电泳法是一种发展较为迅速的液相分离技术，具有试剂进样量少、分离分析时间短、分辨率高、样品预处理方便、能满足目标化合物的快速微量分析要求。目前，报道的方法中，对苦荞中黄酮类化合物分离是通过选择合适的缓冲溶液和添加剂，让黄酮组分带电，在电场中实现高效分离。侯建霞等建立了一种毛细管电泳结合电化学检测方法，可对苦荞麦芽中的表儿茶素、芦丁、槲皮素 3 种黄酮类物质实现分离检测。在以 50 mmol/L 的硼砂—硼酸缓冲液为运行液，pH 值为 8.5，分离电压为 20 kV 的条件下，3 种组分能在 12 min 内实现完全分离，加标回收率分别为 100.6%、99.1%、101.1%。此法检出限较低，重现性好，有望应用于苦荞芽菜及苦荞产品中黄酮物质的快速分离检测。郭芳芳等采用高效毛细管电泳法对 5 个不同产地苦荞中的黄酮组分进行测定，样品经超声波辅助醇提法提取后，离心分离，取上清液过滤分析，在最佳检测条件下，苦荞醇提液中 4 种黄酮类化合物可在 7 min 内得到分离，方法的检出限较低，平均回收率为 95.5%~104.7%，RSD 小于 3.66%。毛细管电泳法目前应用于苦荞中黄酮物质的分析报道较少，未来有很大的发展空间。

第二节 苦荞中的多酚及其提取工艺

一、苦荞中的多酚

酚类化合物是植物代谢过程中产生的一类次生物质，普遍存在于谷物、水果和蔬菜中。目前，植物多酚的化学结构、性质和作用已经被深入研究。前人研究表明，多酚通常被分为 5 大类：酸酸、黄酮类、二苯乙烯类、香豆素类和单宁。植物多酚对人体具有很大的健康作用，在化工、农业、食品和药品等领域应用广泛。目前已经有研究表明多酚具有抗氧化、预防衰老、降低胆固醇、抗动脉粥样硬化和防治肿瘤等功能。

荞麦中另一类非常重要的化合物是多酚类化合物，植物多酚是多羟基酚类化合物的总称，是植物资源综合利用的对象。酚类化合物主要以游离态和结合态的两种形式存在于植物细胞中，而目前关于多酚的研究主要集中在游离态多酚，忽略了结合态多酚的含量，因此实测值偏低。游离态多酚是可被有机溶剂提取的酚类物质，而结合态多酚是以共价键形式与植物体相结合，不能被有机溶剂直接提取。相对于游离酚，结合酚不能被人体内酶系统消化，而是经过肠道微生物发酵作用后，可能发挥更高的生物活性。在玉米和小麦中结合态多酚占比在 53%~62%，而大麦中结合酚仅占 20% 左右，并且有研究表明同一物质不同品种游离酚的占比差异显著，发现不同苦瓜品种游离酚占总酚的百分比在 82.09%~97.92%。研究表明苦荞中主要的酚类物质是黄酮化合物，以 C_6-C_3-C_6 连接成的三环，在植物的花、叶和果实等中大量存在。

苦荞全谷中总酚含量为 27.51~36.55 mg/g，主要以游离态形式存在，主要有黄酮类和酚酸类化合物，苦荞中酚酸种类较多，包括没食子酸、原儿茶酸、对羟基苯甲酸、香草酸、o-香豆酸、p-香豆酸、绿原酸、丁香酸、阿魏酸等，其中游离酚以芦丁和槲皮素为主，结合酚以表儿茶素为主。原儿茶酸和对羟基苯甲酸为主要酚酸，绿原酸只在苦荞壳和发芽后的苦荞中被检出，酚酸中大量的活性酚羟基使其具有独特的化学和生理活性。

荞麦的花、叶、茎、种子中都含有多酚类物质，含量顺序为花>叶>种子>茎。对甜荞的壳进行多酚类化合物分析，结果发现甜荞壳中含有 4 种儿茶素，分别为：(-)-表儿茶素、(+)-儿茶素-7-O-β-D 吡喃葡萄糖苷、(-)-表儿茶素-3-O-P-羟基苯甲酸苷、(-)-表儿茶素-3-O-（3,4-双甲氧基）棓酸盐，它们含量比芦丁含量多，且抗氧化性比芦丁强。研究者利用高效液相色谱和反相液相色谱—电喷雾电离质谱联用技术分离和鉴定了甜荞花瓣中花色苷类物质，并分析了成熟过程中的含量变化，共鉴定了 4 种花色苷类物质：矢车菊素 3-O-葡萄糖苷、矢车菊素 3-O-芸香糖苷、矢车菊素 3-O-鼠李糖苷和矢车菊素 3-O-半乳糖-鼠李糖苷；其中矢车菊素 3-O-芸香糖苷含量最高，其次是矢车菊素 3-O-葡萄糖苷，另外两种含量较少或在一些品种中未检测到；花色苷的含量随着荞麦花的发育而增加。鉴定分析甜荞中原天竺葵定和原花青素等多酚化合物，共分离了儿茶素、表儿茶素、表儿茶素没食子酸盐、表儿茶素-3-O-（3,4-二甲基）没食子酸盐、原花青素 B$_2$ 聚体、原花青素 B$_5$ 聚体、原花青素 B$_2$ 二甲基没食子酸盐，另外还有 6 种原天竺葵定化合物。

Verardo et al. 利用反相高效液相色谱—电喷雾四极杆飞行时间质谱联用技术（RP-HPLC-ESI-TOF-MS）鉴定了甜荞中多酚类化合物，结果发现了含芦丁、槲皮素等黄酮类物质在内共 30 种多酚类化合物，其中首次鉴定了 2-羟基-3-O-β-D-吡喃葡萄糖-苯甲酸、1-O-咖啡酸-6-O-α-吡喃鼠李糖酯-b-吡喃葡萄糖苷和表儿茶素-3-（3′-O-甲基）没食子酸盐 3 种酚类化合物。同时利用毛细管电泳与电喷雾四极杆飞行时间串联质谱技术（CE-ESI-microTOF-MS）建立了快速鉴定分析荞麦中酚类化合物的方法，确定了荞麦中存在的酚酸、原花青素和酯型原天竺葵定化合物、并且第一次发现了荞麦中存在 5,7,4′-三甲氧基黄烷和二羟基—三甲氧基异黄烷。

（一）芦丁

芦丁又称维生素 P，是苦荞中含量最丰富的黄酮类化合物［图 6-2（a）］。芦丁，也称芸香苷，是槲皮素 3 号位上的羟基与芸香糖脱水缩合而成的苷，且芦丁和槲皮素都具有很好的生物活性和药理活性。因含有与吡喃环 3 号位结合的两个单糖分子（葡萄糖、鼠李糖）而使其抗氧化活性高。芦丁的抗氧化活性取决于其化学结构、分配系数和自由基的反应速率。芦丁的许多生物活性（包括抗炎潜力）主要归因于芦丁的抗氧化能力，特别是其可作为自由基清除剂。因此，芦丁可以发挥一系列的药理作用，因为其具有良好的抗氧化能力，从而在血管保护、抗癌细胞增殖、抗血栓、抗炎、神经保护等有较好的疗效。苦荞不同器官和组织中芦丁含量见表6-1。

表6-1　苦荞不同器官和组织中芦丁含量

样品	样品质量（g）	芦丁（mg）	芦丁总含量（%）
根	30.27	104.30	0.344
茎	46.12	532.10	0.967
叶	10.40	484.40	4.657
花	10.21	514.20	5.024
籽	30.02	476.40	1.576
粉	30.07	401.50	1.337
壳	20.50	172.50	0.844

（二）山奈酚

山奈酚，又称为3,5,7,4′-四羟基黄酮［图6-2（c）］。因含有二苯基丙烷结构决定了其疏水性，在C3、C5、C7和C4′位上的羟基可与氢自由基结合，增强了其抗氧化活性。山奈酚是一种天然类黄酮，广泛存在于茶叶、葡萄、浆果和十字花科蔬菜中，负责赋予食物颜色和风味，防止脂肪氧化，保护维生素和酶。最近一些研究表明，山奈酚对抑制癌细胞增殖并诱导其凋亡、自由基清除、降低血液黏度、扩张血管等一系列疾病有一定的治疗作用。此外，流行病学研究表明山奈酚可降低吸烟者患癌症的风险，且通过与其他抗癌药物的联合使用，可以加强治疗药效。因此，山奈酚可以作为一种抗癌药剂被进一步开发利用。

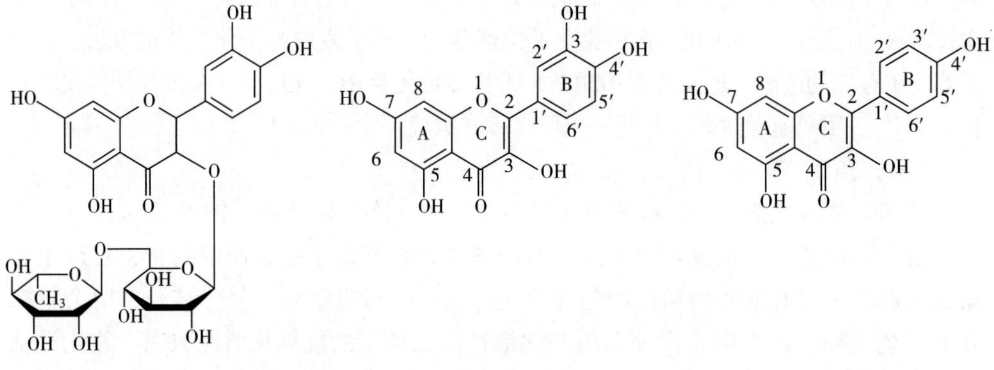

（a）芦丁　　　　　　　　　（b）槲皮素　　　　　　　　　（c）山奈酚

图6-2　芦丁、槲皮素和山奈酚的化学结构图

二、苦荞中多酚的生理功能

人体细胞在正常代谢过程中，或是受到外界条件（如光、热）的刺激时，都会产生活性氧自由基。正常情况下，机体可通过自身氧化和抗氧化系统的调节作用使得自由基的产生与清除之间处于动态平衡，维持自由基浓度在较低的生理水平，发挥其杀菌、免疫、信号传导等作用，但是当因素（如电离辐射、紫外线、外源化合物等）直接或间接刺激致活性氧自由基产生过多或机体自身抗氧化系统受损时，便会引起机体氧化与抗氧化失衡，导致人体正常细胞和组织的损伤，进而提高人类患炎症、肿瘤、心血管疾病、神经性退行性疾病和其他慢性病的风险。

自由基具有极强的氧化反应能力，过量的自由基可以攻击体内的生命大分子，如蛋白质、核酸和糖类等，进而引发各种疾病。众所周知，DNA的稳定性在生命活动中起着至关重要的作用，研究表明，DNA的氧化损伤与很多疾病的发生和发展都有着密切关系。

DNA双螺旋外侧的嘧啶和嘌呤对自由基比较敏感，自由基能通过攻击DNA的碱基侧链部位形成碱基自由基，同时又能置换DNA的戊糖部位形成戊糖自由基，所形成的两种自由基均能发生次级代谢反应，造成氨键破坏、DNA碱基缺失或单双链断裂，从而改变核苷酸结构，破坏遗传信息，使DNA复制时碱基误配，引起细胞生物学活性改变甚至是基因突变，具有致突变、致癌的潜在危险。因此，抗氧化本质上就是要降低自由基的量，降低多种疾病的患病风险。苦荞富含酚类化合物，这些酚类化合物主要富集在苦荞麸皮部位，其中芦丁是主要的酚类化合物。所以苦荞麸皮表现出较强的抗氧化活性，其抗氧化能力占全苦荞的65.9%~76.6%。

荞麦多酚化合物活性的研究主要集中于其抗氧化活性的研究：研究发现富含酚酸和黄酮类化合物的荞麦种子提取物具有较强的自由基清除活性和抗氧化活性。采用分层碾磨工艺将甜荞籽粒碾磨制粉成16个部分，考察其中总多酚含量和抗氧化能力，结果发现荞麦籽粒外层中含有大量的总多酚化合物，是内层粉总多酚含量的30倍，50%乙醇提取物中多酚的含量最高且抗氧化能力最强。

通过研究苦荞不同种植地区其酚类化合物的含量与抗氧化活性，发现不同种植地区荞麦总多酚含量变化范围为5150 μmol 没食子酸当量/100 g 干物重，其中游离型酚类化合物占比为94%~99%，苦荞多酚提取物具有较高的DPPH和ABTS自由基清除活性。栽培条件和品种与环境互作效应比品种差异更能影响其多酚化合物的含量及抗氧化活性。

三、苦荞中多酚的提取工艺

苦荞中酚类物质的含量受到多种因素的影响，例如种植苦荞地区的环境、不同的加工方式和处理条件、不同的苦荞品种和不同生育期等。因此，综合考虑苦荞酚类物质的含量，选择适当的提取工艺。

(一) 提取方法

1. 溶剂萃取法

溶剂萃取法是现在工业化生产中提取多酚类化合物的最常见且实用的方法，其原理是利用相似相溶使化合物溶于热水、醇、醚、酯、酮等，然后把多酚提取出来。由于有机溶剂可以断裂多酚与多糖和蛋白质之间的氢键作用，可大大增加提取效率（7%~8%）。

将苦荞在50℃干燥箱中烘干至恒重，粉碎，过60目筛，于-20℃条件下储存备用。准确称取0.5 g苦荞粉，按料液比加入一定体积分数的甲醇溶液，采用恒温水浴法提取苦荞芽中多酚类物质。浸提液8000 r/min的转速下离心15 min，上清液稀释一定倍数后用于样品多酚含量的测定。

2. 超声波+甲醇提取法

超声波辅助浸提法是指通过超声波的空化作用及机械的破碎作用所产生的剪切力和冲击波，来破坏细胞膜，以便提取其中的活性物质。这个方法能够有效提高工业化生产中提取酚类活性物质的提取速度及产物数量，且超声波的乳化、扩散、击碎等功能，也能够加速多酚物质在溶剂中的溶解。超声波辅助甲醇法是一种能够高效提取植物有效成分的辅助手段，是以甲醇为提取液，超声波辅助浸提的提取工艺，通过超声辅助浸提能够提高传统溶剂甲醇对多酚的提取效率。

超声波提取酚的流程为将样品切段、冻干粉碎后利用超声波辅助提取酚，再用甲醇浸提，将浸提物旋转蒸干，石油醚脱色，回收溶剂（旋转蒸干）得到粗提物，然后真空冷冻干燥得到粗提物，在溶剂萃取中，影响得率的主要因素有超声温度、超声时间和甲醇浓度，因此要严格控制这3个水平，经过一系列的梯度试验得到最合适的水平。也有部分步骤可做相应的改变，称取原料适量，80℃烘干24 h，粉碎过250 μm筛，分别称取500 mg样品放在不同的10 mL离心管，按不同料液比向每管加入一定体积的甲醇溶液，在超声清洗机中处理一定时间，提取液以5000 r/min离心8 min，将滤液转移至25 mL容量瓶定容至刻度，摇匀，然后用微孔滤膜（0.22 μm）过滤，取滤液作为供试溶液，可通过测定酚最优含量来确定最好的物料比。

3. 超临界二氧化碳萃取法

超临界二氧化碳（SC-CO$_2$）萃取法是目前国际上最先进的使用物理萃取分离方法的新兴手段之一，是以二氧化碳（CO$_2$）为萃取溶剂的绿色分离技术。用超临界CO$_2$萃取样品中的山奈酚，可以节约有机溶剂和时间。采用可旋转中心组合设计，在试验过程中确定各变量对酚产率的影响，得出使用超临界CO$_2$萃取工艺的最佳工艺条件，将影响酚得率的变量（温度、时间和压力）独立建模，构建有效的函数，得出酚的得率随着温度和时间增加而增大，随着压力减小而增大的结果。此法较传统萃取法可得到更高提取率、高纯度、环保及无溶剂残留的样品。

4. 鼠李糖酯/蔗糖酯辅助乙醇提取

用石油醚预处理样品，在醇提法过程中需要确定乙醇体积分数、液料比、回流提取温度和提取时间将酚的提取率提高，该试验需要使用鼠李糖酯和蔗糖酯酶辅助法来更精确地提取，但是在辅助过程中需要确定最优的添加量、液料比、提取时间和提取温度，最后用 AB-8 大孔吸附树脂对酚进行初步纯化，得到较纯的酚。

5. 微波辅助浸提法

微波辅助浸提法将微波与溶剂萃取相结合。微波辅助提取的原理就是利用高频电磁波快速升高被提取物细胞内的温度，加速分子向溶液扩散，使有效成分溶于溶剂中。其中，所提及的微波辅助是一种能够从物料内部开始有选择性进行加热的能量传递过程，使物料在提取过程中受热均匀，加速溶出可提取的物质。微波辅助提取法已经广泛应用于食品、医药、生物样品等的提取及应用中。

6. 低共熔溶剂法

低共熔溶剂是将一定计量比的氢键受体（如季铵盐）以及氢键供体（如酰胺、羧酸和多元醇等化合物）所组成的两组分或者三组分的低共熔混合物作为共熔溶剂来提取天然产物，这个方法的独特之处在于低共熔混合物的凝固点低于其各个组分纯物质的熔点，且其组分具有安全无毒性和生物可降解性，被认为是一种绿色溶剂。但也有人认为其物理化学性质类似于离子液体，而把它归为一类新型离子液体或离子液体类似物。

7. 非离子表面活性剂萃取

在得到酚的原料中有很多其他物质，为了更好地将酚提取出来，将浓度为 5 g/100 mL 的 非离子表面活性剂 Triton X-100 溶液的提取结果与 100% 甲醇、80% 甲醇、100% 乙醇、80% 乙醇的提取结果作对比，结果发现浓度为 5 g/100 mL 的非离子表面活性剂 Triton X-100 溶液的提取效果更好，同时也避免了有机试剂对人体的损伤和环境的污染。

（二）测定方法

1. 高效液相色谱法测定山奈酚含量

对样品用高效液相色谱法测定酚含量，先提取样品中的酚，然后选择色谱条件，最后对样品中的酚含量进行测定。选定几种可行的色谱条件，比较分析选定的色谱条件的色谱图确定最佳流动相，从而选出有机相和水相的最佳配比。测定含量的时候，需作出不同浓度标准品的峰面积和浓度的工作曲线，从而得出回归方程，最后根据方程得到样品中酚的含量。有的研究步骤稍有不同，先确定色谱条件，再分别精密配制不同含量样品的标准品溶液，在确定的色谱条件下测定各标准品溶液的峰面积，得到含量与峰面积的线性关系和相关系数，然后进行精密度试验（精密吸取样品 20 μL，按选定的色谱条件重复进样 6 次），计算出酚的 RSD 值以确定精密度是否良好；按选定的色谱条件在时间梯度内测定酚的峰面积，计算 RSD 值以确定酚在某一时间内是比较稳定的，再重复以上试验，并做加样回收率试验，最终根据线性关系得出酚的含量。

2. 分子印迹技术法

分子印迹技术依赖于分子识别，是一种将各种生物大分子从凝胶转移到一种固定基质上的技术。当印迹分子与聚合物单体接触时会形成多重作用点，通过聚合过程这种作用就会被记忆下来，当模板分子除去后，聚合物中就形成了与印迹分子空间构型相匹配的具有多重作用点的空穴，这样的空穴将使模板分子及其类似物具有选择识别特性。有研究者开发石英晶体微天平（QCM）纳米传感器对酚进行实时检测（KAE），首先石英晶体微天平芯片金表面的修正通过用自组装单分子层形成的烯丙基硫醇引入可聚合双键到芯片表面上，然后实时检测印迹在金表面上聚合成膜，未改性和实时检测印迹 P（HEMA 的 MAAsp）表面是通过使用原子力显微镜（AFM）、傅里叶变换红外光谱（FTIR）和椭圆偏振检测的，分别得到线性范围和检测极限，最终得到酚的含量。

第三节　苦荞中的槲皮素及其提取工艺

一、苦荞中的槲皮素

槲皮素（Quercetin，QE）是一种天然的五羟基黄酮醇［图 6-2（b）］，因其在 A 环有 2 个羟基属于间苯二酚结构，B 环有 2 个羟基是邻苯二酚结构，C 环有 1 个羟基是一个烯醇式结构，且在 2、3 号位间含有双键，可以接受外来基团的螯合。因此，槲皮素是一种天然的抗氧化剂。多以苷的形式存在于多种植物中，如槐花米、银杏叶、洋葱等。槲皮素有多种生物活性如抗肿瘤、抗炎、抗病毒、抗自由基及保护心血管等具有很高的药用价值与经济价值。

苦荞中黄酮类化合物包括芦丁、槲皮素、桑色素、山奈酚、儿茶素、红草苷、异荭草素、牡荆素、异牡荆素等，芦丁为苦荞中主要的黄酮类化合物。有研究指出，高温及遇水等条件下一分子芦丁易脱去一分子鼠李糖和葡萄糖转化为槲皮素，苦荞制品中黄酮类物质大多以槲皮素形式存在。

槲皮素是一种黄色粉末状固体或晶体熔点 313~316℃（分解），晶体常以两分子结晶水的形式存在，分子中有 5 个酚羟基，呈弱酸性。槲皮素在 pH<5 的情况下可以稳定存在，但 pH>5 时则可能发生电离甚至发生不可逆的变化。其稳定性还受羟基部分所在位置的影响，单个羟基（—OH）对槲皮素的稳定性作用按照以下顺序增强：5—OH<3—OH<3′—OH<7—OH<4′—OH。

二、苦荞中槲皮素的生理功能

有研究表明，槲皮素具有多种生物效应，包括降血压、降血脂、抗氧化、抗癌、抗衰老、抗溃疡、抗炎、抗过敏、抗血小板、增强毛细血管抵抗力和调节血管生成等。此外，对于生物异源的化学毒性或致癌性有一定的抑制作用。

（一）抗氧化活性

自由基引起机体各种组织器官发生病变，作用机理可能是通过破坏细胞膜、诱发基因突变，并使机体组织被侵蚀。槲皮素可有效地清除自由基，体现了其抗氧化性，自由基减少带来的危害就减少。研究发现，槲皮素可以提高细胞内超氧化物歧化酶、过氧化氢酶、谷胱甘肽过氧化物酶活性，降低细胞内活性氧的水平，减少丙二醛的产生。槲皮素的体外抗氧化作用强于芦丁，与传统的抗氧化剂维生素 C、维生素 E 相当；槲皮素吸收后经代谢形成衍生物，提高血浆总抗氧化能力的程度与维生素 C 极相近。槲皮素在一定范围内对自由基的清除作用优于维生素 C，同时还可以抑制高浓度的自由基对生物大分子的损伤作用。

文献报道槲皮素具有极强的抗氧化活性，比如对铁离子诱导的脂质体过氧化的抑制作用。又如槲皮素在体内外都对血浆中低密度脂蛋白氧化具有保护作用。研究者认为其抗氧化活性归因于其对黄嘌呤氧化酶和脂氧化酶的抑制作用，黄嘌呤氧化酶能够催化次黄嘌呤和黄嘌呤氧化成尿酸和超氧自由基，超氧自由基与许多病理过程（比如炎症、动脉粥样硬化、癌症、老化等）有关，而脂氧化酶则与导致动脉粥样硬化和癌症发生的氧化压力有关。

（二）心血管保护作用

槲皮素具有抗动脉粥样硬化的作用，这可能与其对脂氧化酶诱导的 LDL 和胆固醇的生物合成的抑制作用有关；也可能与其对氮氧化物合成酶的基因表达、氮氧化酶的产生及俘获氮氧化物的抑制作用有关。动物实验表明槲皮素还有抗高血压的作用，其作用机理尚不清楚。槲皮素对花生四烯酸、胶原质、血小板激活因子诱导引起的血小板聚积和 ATP 释放都表现出明显的抑制作用。槲皮素对血小板聚积和毛细血管内壁粘连的抑制作用可能是其对心血管保护作用之一。

心血管疾病还与血脂水平异常有关。研究发现，槲皮素可以显著降低敲除载脂蛋白 E 小鼠的总胆固醇和低密度脂蛋白水平，这说明槲皮素可以有效调节血浆胆固醇和非适应性心肌重塑。同时，还有研究表明，在由 NaCl 诱导的容积扩展性高血压大鼠中，按照 50 mg/kg、100 mg/kg、150 mg/kg 的剂量给大鼠摄入槲皮素，发现槲皮素可以剂量依赖性地减少大鼠的收缩压和舒张压。由此可见，槲皮素具有保护心血管的作用。

（三）抗癌作用

槲皮素的抗癌、抗增生作用在大量的人体癌细胞实验和临床一期实验中体现出来。Ras 基因突变引起的 Ras 蛋白持续表达是导致多种肿瘤不断恶化的原因之一，研究表明，槲皮素通过 caspase 依赖凋亡通路诱导 K-Ras 突变细胞凋亡，并通过抑制蛋白激酶信号通路的活化，特异性抑制 K-Ras 突变细胞的增殖和集落形成。

槲皮素被报道对多种肿瘤细胞具有抗增生活性，比如：NK/ly 腹水肿瘤细胞、人胃癌细胞、卵巢癌细胞 OVCA433、乳腺癌细胞 MDA-MB-435。槲皮素的抗癌作用机制可能与以下作用相关：抑制蛋白激酶 C 的活性，阻碍信号传导途径，与二型肿瘤雌甾激素结合位点相互作用，诱导转移增长因子-β_1 的表达和分泌，诱导多种肿瘤细胞凋亡。槲皮素还可能增强其他药物的抗增生作用或抑制其他抗癌药物的毒性。

（四）降低肝损伤作用

槲皮素具有预防和治疗肝脏损伤作用，如脂肪肝、肝硬化和肝纤维化等。槲皮素可显著降低大鼠血清 TG、TC 水平，降低丙氨酸氨基转移酶、天门冬氨酸氨基转移酶活性，提示槲皮素具有保肝的作用。槲皮素能显著降低血清乳酸脱氢酶、天门冬氨酸氨基转移酶的活性，提高抗氧化酶类谷胱甘肽、超氧化物歧化酶和 CAT 的水平，通过抑制脂质过氧化发挥对肝细胞损伤的防护作用。

同时槲皮素具有保护肾脏作用，这与槲皮素的抗氧化、抗炎和降尿酸作用有关。槲皮素干预治疗慢性肾衰大鼠试验，发现槲皮素组大鼠体内抗氧化作用显著增强和肾纤维化症状显著改善，这表明槲皮素保肾的功效是通过增强抗氧化作用来实现的。槲皮素组浸润淋巴细胞和多形核白细胞的数量显著降低，同时，肾小球和肾间质实质细胞的损伤减弱。

Vicente-Sánchez 等证明了槲皮素对镉（Cd）所致大鼠肝脏损伤的保护作用。在镉处理中加入槲皮素可显著降低血浆中氧化氮合酶水平的升高。当动物接受镉和槲皮素治疗后，肝脏中金属硫蛋白含量显著升高。结果表明，槲皮素对降低镉中毒大鼠的氧化应激、增加 M 金属硫蛋白和氧化氮合酶的表达有明显的促进作用。

Renugadevi 等报道了槲皮素（50 mg/kg 体重/d）对镉（5 mg/kg）所致大鼠肝毒性的保护作用。大鼠口服镉可明显提高血清肝标志物和氧化应激标志物，降低肝脏抗氧化酶活性和形态学改变。同时给予槲皮素可显著增加肝脏抗氧化活性、减少镉引起的氧化应激。这些发现表明，通过抑制氧化应激、补充槲皮素可以改善镉引起的肝损害。

（五）抗糖尿病作用

糖尿病是慢性代谢性疾病，主要特征是高血糖、高血脂，研究表明，糖尿病大鼠 12 周时，尿蛋白、肾脏糖基化终末产物含量及转化生长因子 β 含量均明显升高，用槲皮素治疗后，尿蛋白及肾脏糖基化终末产物含量显著降低。槲皮素还可以使糖尿病、肾病大鼠减少尿蛋白排泄，降低血清尿素氮、肌酐水平及肾肥大指数，改善肾功能及调节肾组织中 P27 的表达，从而抑制系膜细胞增生和基底膜增厚。应琳琳等研究也发现，槲皮素可以改变抗氧化酶的活性，降低丙二醛和一氧化氮的水平，激活与 PI3K/PKB 信号通路有关的基因表达来减轻链脲佐菌素诱导的氧化应激的副作用，调节葡萄糖代谢并降低氧化损伤，从而降低快速血糖并增加快速胰岛素水平。

三、苦荞中槲皮素的提取工艺

现行的槲皮素生产主要流程如下：首先提取芦丁，结晶纯化后，再用硫酸水解，用乙醇提取水解产物，反复结晶获得较高纯度的槲皮素。

（一）提取方法

1. 乙醇水回流提取法

用乙醇等易挥发的有机溶剂提取原料成分，将浸出液加热蒸馏，其中挥发性溶剂馏出后又被冷却，重复流回浸提容器中浸提原料，这样过程周而复始，直至有效成分回流提取完全。取苦荞茶样品粉末 0.5 g，精准称定，加入体积分数 90% 的乙醇 25 mL，于 80℃ 水浴回流提取 90 min，放冷，过滤，达到提取纯化目的。

2. 超声波辅助提取法

超声波辅助提取主要利用超声波辐射压强产生的强烈空化效应、振动效应、热效应、高加速度、击碎和搅拌作用等多级效应，破坏植物药材细胞，增加物质分子运动的频率和速度、增强溶剂的穿透力，使溶剂渗透到药材中，促进药材中的化学成分进入溶剂，同时加强了胞内物质的释放、扩散及溶解，达到分离提取的目的。

将苦荞麦放入 50℃ 的干燥箱内烘干 10 h，之后粉碎研磨，过 80 目筛。加入质量分数为 60% 的乙醇，利用超声波对苦荞麦颗粒进行芦丁的提取，最终得到样液，过滤后备用，超声波条件：超声功率 120 W、乙醇浓度 50%、料液比 1：10、超声时间 30 min。

3. 固态发酵法

利用微生物代谢过程中产生的酶使底物进行有机反应，又称微生物转化。微生物发酵可将完整的微生物细胞或从微生物细胞中提取的酶作为生物催化剂，其区域和立体选择性强、反应条件温和、操作简便、成本较低、公害少，能完成一些化学合成难以进行的反应，主要涉及羟基化、环氧化、氢化、水解、水合、酯化、基团转移等化学反应。广泛用于各类重要产物，如抗生素、维生素、甾体激素、氨基酸、芳基丙酸和前列腺素等的生产。

培养基呈固态，在虽含水丰富但几乎没有自由流动水的状态下进行的一种或多种微生物发酵过程。在固体发酵中，底物是不溶于水的聚合物，它不仅可以提供微生物的碳源、氮源、无机盐、水及其他营养物质，还是微生物的生长场所。与液体发酵相比，固体发酵成本低、产物浓度高、耗能少。已经广泛应用于环境污染的生物修复、危险化合物分解、饲料和食品的生产等领域。

4. 碱提酸沉加抗氧剂法

碱提酸沉法是利用芦丁在碱水中成盐而增大溶解能力，加酸酸化后可析出结晶的原理进行的。但是碱溶酸沉法耗时长、成本高、提取率低且纯度也不高。全先高等采用了 3 种不同的方法，即水提法、碱提酸沉法、碱提酸沉法加抗氧剂，研究了从苦荞中提取芦丁的最佳条件。结果表明在碱提取酸沉淀方法的基础上，加入亚硫酸钠作为抗氧剂并加入硼砂作为缓冲剂，以保护芸香苷结构上的邻二酚羟基，减少其氧化分解变质，并可使芸香苷的溶解度增加，从而提高了原料利用率及产品质量。其提取率和产品纯度分别为 18.3%、96.3%，均比前两种方法高。抗氧剂的加入阻止了芦丁在提取过程中被氧化，增加了芦丁的稳定性，使芦丁的提取效率和产品纯度都有显著提高，在大规模工业化生产中值得推广。

5. 乙醇回流提取经大孔吸附纯化

大孔吸附树脂是 20 世纪 60 年代末发展起来的一类有机高聚物吸附剂，它具有多孔网状结构和较好的吸附性能。目前已广泛应用于废水处理、医药工业、临床鉴定和食品等领域，在我国，采用大孔吸附树脂分离纯化中药已越来越受人们的重视。大孔吸附树脂分离纯化中药提取物的应用最早开始于 20 世纪 70 年代末，到目前在对中药有效成分分离、纯化中的应用都取得了一些满意的结果。

为了提高芦丁的提取率和纯度，冯希勇应用 D101 型大孔吸附树脂柱得到芦丁。芦丁的提取率达 25%，且纯度高于 98%。该方法相对简单易行、经济适用、节约成本、提取率高，优于热水提取法、碱水煮法、冷碱水浸提法等。

（二）测定方法

常用的槲皮素检查方法有比色法、紫外分光光度法、薄层层析法、高效液相色谱法、薄层扫描法等。

1. 比色法

利用类黄酮结构上的酚羟基特征及其还原性进行显色，有邻二羟基或有 3,5 位羟基取代的黄酮可与金属离子形成黄色或橙色络合物，这些络合物在特定波长有最大吸收，可用比色法进行定量测定。最早常用的显色剂为 $NaNO_2$ - Al（NO_3）$_3$。$NaNO_2$ - Al（NO_3）$_3$ 不具有专属性，后多用 AlCl 作为显色剂，它对芦丁及槲皮素专属性很强，适于芦丁及槲皮素的检测。

2. 紫外分光光度法

黄酮类化合物均含有 α-苯基色圆酮基本结构，羟基与 2 个芳香环形成两个较强的共轭体系，对紫外光有两个区域特征吸收，最大吸收波长因化合物不同而异。利用双光度分光光度法可直接测定样品中槲皮素的含量。

3. 薄层层析法

利用样品中各组分相对迁移率（R）的差异，以聚酰胺、硅胶 G 等做支持物选择适当的展层剂，以达到槲皮素检测的目的。通过薄层扫描技术，获得斑点面积，通过线性回归粗略计算槲皮素含量。随着现在高效薄层层析（HPTLC）技术的运用及薄层扫描技术的进步，薄层扫描法更加成为快速有效的检测方法。

4. 高效液相色谱法

利用样品被测组分分配系数的差异，进行样品的分离和检测。由于液相色谱法柱效很高，固定相、流动相种类丰富，有很高的灵敏度和精确度，已广泛应用于复杂样品的检测及制备，是黄酮类化合物研究中的重要方法。

5. 薄层扫描法

用一定波长的光照射在薄层板上，对薄层色谱中有吸收紫外光或可见光的斑点，或经激发后能发射出荧光的斑点进行扫描，将扫描得到的图谱及积分数据用于药品的鉴别、杂质检查或含量测定。该方法具有取样量少、操作简便、分离效果好、结果准确等特点。

除另有规定外，薄层扫描方法可根据各种薄层扫描仪的结构特点及使用说明，结合具体情况，选择反射方式，采用吸收法或荧光法，用双波长或单波长扫描。测定方法有内标法及外标法。由于影响薄层扫描结果的因素很多，故薄层扫描定量测定应保证供试品斑点的量在校正曲线的线性范围内，并与对照品同板点样、展开、扫描、积分和计算。

景仁志等采用此法测定了苦荞麦叶中芦丁的含量。以聚酰胺薄膜（8 cm×8 cm）为固定相，乙酸：水 = 1：1 为移动相，在一张聚酰胺薄膜上同时对标样和待测样品进行薄层分析，层析完毕后用 0.1 mol/L $AlCl_3$ 甲醇溶液染色。确定 λr 为 510 nm，λs 为 410 nm，根据两点工作法公式（$C = F1A + F2$），求得样品的芦丁含量。其标准差为 0.093，变异数为 3.29%，结果与目前常用的标准曲线工作方法比较，具有更准确、更可靠的优点。

第四节　苦荞中的 D-手性肌醇和荞麦糖醇及其提取工艺

一、D-手性肌醇和荞麦糖醇

糖醇（Fagopyritol）是种子中积累的 D-手性肌醇（D-chiro-inositol）的半乳糖衍生物。荞麦中现已发现 6 种荞麦糖醇，被分为两个系列：荞麦糖醇 A1、荞麦糖醇 A2、荞麦糖醇 A3、荞麦糖醇 B1、荞麦糖醇 B2、荞麦糖醇 B3，荞麦糖醇主要存在于成熟荞麦的子叶和胚轴组织中，且这 6 种荞麦糖醇化合物中荞麦糖醇 B1 含量最高。

4-手性肌醇（$C_6H_{12}O_6$）分子量 180.16，是一种饱和环状多元醇。通常为白色，形态与蔗糖基本一样，但甜度仅仅占它的 1/2，很容易吸收周围环境的水分，出现结块。与维生素 B1、维生素 H（生物素、辅酶 R）性质相似，一般情况下被归类于 B 族维生素。D-手性肌醇不仅有旋光性，还拥有 8 种同分异构体。它的形成过程比较简单如图 6-3 所示：D-葡萄糖-6-磷酸环化成 L-肌醇-1-磷酸，去磷酸化后呈游离状态，然后在异构酶的作用下肌醇 3 位羟基发生异构化形成 D-手性肌醇。

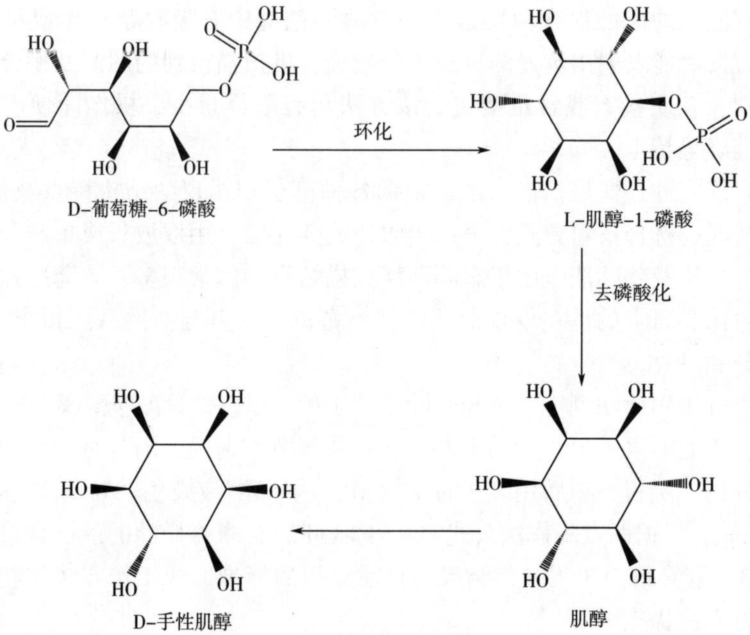

图 6-3　D-手性肌醇形成过程

苦荞是 D-手性肌醇的重要天然来源，主要以游离态和化合态（半乳糖苷）两种形式存在。D-手性肌醇与麦芽糖醇在特定酶的作用下发生转化，麦芽糖醇在半乳糖苷酶的作用下转化为 D-手性肌醇。通过对比分析得出，荞麦中的 D-手性肌醇含量比羽扇豆、鸽子豌豆、大豆、鹰嘴豆等植物均高。

在上述植物中，唯有荞麦能够作为主食被人类大量食用，且荞麦含有较丰富的 D-手性肌醇和荞麦糖醇，因此其可视为 D-手性肌醇主要的膳食来源。另外，研究发现荞麦中 D-手性肌醇主要还是以结合态糖醇形式存在。与其他植物种子不同，荞麦种子的可溶性碳水化合物中只含微量的棉子糖和水苏糖，大部分积累的是蔗糖和糖醇；荞麦中含有 6 种糖醇，主要富集在荞麦种子糊粉层和胚细胞中。然而由于人体的胃肠道中不含 α-半乳糖苷酶，不能直接将结合态 D-手性肌醇分解利用，但其可在人体微生物的作用下降解生成游离态 D-手性肌醇，从而被人体吸收利用。

肌醇及其衍生物广泛存在于多种植物和食品中，特别是豆类和水果，主要以其游离态形式和磷脂酰肌醇、肌醇六磷酸等衍生物的形式存在。越来越多的研究表明肌醇及其衍生物具有多种重要的生物学特性。在生物体内，肌醇能够参与调节多条细胞通路，并且可以参与脂质代谢、细胞骨架蛋白组装、调节细胞生长分化及维持细胞正常形态等；另外肌醇衍生物在植物体内长期累积有助于提高植物的抗逆性（抗寒、抗旱和抗盐等）及在植物渗透胁迫信号转导过程中起重要作用。

二、D-手性肌醇和荞麦糖醇的生理功能

荞麦糖醇因其具有辅助治疗非胰岛素依赖糖尿病（NIDDM）、多囊卵巢综合症（PCOS）和胰岛素反应紊乱作用而受到广泛研究。D-手性肌醇是一种具有降血糖作用的糖醇物质，是肌醇的差向异构体，可能是胰岛素的调节剂，可以增强胰岛素的活性从而降低血压、血浆甘油三酯和血糖水平。Cogram et al. 研究发现在保护神经管缺失的烟酸抗性大鼠方面 D-手性肌醇比肌醇的活性更强。Yao 等研究了富含 D-手性肌醇的苦荞麸皮提取物对 2 型糖尿病小鼠（KK-Ay）体内血糖水平的影响，结果发现口服苦荞麸皮提取物对小鼠无毒副作用，并降低 2 型糖尿病小鼠的血糖、血浆 C 肽、胰高血糖素、甘油三酯、尿素氮水平，改善糖耐量，提高胰岛素免疫活性。

（一）治疗糖尿病

Ortmeyer 等发现 D-手性肌醇能够降低胰岛素抵抗模型的恒河猴血糖浓度，且提出 D-手性肌醇可能通过增强胰岛素敏感性从而发挥降血糖作用，此后，更多的研究表明，富含 D-手性肌醇的苦瓜果实提取物能够降低链脲佐菌素（STZ）、大鼠的血糖浓度和血浆胰岛素水平，并改善葡萄糖糖耐量；D-手性肌醇能够促进胰岛素抵抗模型细胞对葡萄糖的吸收，缓解胰岛素抵抗的症状，从而发挥其治疗糖尿病

的作用，苦荞麸皮 D-手性肌醇浓缩提取物能够降低 KK-AY 糖尿病小鼠的血糖水平和胰高血糖素水平，改善小鼠葡萄糖耐量，从而有效预防和治疗糖尿病。

（二）治疗多卵巢综合征

早在 1999 年，Nestler 等研究表明 D-手性肌醇能够显著降低血清睾酮水平，改善 PCOS 患者的排卵功能，从而有效治疗多类卵巢综合征。研究发现胰岛素抵抗（IR）是 PCOS 的一种病理特征，且 PCOS 患者因代谢异常使其体内 D-手性肌醇流失严重。所以，可通过膳食补充 D-手性肌醇预防或治疗 PCOS，D-手性肌醇和中肌醇复合使用可缓解 PCOS 患者胰岛素抵抗症状，并且能够减少机体患代谢疾病、心血管疾病等慢性病的风险。

（三）调节线粒体功能

D-手性肌醇是人体自身存在的一种生物活性分子，主要分布于血液、肝脏、肌肉、卵巢等代谢旺盛的器官组织中。D-手性肌醇能够恢复氧化损伤的血管内皮细胞线粒体膜电位、抑制线粒体裂变、维持线粒体正常形态、抑制线粒体内质网应激反应、改善线粒体自身的功能障碍。另有研究表明 D-手性肌醇衍生物能够刺激线粒体中丙酮酸脱氢酶活性，保证线粒体糖代谢顺利进行。

（四）抗衰老作用

研究发现 D-手性肌醇可以改善衰老小鼠的运动能力，提高衰老小鼠的学习能力与记忆能力，说明其具有抗衰老的作用。此外，D-手性肌醇能够通过抑制胰岛素/胰岛素样生长因子-1 信号通路，促进 dFOXO 转录因子的核着陆，进而延长果蝇寿命。

（五）其他功能

D-手性肌醇对链脲佐菌素诱导的实验性糖尿病神经病变包括自主神经和躯体神经具有保护作用. Jeon 等研究发现 D-手性肌醇聚糖衍生物可通过 AKT-FOxO1 通路调节与食欲相关神经肽的表达，减少小鼠的进食量和降低体重，进而预防或治疗肥胖等相关疾病。Yu 等发现 D-手性肌醇能够抑制破骨细胞的分化，并且通过下调活化 T 细胞核因子 c1（NFATcI）抑制一些破骨基因的表达，表明 D-手性肌醇能够治疗炎症性骨相关疾病或继发性骨质疏松症。

三、D-手性肌醇和荞麦糖醇的提取工艺

（一）提取方法

现阶段，D-手性肌醇主要从植物分离、人工合成、基因修饰和春雷毒素生产 4 个方面。其中化学合成、基因修饰和毒素生产过程均较烦琐、操作要求高、成本高，与之相比，植物提取更为经济。苦荞是 D-手性肌醇的重要来源。一般以水或乙醇水作为溶剂提取苦荞 D-手性肌醇，提取方法有恒温水浴、超声波辅助、酶解

辅助等方法。首先，提取液经过滤浓缩，然后用活性炭和离子树脂分离，最后过滤浓缩得到较高纯度提取物。由于荞麦中的大多数 D-手性肌醇以糖醇的形式存在，在提取物中加入三氟乙酸让糖醇酸性水解转化为 D-手性肌醇，可以提高 D-手性肌醇产率。还可以利用发芽过程将 D-手性肌醇衍生物转化为 D-手性肌醇，提高产率。但是，苦荞 D-手性肌醇提取物纯度并不高，最高为 34.06%。

1. 不同溶剂法提取荞麦中 D-手性肌醇

以 10 g 荞麦籽粒粉末为原料，分别将水、甲醇、乙醇作为溶剂提取荞麦籽粒中 D-手性肌醇，确定出最佳的提取溶剂，进一步研究反应温度、时间、浓度、料液比、提取级数对 D-手性肌醇提取效果的影响，并采用薄层层析法及高效液相色谱法对其中的成分进行定性、定量分析。

2. 微波法提取荞麦中 D-手性肌醇

以 10 g 荞麦籽粒粉末为原料，采用微波法提取荞麦籽粒中 D-手性肌醇，通过单因素实验及正交实验研究微波时间、微波功率、料液比对 D-手性肌醇提取效果的影响，并采用薄层层析法及高效液相色谱法对其中的成分进行定性、定量分析。

3. 超声波法提取荞麦中 D-手性肌醇

以 10 g 荞麦籽粒粉末为原料，采用超声波法提取荞麦籽粒中 D-手性肌醇，通过单因素实验及正交实验研究乙醇浓度、料液比、超声波提取时间、提取温度对 D-手性肌醇提取效果的影响，并采用薄层层析法及高效液相色谱法对其中的成分进行定性、定量分析。

（二）测定方法

目前针对肌醇类物质或糖醇类物质最常用的检测方法为气相色谱检测法和高效液相色谱检测法。除此之外，也有研究采用理化检测法、离子色谱法及毛细血管电泳法。

1. 理化检测法

肌醇的理化检测法主要包括：质量法、微生物法、重铬酸钾法、高碘酸法和高碘酸钠氧化法等。质量法是检测肌醇最经典的方法之一，检测的原理是将肌醇在酸性条件下转化成六乙酰肌醇，然后根据转化系数对肌醇进行定量。微生物法的检测原理是利用微生物对肌醇的特异性和灵敏性，根据一定范围内微生物生长过程中吸光度的变化与标准工作曲线计算出样品中肌醇的含量。重铬酸钾法、高碘酸法和高碘酸钠氧化法 3 种方法的原理基本类似，通过肌醇被氧化后用滴定法对其进行定量。以上这些方法，虽然成本较低、方法简单、普遍能实现，但是分析时间均较长，操作步骤多，有的还存在毒性；并且对于这些方法来说，它们无法排除复杂样品中存在的葡萄糖或与肌醇结构类似物质对含量检测结果的影响。

2. 高效液相色谱法

高效液相色谱法（HPLC）被认为是迄今为止人类已掌握的对复杂物质分离能力最强的检测方法之一。待测复杂试样随流动相进入色谱柱后，连续多次交换分配，从而达到物质分离的目的，最后再经由检测器对各组分进行定量。常用的高效液相色谱检测器有紫外检测器（UV）、示差折光检测器（RID）及蒸发光散射检测器（ELSD）。

在已有的关于糖醇类物质的检测研究中，上述 3 种检测器均有使用。宋雨等采用反相 HPLC-ELSD 检测苦荞籽粒萌发过程中 D-手性肌醇的含量变化，结果发现籽粒萌发能够明显提高 D-手性肌醇含量。Yang 等建立了快速检测苦荞中 D-手性肌醇的 HPLC-ELSD 方法，方法最低检测限为 100 ng，可用来确定苦荞及其相关产品中 D-手性肌醇含量，为含微量 D-手性肌醇产品的鉴定和 D-手性肌醇相关产品的研发提供有效检测方法。Miyagi M 等研究了一种 HPLC-UV 方法，采用 ODS 柱在 228 nm 处同时对多种糖和糖醇化合物进行分离测定，为糖的深入研究提供强有力的技术支持。Kwang 等采用柱前衍生 HPLC-UV 方法对红细胞中的山梨醇水平进行测定，从而对糖尿病的临床评价具有重要意义。李燕平建立了 HPLC-RID 方法对茶叶中单糖和二糖进行定量，结果发现该方法加标回收率在 86.1%~103.2%，最低检测限在 0.10~0.20 g/100g 范围内，而且方法简便、分离效果好。

研究发现，以上 3 种检测器最常用的是紫外检测器，它的突出优点是检测灵敏度高、可靠性强，但糖醇类物质由于不含发光基团，样品需进行衍生。蒸发光散射检测器的特点是对样品的光学特性没有依赖性，可用来检测任何挥发性低的样品，但是与紫外检测器相比，其灵敏度不够理想，而且对流动相及其修饰剂的挥发性有要求，在实验过程中操作不方便；示差折光检测器对系统、环境的温度变化较为敏感，需准确控制，并且其易受流动相流速的影响，因此无法用于梯度洗脱程序中。

3. 气相色谱法

气相色谱法（GC）是一种分离检测繁杂样品中不同组分的精密的化学分析方法，它能够分离对映体、同分异构体等性质相似的物质。工作原理主要是依据复杂样品中不同组分之间的极性和沸点不同，以及色谱柱固定相对不同组分的吸附能力差异来实现组分分离。气相色谱法因其具有灵敏度高、分辨率好等优点被广泛应用于各个领域。

王磊采用 GC-FID 方法同时分离检测柑橘果汁中 3 种肌醇和可溶性糖，该方法可将其完全分离，且有较高的准确度和灵敏度，说明其完全能够满足柑橘类水果的品质控制和快速检测的需要。招启文等利用 GC-MS 法建立了一种检测固体运动饮料中肌醇含量的方法，样品经硅烷试剂衍生后，采用 DB-5ms 柱进行分离，该方法的可测线性范围为 0.5~200 mg/L，最低检测限为 0.1 mg/L。尽管气相色谱法分析检测灵敏度较高，分离效果好，但是对于一般的实验室而言，其检测设备费用昂贵、成本较高。此外，由于糖（醇）类物质自身挥发性较低，需将其衍生转化为挥发性物质后进行气相色谱法分析，衍生条件严苛，而且一般的待检测样品成分复杂，需进行脱脂、去除蛋白和盐类物质等繁杂的预处理过程，进而导致分析检测过程烦琐，耗时较长。

4. 离子色谱法

离子色谱（IC），作为一种能够有效鉴定和定量生物样品和食品中糖醇类物质的分析方法，具有简单快速、样品无须进行衍生、前处理简便、分离效果强等优点。其工作原理是在强碱性流动相中，呈现离子化状态的糖类化合物分子能够被带正电荷的强阴离子交换树脂分离，然后经过电导检测器对其进行定量分析。张水锋等采用梯度洗脱—离子色谱—脉冲安培检测方法对婴幼儿配方乳粉中与代谢疾病相关的 6 种糖（醇）类物质进行了定量检测；周洪斌等建立了一种离子—质谱联用（IC-MS）的方法，对来自不同国家的多种食品中的糖醇类物质含量进行了检测，结果发现此方法的精密度、准确度及灵敏度均可达到要求。然而，由于糖（醇）类物质羟基之间的 pKa 值只存在细微的差别，这使得其在糖（醇）类物质检测的应用中受到限制，只能对低分子糖（单糖、二糖以及低聚寡糖等）进行有效地分离检测，另外现阶段离子色谱在食品检测中的应用还存在一定的不足，包括易受到背景干扰从而导致检测结果的电导偏面、抑制器容易积液、色谱柱的容量低等。

5. 毛细管电泳法

毛细管电泳法（CE）是公认的可用于科学研究和工业中碳水化合物分离检测的方法，它具有高分辨率和基于电荷的分离能力，根据样品组分在窄口径毛细管柱中以带电粒子形式在高压直流电场动力的驱动下发生不同程度的迁移，从而实现物质的分离与检测。刘晓燕利用 HPCE-UV 检测法对苦荞籽粒中的 D-手性肌醇进行定量检测。Toutounji 等新建立了一种毛细管电泳法用于检测谷物早餐中碳水化合物含量，并与传统方法进行比较，结果发现毛细管电泳法简单快速，可直接用紫外检测而无须样品预处理或衍生，是一种比 DNS、高效液相色谱法和费林氏容量法更强大、更准确的碳水化合物检测方法。尽管毛细管电泳法优点较多，但与其他经典的检测方法相比，其发展起步比较晚，因此在广泛应用方面仍存在一定的缺陷。

第七章 苦荞种壳、麸皮中的营养物质

第一节 苦荞种壳中的营养物质

一、种壳及其结构

荞麦种壳即包裹在荞麦籽粒最外层的质地坚硬的果壁，是种子的重要组成部分之一，由受精后的子房壁发育而来，起到保护胚和胚乳作用。荞麦种类繁多，种壳形态特征较为丰富，不同品种的种壳形态存在较大差异。2000年赵佐成等人通过解剖镜和扫描电镜对荞麦属9个物种的籽粒形态及微形态特征进行观察，结果将籽粒形态划分成3类，其中苦荞与金荞麦籽粒呈三棱锥状，表面不光滑，无光泽，具皱纹网状纹饰；荞麦、长柄野荞麦和线叶野荞麦籽粒呈卵圆三棱锥状，表面光滑，有光泽，具条纹纹饰；硬枝野荞麦、细柄野荞麦、小野荞麦和疏穗小野荞麦籽粒呈卵圆三棱锥状，表面光滑，有光泽，具大量的瘤状颗粒和少数模糊的细条纹纹饰（图7-1）。2003年周忠泽等对荞麦属11个物种的籽粒表面进行扫描电镜观察，发现籽粒表面的纹饰可以分为3类，分别是条纹纹饰、瘤状颗粒纹饰和网状纹饰；分析还发现这3种纹饰的进化趋势依次为：条纹纹饰、瘤状颗粒纹饰、网状纹饰。

李淑久等通过对金荞麦、苦荞、甜荞及齿翅野生荞4种荞麦籽粒进行解剖学观察，结果发现荞麦种壳主要由内表皮、外表皮及表皮间厚壁组织3层细胞组成。其中甜荞的种壳由内外表皮及表皮间横斜向和纵斜向排列的厚壁组织组成。苦荞和金荞麦的果壳结构基本相同，由外表皮、内表皮及表皮间的多层横向和纵向排列的厚壁组织细胞组成。齿翅野生荞的果壳由内表皮、外表皮、一层石细胞及一层骨状石细胞组成。根据2015年《中国荞麦学》中的记载，苦荞种壳是由4层从外到内的外表皮、皮下组织、褐色组织和内表皮细胞层组成，且果壳与种子不粘连。其中外表皮由细胞壁加厚的单层细胞组成；皮下组织由3~6层细胞组成，厚度0.07~0.15 mm；褐色组织的厚度为0.05~0.08 mm；内表皮也是由单层细胞组成。苦荞果壳率是用来衡量种壳厚度的重要参数，根据种壳厚度可将苦荞分为厚壳型和薄壳型，厚壳苦荞果壳率大于20%，壳厚且坚韧不开裂，果实有明显腹沟，难脱壳成米粒，营养保健成分易丢失，外观品质变差。薄壳苦荞果壳率多在10%~20%，壳薄易开裂、果实无腹沟或不明显，易脱壳成生米，且营养保健成分保存良好，外观品质较优。

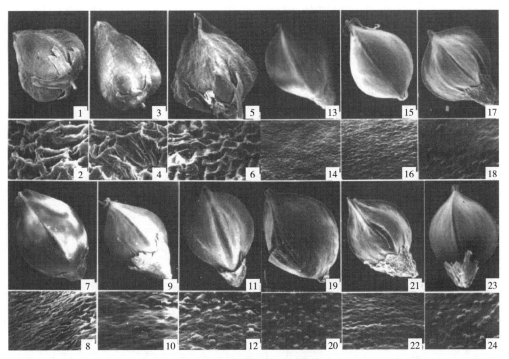

图 7-1　荞麦果实扫描电镜照片

注：苦荞麦（1~4），金荞麦（5~6），荞麦（7~8），硬枝野荞麦（9~12）；长柄野荞麦（13~14），
线叶野荞麦（15~16），细柄野荞麦（17~18），小野荞麦（19~22），疏穗小野荞麦（23~24）。

二、苦荞种壳中的营养物质

在荞麦壳的营养成分研究中，荞麦种壳的组成成分主要包含非可溶性膳食纤维，占比为30%，可溶性膳食纤维（10%）、木质素（8.7%）、单糖（5.5%）、多糖（5.61%）、蛋白质（4.3%）、脂肪（2.6%）、黄酮类化合物（1.6%~1.7%）、水分（11.3%）和灰分（2.0%）等，其中芦丁占黄酮类化合物的85%以上，荞麦壳中多糖包括大部分木糖、葡萄糖等，壳中的蛋白质也富含赖氨酸、苯丙氨酸等多种必需氨基酸，是一种营养均衡的蛋白质。2012年Dziedzic等用Van Soest法（范式洗涤纤维法）测定甜荞种壳中的纤维素、半纤维素及木质素的含量，结果显示甜荞种壳中纤维素和木质素含量相对较高，分别为35.6%和31.6%，半纤维素含量相对低，为14.40%。2013年Biel等也对甜荞壳中的化学成分进行了研究，结果发现甜荞种壳中的纤维素和半纤维素含量均较高，占比分别为36.5%和34.8%。这些结果表明荞麦种壳主要由纤维素、半纤维素和木质素组成。

不同荞麦品种种壳的营养成分存在较大的差异，2021年张晋等以20个荞麦品种为材料，对不同荞麦品种种壳的营养功能成分进行分析，结果发现各荞麦品种种壳中可溶性总糖含量存在显著差异，其中甜荞种壳中可溶性总糖分布在22.6~63.5 mg/g，而苦荞种壳中可溶性总糖分布在27~37 mg/g；各荞麦品种种壳中蛋白含量也存在显著差异，甜荞种壳蛋白含量在3.0~5.0 mg/g，苦荞种壳蛋白含量在2.5~3.5 mg/g；甜荞与苦荞种壳中平均黄酮含量差别不大，其含量分布在8.0~10.0 mg/g，另外除个别品种种壳芦丁含量较高外，大部分品种种壳芦丁含量较低，在0.023~0.316 mg/g；各荞麦品种种壳木质素含量存在显著差异，含量在21%~35%；除个别荞麦品种种壳纤维素含量差异显著，大部分品种含量差异不显著，但是苦荞含量均值大于甜荞含量均值，纤维素含量分别为47.96%和44.59%。

(一) 膳食纤维

膳食纤维的分类源于水溶性。一般来说，主要有两种类型：可溶性的和不可溶性的。可溶性膳食纤维（soluble dietary fiber，SDF）的主要来源是水果和蔬菜。相反，谷类和全谷物产品提供不可溶性膳食纤维（insoluble dietary fiber，IDF）的来源。可溶性膳食纤维是指不能溶于乙醇等有机溶剂但能够溶于水，并且胃肠道的酶也不能够将其水解，包括植物细胞壁里的内溶物、某些细胞及组织所产生的物质、通过人工手段进行化学合成的多糖，以及微生物在自身体内通过代谢途径产生的多糖，主要为果胶、瓜儿胶、琼脂、葡聚糖、CMC和黄原胶等。不可溶性膳食纤维是指不能在水中溶解且胃肠道的酶也不能够将其水解，是构成细胞壁的最重要化学大分子，主要是原果胶、纤维素、部分半纤维素和木质素等成分物质。

不可溶性膳食纤维主要包括纤维素、木质素和不溶性半纤维素等，而可溶性膳食纤维主要包括果胶、树胶和可溶性半纤维素等。不可溶性膳食纤维占天然纤维的60%~80%，由于其多孔性和代谢惰性，可以增加粪便体积，减少肠道转运，并抑制胰脂肪酶活性。研究表明，与不可溶性膳食纤维相比，可溶性膳食纤维表现出更优越的功能活性，在降低血糖、血浆胆固醇、心血管病和预防结肠癌、直肠癌风险方面起着重要的作用，并且由于其可溶性而具有更大的提供黏度的能力。

在苦荞种壳中膳食纤维占比较大，达到了40%左右，其中可溶性膳食纤维占比10%，不可溶性膳食纤维占比30%。个别荞麦品种种壳纤维素含量差异显著（$P<0.05$），大部分品种含量差异不显著。张晋等实验发现，苦荞含量均值大于甜荞含量均值，苦荞均值为47.96%，甜荞含量均值为44.59%。甜荞品种中信农1号、定甜2号、北旱生等前6个品种含量没有显著性差异，甜荞中宣威甜荞含量最低，为38.48%。苦荞品种中，苦刺荞含量最高，为52.59%，米荞1号含量最低，为38.61%。

膳食纤维是高聚合度大分子的碳水化合物，具备优良的生理功能特性，具体如下。

1. 预防肠道疾病

膳食纤维不仅能够促进肠道内有益菌的增殖，还能抑制有害菌的生长，对人体肠道健康发挥着不可替代的作用。人体虽然不能直接消化膳食纤维来获得能量，但是肠道微生物可以把膳食纤维作为发酵底物，对其进行降解利用。研究表明，一些益生菌，如乳酸菌会将膳食纤维作为发酵底物进行部分或者全部分解，而大肠杆菌对膳食纤维利用率极低，因而膳食纤维是有选择性地促进肠道微生物的生长和增殖。并且，膳食纤维的摄入会对肠道微生物的组成和结构产生有益影响，主要是降低结肠内 pH 值，抑制致病菌增殖，提高总短链脂肪酸水平，营造健康的肠道生态环境，从而有效预防肠道疾病。

2. 预防肥胖症

膳食纤维摄入后不仅可以形成黏度较高的凝胶，吸水后膨胀，增加人体的饱腹感，减少食物和能量的摄入，还可以延缓胃排空速率，从而达到调节体重、预防肥胖的作用。研究证明膳食纤维在降低腹部脂肪方面有极佳的作用，能显著降低体重、腰臀比和体脂，其潜在的机制可能是通过延缓胆囊收缩素的增加，进而延长饱腹时间。

3. 预防心血管疾病

心血管病的发生主要来源于胆固醇水平的异常，而膳食纤维的摄入能够直接或间接地调节胆固醇水平，降低血脂。研究表明其降血脂机理主要是：胆汁酸和胆固醇等物质被膳食纤维吸附，其被淋巴吸收利用的时间被延缓，粪便的排出被加快，导致胆固醇的排出也加快，肠道胆固醇的重吸收减少，进而下调了肝脏和血清中的胆固醇水平，起到降血脂、预防心血管疾病的功效。

4. 预防和控制糖尿病

富含膳食纤维的饮食，已被证明在延缓和控制糖尿病的发病方面是有效的。有研究发现膳食纤维摄入量与糖尿病风险之间存在反向交互作用。与此同时，一些针对糖尿病人群的随机对照试验表明，摄入膳食纤维可以有效降低胰岛素抵抗和高血糖。这主要与膳食纤维的吸附作用有关，膳食纤维可以抑制葡萄糖的扩散，减少机体对葡萄糖的吸收，提高机体对胰岛素敏感性，降低胰岛素抵抗，进而调节人体的血糖水平。近年来，膳食纤维、肠道微生物、总短链脂肪酸和糖尿病之间的相关性研究越来越多，研究表明肠道微生物能够利用膳食纤维来发酵产生总短链脂肪酸，从而调节血糖和能量内稳态，为膳食纤维改善糖尿病提供了理论依据。

（二）木质素

木质素是由苯丙烷单元通过碳—碳键和醚键连接而成的无定形聚合物，是植物界中储量仅次于纤维素的第二大生物质资源，具有非晶态无序结构，苯丙烷是其基本结构单元，其源于 3 种芳香醇前体，分别是 β-香豆醇、松柏醇和芥子醇，分别对应 3 类木质素（图 7-2）：即对羟苯基木质素、愈创木基木质素和紫丁香基木质素。

主要分布在蕨类植物、裸子植物、被子植物的输导组织、机械组织和保护组织中，是自然界中来源最广泛的芳香类多聚物，具有储量丰富、可再生等优点。增加植物体木质素含量，会增强植物的抗倒伏能力，同样茎秆的机械强度也能够得到提高。相反，植物木质素含量减少，容易出现倒伏现象。在水稻、小麦和玉米等禾本科植物研究中发现：木质素含量与木质素合成相关酶活性、植株机械组织细胞层数、维管束面积都呈正相关。

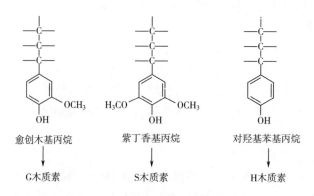

愈创木基丙烷 → G木质素

紫丁香基丙烷 → S木质素

对羟基苯基丙烷 → H木质素

图 7-2　木质素的 3 种基本结构单元

木质素在苦荞种壳中占比约 8.7%，且各荞麦品种种壳木质素含量存在显著差异，含量在 21% ~ 35%。甜荞含量均值比苦荞含量均值高，甜荞含量均值为 30.55%，苦荞含量均值为 27.90%。其中甜荞品种中通渭红花含量最高，为 33.59%；宁荞 1 号含量最低，为 27.74%。苦荞品种中，米荞 1 号含量最高，为 34.59%；苦刺荞含量最低，为 21.88%。

木质素代谢与植物抗性、耐旱、耐盐、耐热、耐冷等逆境有一定的相关性。木质素具有以下生理功能：

1. 木质素生物合成和生物胁迫相关性

在被褐飞虱侵染的抗虫水稻品种中，与木质素生物合成相关的 PAL、C4H 和抗病性相关的 *PR9* 基因表达水平显著上调，揭示了它们可能协同参与抗虫性水稻木质素生物合成的调节。昆虫特异性毒素 LqhIT2 提高了茉莉酸介导的木质素含量，提高了卷心虫对水稻的抗性。综上所述，木质素可以直接或通过相关激素信号途径作为屏障来提高植物的抗虫性。当植物被病原菌侵染的时候，细胞壁会积累大量的木质素。在玉米中，*ZmCCoAOMT2* 基因与多种病原菌的抗性有关，可能参与木质素及多种苯丙烷代谢产物的合成、细胞程序性死亡的调节。

2. 木质素生物合成和非生物胁迫相关性

研究表明，镉元素处理抑制了大豆根系生长，增加了木质素的含量，POD 和

LAC 活性增强，与木质素生物合成相关的 *POD* 基因表达上调。木质素的生物合成也与植物对重金属的吸收、运输和耐受性密切相关。铜胁迫诱导的过氧化氢（H_2O_2）参与调节水稻幼苗木质素单体聚合和木质素积累，这一过程可能影响铜从根到地上部的运输。高温导致蛋白质、核酸等生物大分子损伤，加剧膜脂过氧化，扰乱植物正常代谢。在常温（22℃）下，紫花苜蓿 cad1 突变体的木质素含量显著低于野生型，且野生型和突变体之间的生长差异不显著。

木质素具有极性磺酸基团和非极性芳香环侧链，使其具有极强的亲水性和极强的亲脂性，是用于制造添加剂、分散剂、黏合剂和表面活性剂等高附加值产品的良好材料，可有效地解决生物质资源的浪费问题和在能源、环保、医疗等领域利用率低、材料成本高、效果差等诸多难题。木质素作为一种重要的高分子量芳香族化合物，被认为是一种重要可再生资源，具有芳香族化合物通用特性，是黏合剂和可塑剂的重要材料。除此之外，在橡胶工业中，木质素可以替代氯化钠提高橡胶的品质。另外，芳香族化合物较其他化合物更容易降解，可以作为填充剂用于解决目前存在的环境污染等问题。近期相关研究表明，木质素和它的衍生产物可以对某些疾病起到防治作用，有益于人体健康。

（三）黄酮类化合物

苦荞麦的花、叶、茎、籽粒、壳中均含有一定量的黄酮类化合物，其中花中的黄酮类化合物含量最高，平均值为 7.4%；叶中含量次之，平均值为 5.3%；茎中的含量较低，平均值为 1.0%。据唐宇、赵刚对 28 个苦荞品种籽粒黄酮含量的测定结果，含量最高的为 2.91%，最低的为 1.07%，另外也有报道荞麦壳中的黄酮类化合物是其籽粒中黄酮含量的 3.4 倍。

黄酮类化合物主要指基本结构为 2-苯基色原酮类化合物。近年来的研究表明，黄酮类化合物具有降血脂、降血糖、增强人体免疫力的功能，并对糖尿病、高血压、冠心病、中风等疾病有辅助疗效。黄酮类化合物还是一种天然抗氧化剂，具有清除人体中超氧离子自由基、抗衰老作用，并且有研究证实食用黄酮类化合物与降低癌症率有关。据报道，黄酮类化合物还有如下功能：具有金属螯合物的能力，可影响酶与膜的活性；对抗坏血酸具有增效作用；具有抑制细菌和抗生素的作用，这种作用使普通食物抵抗传染病的能力相当高；在两方面具有抗癌作用，一是对恶性细胞抑制（即停止或抑制恶性细胞的增长），二是从生化方面保护细胞免受致癌物的损害。

苦荞壳中含有的黄酮类物质有芦丁、槲皮素、杜荆碱、异杜荆碱等。我国古代对苦荞麦功能的记载，都是苦荞麦综合作用的体现，现代医学研究证明黄酮类化合物中的各组分单独存在时，也具有生理活性。苦荞壳中富含芦丁，占总黄酮的 70%～90%。现代医学证明，芦丁具有多方面的生理活性，它能维持毛细血管的抵抗力，抑制异常的毛细血管通透性增加，降低血管的脆性，促进细胞增生和防止血细胞的凝结；还具有抗感染、抗突变、抗肿瘤、抗过敏、利尿、镇咳、降血脂、平滑松弛肌肉等方面的作用。可用来防治毛细血管脆性引起的脑出血、肺出血、出血性肾炎、胃炎、胃溃疡、牙龈出血等。也有研究表明，芦丁能抑制苯并芘对小鼠皮肤的致癌作用。研究表明，槲皮素能抑制细胞膜脂质的过氧化过程，保护细胞膜不受过氧化作用的破坏；能明显抑制血小板聚集，选择性地与血管壁上的血栓结合，起到抗血栓形成的作用；在每升毫摩尔的浓度下直接阻滞癌细胞的增殖，起到抗肿瘤的作用；对一些致癌物有拮抗作用，可抑制黄曲霉素 B_1 与 DNA 加合物的形成。此外，还具有祛痰、止咳、平喘、降低血压、降低血脂、扩张冠状动脉、增强冠脉血流量的作用。

三、苦荞种壳的生理功能

在功效作用研究中，林春红等发现荞麦壳有抗氧化活性，且抗氧化活性与黄酮类化合物含量呈正相关，但荞麦壳中除黄酮类化合物外还有其他抗氧化物质，如荞麦壳的原花青素也具有良好的生理活性，对 DPPH 自由基清除率可达 92%，苦荞壳中的原花青素对于引起龋齿的变形链球菌的有较好抑菌作用，能达到预防龋齿的效果，壳中的半纤维素还具有一定的免疫活性。此外，在荞麦壳的利用上，目前大多被研发成各式各样的荞麦壳枕头，有活血通络、镇静安神、益智醒脑功效，可预防毛细管脆弱所诱发的出血症，对糖尿病、高血压、偏头痛、失眠多梦有预防作用等。

第二节　苦荞麸皮中的营养物质

苦荞麸皮是苦荞加工中得到的副产物，是苦荞麦皮和一定数量的胚乳与麦胚组成的混合物，占苦荞麦总重的 23%~27%。苦荞麸中含有丰富的蛋白质、脂肪、膳食纤维、维生素 B_1、维生素 B_2、维生素 E 和矿物质，以及低聚糖、酶类（淀粉酶、植酸酶、羧肽酶、脂酶）与酚类化合物等成分。Bonafaccia 等将苦荞和甜荞进行粉碎，苦荞籽粒磨粉后各组分含量为面粉 55.4%、麸皮 4.2%、外壳 17.4%、损耗 3.0%。此外，苦荞麸中富集了功能物质和多种营养素，其中总黄酮含量为苦荞粉 4.86 倍，主要包括芦丁、槲皮素等活性成分；苦荞麸中粗脂肪含量约 7.35%，是苦荞粉的 3 倍，其中含有 9 种脂肪酸，油酸和亚油酸占 80% 左右；膳食纤维含量高达 25.97%；麸皮中总灰分为 4.97%，分别是苦荞粉的 3.97 倍和 2.76 倍，其中 Zn 含量高达 78 mg/kg。

荞麦粉中的粗蛋白和淀粉的含量在麸粉、芯粉、全粉中有较大差别。荞麦麸粉粗蛋白含量最高，荞麦全粉次之，荞麦芯粉含量最小，而荞麦芯粉和荞麦麸皮粉的淀粉含量与蛋白质相反。除荞麦芯粉外，荞麦粉的灰分含量高于小麦粉，苦荞麸粉最高。荞麦粉中的粗纤维含量一般高于小麦粉，荞麦麸粉的粗纤维含量比荞麦芯粉的含量高。荞麦粉的持水力比小麦粉好，苦荞麸粉的持水力最好。苦荞粉中具有独特的生物活性物质——芦丁，这是小麦粉所不具有的，因此荞麦粉的营养价值较高，但是其口感较差，需要和小麦粉搭配食用。

一、多酚物质的功能特性

植物多酚具有很强的自由基清除能力，可通过抑制氧化酶和络合过渡金属离子起到抗氧化作用，降低与人类出血性疾病和高血压有关的血管脆弱性疾病，是植物性食物发挥保健功能性的物质基础。苦荞麸皮中的多酚类物质主要以芦丁为主，芦丁具有软化血管、降低血糖浓度、增加抗氧化活性、增加抗脂质过氧化作用。据报道，除苦荞外，芦丁不存在于任何一种谷物中。由于苦荞被认为是芦丁的主要膳食来源，它作为一种潜在的功能性食品被受到越来越多的关注。

二、蛋白质的功能特性

苦荞中的蛋白质主要位于麸皮和胚芽中，其蛋白主要由白蛋白、球蛋白、清蛋白和醇溶蛋白组成。此外，苦荞麸皮蛋白氨基酸含量丰富，种类齐全，配比适宜。苦荞蛋白中含有人体必需的8种氨基酸，特别是富含其他谷物限制性氨基酸——赖氨酸，其组成模式符合FAO/WHO推荐标准，具有较高的生物价值，是高蛋白质的食品原料。其富含维持老年人和婴幼儿正常生理功能所必需的精氨酸和组氨酸，以及其他谷物限制性氨基酸——赖氨酸。研究表明，苦荞麦蛋白质具有降低血液与肝脏胆固醇，抑制脂肪积累，抑制大肠癌和胆结石，改善便秘及抗衰老等作用。

苦荞麦蛋白可广泛应用在食品中，做预防高血脂、高尿糖、高血糖等保健食品的添加剂。对荞麦蛋白质降胆固醇机理的研究结果表明，荞麦蛋白质有较低的消化率，具有膳食纤维的作用。低消化率的荞麦蛋白质对人类健康有利，荞麦蛋白对仓鼠血浆胆固醇、胆囊胆汁组成和粪便中类固醇排泄量产生影响，可显著抑制胆结石形成。日本一专利将碱提法分离得到的荞麦蛋白质喂有胆结石的小鼠，也发现其具有独特的减少胆结石的作用。发现荞麦蛋白可以通过降低血清雌二醇而阻止乳腺癌的发生。并且对正常健康的大白鼠饲喂荞麦蛋白、大豆蛋白和酪蛋白的结果表明，荞麦蛋白组脂肪组织的重量最低，预示了其对脂肪蓄积的良好抑制作用。近年来，苦荞麸皮中的蛋白因具有抗消化、降低血液胆固醇、抑制体内脂肪聚集、抑制大肠癌及乳腺癌、抗衰老等功效而受到众多研究者的追捧。

三、碳水化合物的功能特性

苦荞麸皮中的碳水化合物主要包括淀粉和膳食纤维，苦荞麸皮中的淀粉分为快消化淀粉、慢消化淀粉和抗性淀粉。苦荞麸皮中的淀粉主要是支链淀粉，它可延缓餐后血糖的升高，降低机体血液中的胆固醇和甘油三酯的含量，对胃黏膜起到屏障保护作用。荞麦中的淀粉具有独特的理化特性：具有高的峰黏度、热黏度和最终的冷黏度，荞麦淀粉黏度远高于谷类淀粉，和根茎类淀粉相近，荞麦淀粉黏度曲线与豆类淀粉相似；具有高的结晶度、高消化性及较高的持水能力；淀粉糊的老化速率小于玉米淀粉和小麦淀粉；具有较低的脱水收缩性，较好的冻融稳定性；荞麦淀粉的凝胶强度高于小麦淀粉；高温水蒸气处理荞麦时，荞麦淀粉的化学组成、特性及结构均有明显变化，反复蒸煮和冷却可加速抗性淀粉的形成。

苦荞麦淀粉由于含黄酮，可阻碍淀粉酶对其分解，是作为阻抗性淀粉变性的优质原料。据研究在蒸煮和冷冻干燥的荞麦种子中，80%的总淀粉为可快速利用的能量，6%的淀粉降解要慢些，14%的淀粉可能成为结肠厌氧菌的能源，特别是在重复高压、灭菌与冷却中，可加速抗性淀粉的形成，荞麦淀粉具有葡萄糖缓慢释放和相对高的抗性淀粉特性。抗性淀粉不能完全在小肠内消化和吸收，不易使血糖升高和胰岛素分泌，因而适合糖尿病患者和肥胖人群食用，并且抗性淀粉在大肠内发酵，可阻止结肠癌发生，能够降低血浆总胆固醇和甘油三酯的含量。研究表明，荞麦中的淀粉对老鼠血清和胆结石的生成也有影响。

苦荞麸皮粉中含有膳食纤维 3.4%~5.2%，其中可溶性膳食纤维占膳食纤维总量的 20%~30%，高于玉米粉可溶性膳食纤维（8%）。膳食纤维的一些独特的物化性质使其具有许多特殊的生理功能。膳食纤维的持水性可以增加人体排便的体积与速度，减轻直肠内压力，同时也减轻了泌尿系统的压力，从而缓解了诸如膀胱炎、膀胱结石和肾结石这类泌尿系统疾病的症状，并能使毒物迅速排出体外。对阳离子有结合能力，使膳食纤维对重金属阳离子有一定的吸附作用。膳食纤维可以吸附脂肪，而高脂肪食品会损害人体健康。膳食纤维的摄入量和脂肪的摄入量密切相关。膳食纤维可以螯合吸附胆固醇和胆汁酸之类有机分子，从而抑制了人体对它们的吸收，这是膳食纤维能够影响体内胆固醇类物质代谢的重要原因。同时，膳食纤维还能吸附肠道内的有毒物质（内源性有毒物）、化学药品和有毒医药品（外源性有毒物）等，并促进它们排出体外。膳食纤维的容积作用，易引起饱腹感。同时，由于膳食纤维的存在，影响了机体对食物其他成分（可利用碳水化合物等）的消化吸收，使人不易产生饥饿感。为此，膳食纤维对预防肥胖症大有益处。肠道系统中流动的肠液和寄生菌群对食物的蠕动和消化有重要作用。肠道内膳食纤维含量多时，会诱导出大量好气菌群来代替原来存在的厌气菌群。这些好气菌很少产生致癌物，而厌气菌通常更易产生致癌性毒物。即使有这些毒物产生，也能快速地随膳食纤维排出体外，这是膳食纤维能预防结肠癌的重要原因之一。由于膳食纤维本身不被胃肠道所消化，故增加膳食纤维的供给量有利于缩短肠内食物残渣，其中包括致癌毒性物质通过肠腔的时间，从而减少致癌物质对肠壁的作用时间。此外，从米糠、麦麸中提取的膳食纤维还具有一定的抗氧化能力。研究者对以苦荞麦为主食的地区进行调查，发现食用苦荞麦具有降低血清胆固醇及 LDL 胆固醇作用，经过进一步研究推断苦荞麦膳食纤维是其具有此作用的重要成分之一。苦荞麸皮中的膳食纤维还具有促进肠道蠕动、降低血脂、预防肥胖及清除体内毒素的作用。

四、矿物质与维生素的功能特性

苦荞中含有丰富的矿质元素，这些矿质元素主要集中在苦荞种子的麸皮和壳中。苦荞麦含有钙、磷、铁、铜、锌、硒、硼、碘、铬、镍、钴等多种有益人体健康的矿质元素。苦荞中镁为小麦面粉的 4.4 倍、大米的 3.3 倍，镁元素具有参与人体细胞能量转换，调节心肌活动并促进人体纤维蛋白溶解，抑制凝血酶生成，降低血清胆固醇，预防动脉硬化、高血压、心脏病的作用。苦荞中钾为小麦面粉的 2 倍、大米的 2.3 倍、玉米粉的 1.5 倍，钾元素是维持体内水分平衡、酸碱平衡和渗透压的重要阳离子。苦荞中的钙是天然钙，含量高达 0.724%，是大米的 80 倍，食品中添加苦荞粉能增加含钙量。苦荞中铁元素十分充足，含量为其他大宗粮食的 2~5 倍，能充分保证人体制造血红素对铁元素的需要，防止缺铁性贫血的发生，提高人体的造血功能，增强机体的免疫力。苦荞中还含有硒元素，硒有抗氧化和调节免疫功能，使用苦荞麦粉有助于排出体内的有毒物质。苦荞麦中的 Cr^{3+} 的含量也较为丰富，是构成葡萄糖耐量因子的重要活性物质。葡萄糖耐量因子可以增强胰岛素功能，降低血糖。这些矿物质除了可以预防动脉硬化、心肌梗塞，还有降高血压、舒缓神经系统、提高机体免疫力和抵抗衰老等作用。

此外，苦荞麸皮中富含多种维生素：维生素 B_1、维生素 B_2、维生素 B_6、维生素 B_3，其中 B 族维生素含量丰富。维生素 B_1 和维生素 B_3 显著高于大米，维生素 B_2 也高于小麦面粉、大米和玉米粉 1~4 倍，有促进生长、增进消化、预防炎症的作用，苦荞的维生素 B_6 约为 0.02 mg/g。维生素 B_1 能维持糖代谢、神经传导及消化正常进行，如果每天摄入 200 g 苦荞粉，就可以满足人体对维生素 B_1 的需求；维生素 B_2 参与机体的氧化还原过程，促进人体的生长发育；100 g 苦荞麦麸皮中大约含有 0.61 g 维生素 B_6，最近研究表明，血浆同型半胱氨酸（Hcy）水平增高可引发动脉损伤，补充维生素 B_6 可降低血浆半胱氨酸浓度，减轻动脉损伤程度。而芦丁、维生素 C 和叶绿素更是其特有成分，对心脏病、动脉硬化等老年性疾病有一定的预防和治疗效果。

五、脂肪的功能特性

苦荞脂肪含量较高，为 2.1%~2.8%，其组分中含 9 种脂肪酸，其中最多为高度稳定、抗氧化的不饱和脂肪酸、油酸和亚油酸。另外在苦荞中还含有硬脂酸、肉豆蔻酸和未知酸。丰富的亚油酸在人体内合成花生四烯酸，是合成前列腺素和脑神经的重要成分，能降低血脂，改变胆固醇中脂肪酸的类型，促进酶的催化，γ-亚油酸还有助于治疗糖尿病。

从苦荞胚粉中自制苦荞胚油，研究表明苦荞胚油中含不饱和脂肪酸 83.2%，其中油酸 47.1%、亚油酸 36.1%，苦荞油中不皂化物占总脂肪含量的 6.56%，其中含 β-谷甾醇、β-生育酚等降脂和抗氧化成分。苦荞胚油有预防和治疗脂质代谢紊乱、保护肝脏和动脉粥样硬化的功能作用，能明显地调节实验动物血脂和肝脂代谢，降低血清，且可抑制血清和肝组织中脂质过氧化发生，具有良好的抗脂肪肝效果。

六、生物类黄酮的功能特性

由于在生长过程中受到低温、干旱、强紫外光等环境因素的胁迫，荞麦中的主要活性物质——类黄酮化合物含量尤为丰富，据报道苦荞中芦丁含量在已知的植物中仅次于槐米，居第二位，同时是甜荞的 9~300 倍。

苦荞中的生物类黄酮主要是芦丁、槲皮素-3-葡萄糖芸香糖苷、山奈酸、芸香糖苷、槲皮素等，其中芦丁约占总量的 85%。研究证明芦丁具有抗感染、抗突变、抗肿瘤、平滑松弛肌肉和可作为雌性激素束缚受体等作用。苦荞多酚具有消除 O^{2-}、·OH、DPPH 三种自由基的能力，特别是芦丁、槲皮素对消除 DPPH 较强；苦荞麦多酚对亚油酸体系中的抗氧化效果较好；苦荞多酚还具有降低脑内脂质过氧化物（LPO），使尿毒症毒素肌酸酐水平下降，抑制血糖值和总胆固醇，以及使蛋白激酶（PKC）活性上升的作用。据医学研究证明，芦丁能促进人体胰岛素的分泌，并有软化血管、改善微循环和降低血管脆性的作用，苦荞麦生物类黄酮能够促进胰岛细胞恢复，降低血糖和血清胆固醇，对抗肾上腺素的升血糖作用，同时还能够抑制醛糖还原酶，因此可以治疗糖尿病及其并发症。苦荞麦生物类黄酮中的槲皮素等能降低甘油三酯、总胆固醇，减少动脉粥样硬化指数，同时有抑菌和抗病毒作用。

第八章　苦荞产品

荞麦不仅营养丰富，还具有药用价值和保健作用。随着荞麦基础研究的不断深入，人们逐渐认识到荞麦特殊的营养价值和保健功效，市场需求不断扩大。一方面，企业和科研团队需不断克服荞麦粉颗粒较粗、口感差、不易消化的产品制约，努力开发营养全面、适口性好、功能性强的新型配方产品，推出更多广泛被市场接受的消费形态产品，以主食品、早餐食品、休闲食品、方便食品等多种形式出现在大众生活中。另一方面，科研工作者更有兴趣致力于深度挖掘荞麦的功效成分，并应用于产品开发。因此，以荞麦为主原料加工而成的产品也是多种多样，有主食类，如荞麦面粉、荞麦米、荞麦米糊、荞麦挂面和荞麦方便面；也有很多休闲类食品，如荞麦饼干、荞麦粥、荞麦蛋糕、荞麦茶等；还有其他种类的相关产品，如荞麦醋、荞麦酒、荞麦酸奶、荞麦酱油等。

第一节　苦荞面制品

一、苦荞曲奇饼干

曲奇饼干是以糖、低筋蛋糕粉、黄油和鸡蛋作为基础配方，再根据实际情况添加适宜的辅料，经烘焙而成的具有多种形状和花纹的饼干产品。口感酥松、甜而不腻的特点使其深受广大消费者的喜爱。但是传统的曲奇饼干往往有高油、高糖的问题，大量摄入易引起肥胖、糖尿病等代谢疾病。加入膳食纤维，既可以保留曲奇饼干的感官品质，又可提高其营养价值，降低引起代谢性疾病发生的几率，可在基础配方的基础上添加富含膳食纤维的辅料，如南瓜、苹果渣等。或采用部分代替蛋糕粉的方法，常见的添加辅料有燕麦粉、荞麦粉、莲子粉等。

（一）配料

低筋粉 65 g、苦荞粉 33 g、苦荞芽苗粉 2 g、黄油 45 g、糖霜 17.5 g、白砂糖 2.5 g、鸡蛋 25 g、全脂奶粉 6 g、食盐 0.3 g、复配膨松剂 0.2 g。

（二）工艺流程（图8-1）

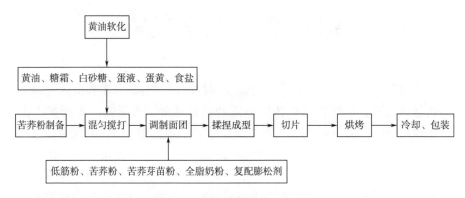

图 8-1　苦荞曲奇饼干工艺流程

（三）流程说明

1. 苦荞粉制备

将四川凉州生苦荞放于粉碎机进行粉碎处理，成较细粉状，过100目筛备用。

2. 混匀搅打

将事先称好的糖霜、白砂糖、蛋液、蛋黄、食盐与软化的黄油搅拌混匀，备用。从冰箱中取出黄油切成小块放于不锈钢盆中，汽浴软化（注意不要过度将黄油软化成为液体）。打发至体积略有膨胀时加入称好的白砂糖继续打发，直到空气充分混入，混合物颜色发白且较为细腻即可。此时分两次加入蛋黄和全蛋液，用打蛋器使其充分混匀。

3. 调制面团

加入混匀后的低筋粉、苦荞粉、苦荞芽苗粉、全脂奶粉、复配膨松剂，用手将其与上述混合物混合均匀。

4. 揉捏成型

此时，面团逐渐成型，且随着揉捏时间的增加，面团开始呈现光滑细腻的状态。但不可揉捏过度，以防破坏饼干的酥性结构。在 U 型饼干模具中铺一层保鲜膜，将面块均匀填充于模具中，然后置于冰箱冷冻约 40 min 后取出（利于后续切片操作）。

5. 切片

将冷冻后的面块放于案板上，切成 5 mm 厚的均匀块状物，并平铺在烤盘上。

6. 焙烤

将饼干放入烤箱，设置参数，使焙烤温度为 160℃，热风循环温度为 150℃，焙烤时间为 7 min。

7. 冷却、包装

焙烤后的饼干应放在烤盘上冷却，然后装进一次性塑料杯并覆上保鲜膜。

综合考虑得到苦荞曲奇饼干的最优配方为：低筋粉 65 g、苦荞粉 33 g、苦荞芽苗粉 2 g、黄油 45 g、糖霜 17.5 g、白砂糖 2.5 g、鸡蛋 25 g、全脂奶粉 6 g、食盐 0.3 g、复配膨松剂 0.2 g。在此条件下制作出的曲奇色泽金黄、甜而不腻、口感酥松且具有较低的脂质氧化程度。最佳工艺条件为：160℃下烘烤 7 min。在此条件下烘烤的饼干，外形美观、口感酥脆，苦荞风味突出既具有十足的奶香味，同时又兼具营养保健功效，并且达到了延长货架期的效果。

（四）主要影响因素

1. 配料

随着黄油添加量的增加，饼干香味越来越浓郁，但黄油添加量较高时，面团较软，易粘盆，且有出油现象。而黄油较少时面团又较硬，不利于成型，成品破裂严重、不美观。随着黄油添加量的增加，饼干的硬度值显著降低。这可能是由于黄油影响蛋白质和淀粉的连续性结构，降低了饼干韧性，进而降低了曲奇饼干的硬度。

可添加适量油脂能使饼干内部结构疏松、细腻，外观平滑有光泽，口感松脆。添加量过多会导致面团瘫软，甚至松散难以成型；若添加量过少会造成饼干变形，口感脆硬，咀嚼费力，表面干燥无光泽。

糖在饼干生产中不但能起到甜味剂的作用，而且也参与美拉德反应和焦糖化反应，形成饼干固有的色、香、味，同时，由于糖的天然抗氧化作用，可延缓油脂氧化酸败的时间，从而延长保质期。但是糖添加量过多，会增加腻感，并且颜色过深，影响视觉感受，降低感官评分。随着白砂糖添加量的增加，曲奇饼干的硬度显著上升。这是因为随着添加量的增加，未溶解的白砂糖逐渐增加，在焙烤过程中，未溶解的白砂糖逐渐融化，导致面团扩散，冷却后会形成非结晶玻璃态，使饼干变酥脆，最终导致饼干硬度的增加。

当不添加全蛋液时，饼干面团特别干，成型有很大困难，且烘烤后饼干口感也较干。而随着全蛋液的过度添加，面团发黏，既浪费原料也不利于器具的清理。因此，添加蛋黄可显著降低曲奇饼干的硬度，且随着全蛋液添加量的增加，饼干的硬度逐渐降低。

2. 原料

由于苦荞粉中不含谷蛋白，无法形成面筋网络，因此苦荞粉的添加会降低面团的吸水能力，使饼干硬度显著降低。所以当苦荞粉添加量过多时，虽然饼干保健功能加强，但其表面龟裂现象较为严重，奶香味逐渐淡去，有明显的颗粒感，且色泽逐渐趋于苦荞色，失去饼干应有的浅黄色。

面团调制是饼干生产中关键性的工序。酥性饼干和韧性饼干的生产工艺不同，调制面团的方法也不同。酥性饼干的酥性面团是采用冷粉酥性操作法，韧性饼干的韧性面团是采用热粉韧性操作法。

酥性饼干的酥性面团是在蛋白质水化条件下调制的面团。酥性面团配料中油、糖含量高于韧性面团，酥性面团的水分含量低、温度低、搅拌的时间短，这些条件都能抑制面筋的形成，从而调制成有一定结合力、可塑性强的酥性面团。调制酥性面团要求严格控制加水量和面团温度、搅拌时间等。如果水量稍多于配料比、温度高于控制要求、搅拌时间稍长等都能破坏酥性面团的结构。

3. 焙烤

烘焙作用是使饼干降低水分并熟化，赋予饼干特殊的香味和颜色。焙烤时间过短，饼坯结构中的水分不能脱除完全，饼干没有完全熟化，内部组织不均匀；焙烤时间过长，样品会发焦发硬，呈现黑褐色，均会影响质构和感官品质。

焙烤温度对产品质量影响很大。温度过高时，烤箱内过高的温度使样品色泽过深，甚至会出现外焦内软的现象；焙烤温度过低时，饼坯进入烤箱后表面水分散发较慢，不能快速凝固，使曲奇中的油脂流动性变大，曲奇发生瘫软的现象。

4. 冷却

饼干烘烤完毕，其表面层与中心部的温度差很大，外温高，内温低，温度散发迟缓。为了防止饼干的破裂与外形收缩，必须冷却后再包装。

烘烤完毕的饼干，出炉温度一般在 100℃ 以上，水分含量也稍高于冷却后成品的水分含量。刚出炉的饼干质地较软，在冷却过程中，饼干内部的温度继续下降，饼干内部水分也随之蒸发，渐渐地达到内外一致。如果饼干出炉后不经冷却，在余热未放出前立即进行包装，不仅饼干水分不易蒸发，饼干内的油脂也易氧化酸败，饼干容易发生霉变而不能食用。

在春、夏、秋季节中，可采用自然冷却法。如果加速冷却，可以使用吹风，但空气的流速不宜超过 2.5 m/s。如果冷却速度过快，水分蒸发过快，易产生破裂现象。冷却最适宜的温度是 30~40℃，室内相对湿度是 70%~80%。

（五）产品标准

1. 感观指标质量要求

（1）色泽：表面呈黄绿色、棕黄色，色泽基本均匀，花纹与饼体边缘允许有较深的颜色，不得有过焦、过白现象。

（2）滋味和口感：有明显的奶香味，无异味，口感酥松。

（3）形态：外形完整，花纹清楚，同一造型大小基本均匀，饼体摊散适度，无连边。

（4）组织：断面结构呈细密的多孔状，无较大空洞。

2. 理化指标

（1）干燥失重：≤4.0%。

（2）碱度（以碳酸钠计）：≤0.3%。

（3）脂肪：≥16.0%。

3. 卫生指标

（1）菌落总数：≤10000 CFU/g。

（2）大肠菌群：≤30 MPN/mL。

（3）致病菌（系肠道致病性及致病性球菌）：不得检出。

（4）杂质：正常视力无可见杂质。

二、苦荞鱼面

鱼面在我国有着悠久的历史，是民间大型活动时的传统食品。鱼面最初是用黄鱼或者马鲛鱼为主料，摒弃鲜鱼的刺皮，将鱼肉剁成泥酱状（即鱼糜），再添加一定比例的淀粉（或小麦粉）、食盐，混合后加工制成的一种面食。鱼面富含人体所需蛋白质、钙等多种微量元素，食用方法多样，可进行煮制、烹炒和油炸等，因其风味独特而深受广大消费者的喜爱。

（一）配料

新鲜白鲢鱼（去骨、去皮）100 g、面粉400 g、苦荞麦粉125 g、盐28 g。

（二）工艺流程（图8-2）

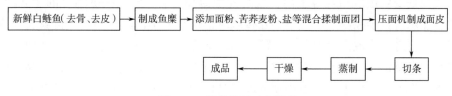

图8-2 苦荞鱼面工艺流程

（三）流程说明

1. 制成鱼糜

挑选鲜活白鲢鱼去头、去皮、去内脏，切成鱼片并用冰水清洗。将鱼肉片捣碎制成鱼糜，将鱼头、鱼骨刺等加10倍的水熬煮30 min，过滤，制成鱼汤，然后分别分装冻结。需要时提前称取解冻。

2. 添加面粉、苦荞麦粉、盐等混合揉制面团

将鱼糜、鱼汤、面粉、苦荞麦粉、糖、食盐、味精、起酥油等其他添加物混匀后，加水和面，形成均匀、干湿适中的面团。和面时间10~15 min，和面温度25~30℃。将和好的面团在25~30℃条件下熟化10~15 min，使面团充分吸水，形成良

好的面筋网络结构。熟化时要用保鲜袋盖住面团，防止面团内水分过度蒸发。

3. 压面机制成面皮和切条

将熟化好的面团用小型压面机压成 1~1.2 mm 厚的光滑薄片，然后切成光滑、无并条、波纹整齐、长短适宜的面条。

4. 蒸制

将成型的面条用蒸煮锅蒸煮，蒸煮时间为 30 min。

5. 干燥

蒸煮后的面条放入烘箱中进行干燥。使面条含水量降至 10%~12%，冷却至室温后密封包装。

最佳配方为鱼面比 1:4、食盐添加量 0.45%、苦荞粉添加量 20%。在此配方下制成的苦荞鱼面的断条率为 0%，蒸煮损失率为 7.38%，蛋白质含量为 8.11 g/100 g，脂肪含量为 3.36 g/100 g。在此工艺条件下生产的苦荞鱼面适口性好，色泽明亮，理化性质良好，能够为后续的加工生产提供理论依据。总体而言，添加苦荞粉制作的苦荞鱼面具有一定的可行性，在提高鱼面的营养价值，改善鱼面的风味、口感与色泽的同时，还能够促进苦荞的开发，扩展苦荞在食品中的应用。

（四）主要影响因素

1. 面粉

面粉是面制品的主要原料，它的主要成分是蛋白质和淀粉，面筋是小麦蛋白质的最主要成分，是使小麦粉能形成面团的具有特殊物理性质的蛋白质。面筋蛋白的主要成分是麦胶蛋白和麦谷蛋白，这两种蛋白都具有—S—S—键结合的多肽结构，因此，加水后分子在膨润状态下相互接触时，这些分子内的—S—S—键就会变成分子间的结合键，连成巨大的分子，形成网络结构，面粉内的淀粉就充塞在面团的网状组织（面筋）内。在面条的制作过程中，面筋蛋白的品质和含量是面条品质的决定因素。根据行业标准，面条用粉的湿面筋含量大于 28%。面筋含量过低或面筋质量过差，面条的压片过程中容易破裂，悬挂时容易断条，而且煮后面条没有嚼劲。

2. 鱼糜

鱼糜凝胶化是制作鱼面的关键技术。鱼糜只有经过充分凝胶化而生产的鱼面才富有弹性、成型性好，烹煮后嚼劲足、口感好。鱼糜凝胶化的主体是构成肌原纤维的肌球蛋白与肌动蛋白部分被溶出后相互作用，重新形成肌动球蛋白而互相缠绕。在鱼面制作中，弹性的有无、强弱是衡量其质量的一个重要标准，而弹性的大小，则受鱼糜漂洗、擂溃、加热这 3 大工序的影响。

漂洗是鱼面加工过程非常重要的步骤。漂洗可以除去鱼糜中残余的血污、有色物质、无机盐、脂肪及腥臭成分，同时能除去一些鱼糜中的水溶性蛋白质（含有阻止凝胶形成的酶和诱导凝胶劣化的活性物质），改善鱼面的色泽、感官和弹性等指标。

擂溃使鱼糜肌纤维组织进一步被破坏，鱼糜蛋白质充分溶出形成空间网状结构，水分固于其中，使制品具有一定的弹性。

鱼糜除了可以影响到食品的风味外，对吸水率、溶出率及表观状态等蒸煮特性和感官品质也有一定的影响。因为鱼糜蛋白与面筋蛋白相互作用能有效提高鱼面的面筋强度，而鱼面的面筋强度与断条率呈负相关，所以随着鱼面比的增大，鱼面的面筋强度逐渐升高，鱼面的断条率逐渐降低。与断条率呈现的趋势相反，随着鱼面比的提高，鱼面的蒸煮损失率整体呈现上升趋势。因为鱼面比的升高代表着鱼糜添加量的升高，随之而来的是游离脂肪酸含量的提升。章绍兵等研究表明游离脂肪酸含量与面条的蒸煮损失率呈正相关。

3. 食盐

添加定量的食盐不仅可以改善鱼面的口感，也可能改善鱼面的质地。大量研究表明，食盐可以促进面筋网络结构的形成，Na^+和Cl^-分布在面粉蛋白质的周围，能起到固定水分的作用，有利于蛋白质吸水。通过Na^+和Cl^-的双媒介作用，使蛋白质吸水膨胀，相互连接地更加紧密，从而使面筋的弹性和延伸性增强。另外，低浓度的中性盐有溶解凝结的作用，即有助于面筋的形成。一般挂面的加盐量为小麦粉质量的2%~3%，方便面为1.4%~2%。盐对挂面的蒸煮品质、干燥及断条情况都有显著的影响，随着盐添加量的增加，面条的蒸煮吸水率和蒸煮干物质失落率都增加。用盐水和面生产出的湿面条手感好，表面光滑，断条少，薄厚均匀，干燥后的干面条不变形，手感有重量，煮熟的挂面不易断条、不糊、不浑汤、口感不黏。

另外，在鱼糜中添加适当盐或盐水，能增加肉糜的鲜味和蛋白质的持水力，使肉糜第二次出现大量"吃水"现象。盐在水中电解为钠离子和氯离子，正负离子吸附在蛋白质分子表面，增加了蛋白质分子的亲水性和持水力，同时肌肉组织细胞内的肌动蛋白在盐溶液中不能从细胞中溶出，也增加了持水性，而它本身也具有鲜味性质，这样就提高了肉糜制品的鲜味。蛋白质分子水化作用后，加厚了水化层，增加了溶液浓度，提高了肉糜黏度，这就是加盐搅打再一次"上劲"的原因。

食盐除可以作为咸味剂外，还有助于延长产品的保藏期。现有研究表明，食盐有强化面筋网络结构的作用，可以有效改善面条的弹性和强度。制作鱼面过程中添加食盐能减少鱼糜肌动蛋白从细胞中的溶出量，从而改善了肌动蛋白的持水性。但是添加食盐后，面团中蛋白质水化不充分，导致面条的内部结构松散，增大其蒸煮损失。所以随着食盐添加量的增加，鱼面的断条率呈现降低的趋势，同时鱼面的蒸煮损失也随着食盐添加量的增大而不断波动。

4. 淀粉

淀粉经过糊化后可以提高鱼糜制品的弹性，常用的淀粉有马铃薯、小麦、甘薯、玉米、葛根等淀粉，以及经过一些物理和化学变性的变性淀粉。在面粉中添加适量的变性淀粉，因其亲水性比小麦淀粉羟基的亲水性大，故易吸水膨润能与面筋蛋白、小麦淀粉相互作用形成均匀、致密的网络结构，获得高质量的面团，这就为制作品质优良的面条提供了前提。添加一定量变性淀粉制作的面条品质、口感、透明度及溶出率都得以改善。淀粉种类和淀粉与面粉的比例对鱼面的蒸煮品质和感官品质都有较大的影响。淀粉量过大会使制品发硬，制品粉皮感重，鱼味不足，易发生断条等，过少则不易形成凝胶。淀粉常加水调成浊液或以生粉状与原料混匀。

（五）产品标准

1. 感观指标质量要求

（1）色泽：光滑油润，呈淡黄、酱黄色或淡黑色。

（2）外观：大小均匀，厚薄一致，呈椭圆卷曲饼片状。

（3）气味：具鱼香味，无霉味及异味。

（4）烹调性：煮后呈乳白色半透明延展状，不粘连、不浑汤，条形较完整，富有弹性。

2. 理化指标

（1）水分：≤14.0%。

（2）淀粉：50%~57%。

（3）蛋白质：≥15.0%。

（4）黄曲霉毒素：≤5.0 μg/kg。

三、苦荞馒头

馒头是具有悠久历史的中国传统面食，作为中国人日常主食之一，约占国内小麦粉消费量的40%，在中国的膳食结构中享有举足轻重的地位，馒头品质的好坏直接影响人们的生活质量。我国幅员辽阔，不同地区馒头制品业各有不同。山东、山西、河北等地百姓喜爱北方硬面馒头，如刀切形馒头、高桩馒头等。河南、陕西等地喜食软性北方馒头，手工制作的圆馒头、方馒头和机制圆馒头等。南方人习惯松软且带有风味的馒头类型。伴随着人们生活水平提高及健康意识的增强，精加工的小麦粉馒头已然满足不了人们对营养的需求。故此馒头非常适合将苦荞麸皮粉作为主食化的产品载体。将苦荞麸皮粉制作成馒头非常符合国务院办公厅《国民营养计划2017—2030》中所提出的倡议，可以丰富主食种类、为人们提供更多健康饮食的选择，满足人们的健康需求。馒头的质量取决于面粉的质量、发酵工艺、配方及使用的添加剂等因素。

（一）配料

100 g 苦荞粉、500 g 小麦粉、5 g 酵母、食盐。

（二）工艺流程（图8-3）

图8-3　苦荞馒头工艺流程

（三）流程说明

1. 和面

面粉、苦荞麦粉、酵母和少许食盐以慢速拌匀后倒入一定量温水，在80 r/min立式搅拌机中搅拌，达到面团不黏手，有弹性，表面光滑。

2. 发酵

和好的面团放入电热恒温培养箱中进行发酵，发酵温度38℃，相对湿度76%，发酵时间为3 h。然后用指压面团边缘，查看是否出现缓慢回弹现象，如果回弹不明显，接着发酵一段时间，直到确定面团发酵完全后取出。

3. 压面

发酵成熟的面团用压面机压制成光滑的面带，尽量保证面团内部无气泡。

4. 成型

面团分割成质量相等的小面团，手工进行成型，成型后的生面坯表面光滑且大小一致。

5. 醒发

电热恒温培养箱中以温度30℃，相对湿度70%，将生面坯静置醒发30 min。

6. 蒸制

醒发后的生面坯放入沸水蒸锅中蒸25 min后取出冷却，即为成品。

（四）主要影响因素

影响苦荞馒头品质的主要因素是原料的品质及质量，主、辅料的配比和生产工艺。

1. 苦荞粉

随着苦荞粉添加量的增加，加水量、面团体积都会逐渐降低，这是由于苦荞粉中没有面筋，蛋白质吸水后无法形成面筋网络组织，持水能力下降，弹性和延伸性差。又因为苦荞粉中淀粉酶比较缺乏，活性低，产气力、持气力都极弱，不能保持二氧化碳气体而达到发酵的目的，因而发酵时间延长，影响了面团发酵性能。

在面粉中添加苦荞粉制作的苦荞馒头，在苦荞粉的添加量为10%~30%时，馒头的比容、外观形状、弹韧性、结构总得分差不多。随着苦荞粉比例的增大，制得馒头的比容、外观形状、弹韧性和结构感官评分均下降，仅在一定的比例范围内对产品的结构、色泽、黏牙性的感官评分较高，制得的苦荞馒头的风味具有苦荞独具的清香气味。

2. 面粉

（1）面筋含量过低，制成的馒头体积小、弹性差、出品率低。面筋含量过高，吸水率高，虽然馒头的出品率提高了，但发酵时间长，成品表皮发暗，制成的馒头体积小、易收缩，且内部组织粗糙、口感差。

（2）加工精度较高、灰分较低的面粉制成的馒头色泽较白、皮色光亮，内部结构较细腻，内芯色泽较好，馒头口感较好。加工精度较低、灰分较高的面粉制成的馒头的外观、内部组织结构、内芯色泽、口感就差些。

（3）水分偏低的面粉和面时多加一些水，馒头的出品率就会高一些。水分较高的面粉和面时少加一些水，出品率会高一些。水分太高，面粉不易保存，特别是夏季，水分高了，面粉易变质，严重影响馒头的蒸煮品质。

（4）面粉的含砂量越低越好，如果含砂量超标，做出来的馒头会有牙碜现象，对身体不利，顾客不会接受，因此，含砂量超标的面粉不能出厂销售。

（5）稳定时间太短，成品韧性差、体积小、无咬劲，成品不挺、扁平，似厚饼、塌陷。稳定时间太长，发酵时间就长，起发效果差，成品体积小、弹性大、易收缩。

（6）降落数值较小，α-淀粉酶活性越大，会使淀粉过度糊化，产生过多的糊精，从而使制成的馒头体积小、易起泡、塌陷，且瓢发黏。降落数值过大，会导致馒头体积小，没有麦香味。

（7）延伸性过强，面团太软弱，面筋网络结构不牢固，虽容易成形，但面团发酵时会迅速变软或流变，而且持气性差，气体易从表面溢出，制成的馒头体积小，或过度膨胀，并出现塌顶或变形。延伸性太弱，面团的流散性差，面筋网络的膨胀能力弱，面团的可塑性差，面团难以成型，馒头易收缩。

（8）拉伸阻力过高，拉伸面积过大，面团筋力就强，面筋结构牢固，势必造成面团韧性和弹性过强，无法膨胀，起发不好，持气性过强，易收缩，导致成品体积小，表皮不光。拉伸阻力过低、拉伸面积过小，面团筋力弱，面团的韧性和弹性过弱，馒头起发不大，体积小。

另外，面粉中还需要有一定数量的破损淀粉。破损淀粉可以提高面团的吸水量，提高对酶的敏感性。破损淀粉含量太高，馒头发黏、口感差。脂肪酸值不超标、气味口味正常的面粉做出来的馒头就不会有异味。

3. 和面

（1）加水量的控制：加水量的多少直接影响成品的品质，加水量过多，面团在发酵时会迅速变软、变形、流变，导致成品形状不挺、偏偏；加水量过少，出品率低，制作中不易成形，发酵时间长，表面无光泽，内部组织结构粗糙。加水量一般为每 100 g 面粉加入其吸水量的 80%（一般加水占面粉重量的 45%~50%），无论是在制作过程中，还是对成品，效果都较好。

（2）酵母的选择及用量：酵母分为鲜酵母、活性干酵母、即发活性干酵母。其中，鲜酵母、活性干酵母在使用前需活化；即发活性干酵母发酵速度快，能大大缩短发酵时间。另外，酵母用量多，其发酵力强，但达到一定限度时，其发酵力不能随酵母使用量的增长而成倍地增长，一般酵母的添加量为 0.6%~1.0%，夏季取低值，冬季取高值。

（3）搅拌时间与压面次数：一般情况下，我们将面粉搅拌至基本成团时，停止搅拌，取出静置 2~3 min，再用压面机压面。一般筋力较强的面粉压面次数要多一些，而筋力较弱的面粉压面次数要少一些。判断面团是否压面到适当的程度，除了用感官凭经验来确定外，目前还没有其他更好的办法。压面合适，面团内的面筋已达到充分扩展，主要表现在面团表面干燥而有光泽，用手指触摸，面团柔软，离开面团不会黏手，且面团表面有手指痕。压面不足，面筋未达到充分扩展，面筋的延伸性和弹性不平衡，不能保护发酵时产生的二氧化碳气体，馒头体积小、易收缩，且内部组织粗糙、颗粒大、表面色泽差、易撕裂、馒头口感差。压面过度，面团表面湿黏，面团软化，不利于操作，部分面筋被破坏，发酵时易流变、持气性差、孔洞多、品质差、馒头易起泡、塌顶。

4. 发酵

发酵温度过低，发酵速度太慢；温度过高，酵母会失去活性，影响发酵质量。湿度过低，表面出现裂纹，表皮不光滑；湿度过高，表皮过湿，馒头表皮也会不光滑，会起泡。发酵时间太短，馒头体积小、内部组织粗糙、颗粒大、口感不佳、表皮发暗；发酵时间太长，面筋网络持气性差，馒头体积小、扁平、内部组织粗糙、口感差、无弹性、表皮不光滑、会起泡、会皱缩、皮色深。合适的发酵时间，则馒头体积大、表皮发亮、光滑、内部组织细腻，气孔小且均匀，口感好，富有弹性。

5. 蒸制条件

根据馒头的大小不同，蒸制时间控制在 15~20 min 较好，关火后过 2~3 min 再揭锅盖。揭盖时间过早，易出现馒头收缩现象。如果是冷水上锅，要控制好馒头坯的醒发程度，因冷水加热升温的过程中，馒头坯还有一个醒发过程，稍不注意就会发过头或者未发好而影响产品的质量。

（五）产品标准

1. 感观指标质量要求

（1）外观：形态完整，色泽正常，表面无皱缩、塌陷，无黄斑、灰斑、黑斑、白毛和黏斑等缺陷，无异物。

（2）内部：质构特征均一，有弹性，呈海绵状，无粗糙大孔洞、局部硬块、干面粉痕迹及黄色碱斑等明显缺陷，无异物。

（3）口感：无生感，不黏牙，不牙碜。

（4）滋味和气味：具有小麦粉经发酵、蒸制后特有的滋味和气味，无异味。

2. 理化指标

（1）比容：≥1.7 mL/g。

（2）水分：≤45.0%。

（3）pH：5.6~7.2。

3. 理化指标

（1）大肠菌群：≤30 MPN/100 g。

（2）霉菌计数：≤200 CFU/g。

（3）致病菌（沙门氏菌、志贺氏菌、金黄色葡萄球菌等）：不得检出。

（4）总砷（以 As 计）：≤0.5 mg/kg。

（5）铅（以 Pb 计）：≤0.5 mg/kg。

四、苦荞面包

面包是世界上最受欢迎的主食之一，主要由小麦面粉制得。然而在过去的几年里，人们逐渐关注杂粮面包，尤其是苦荞面包因其风味上的创新和营养上的突破而备受欢迎。与小麦等禾谷类作物相比，苦荞拥有高含量芦丁、槲皮素等酚类化合物，这些化合物具有抗炎、抗氧化、抗糖尿病、抑菌、促进癌细胞和肿瘤细胞凋亡、调节肠道微生物组成、提高机体免疫力等营养和临床功能，且具有较小的淀粉颗粒，淀粉中直链淀粉含量高于谷类，使其具有较低的酶敏感性和较高含量的抗性淀粉，对降低餐后血糖指数有积极作用。苦荞蛋白所含有的赖氨酸在大多数谷物中被认为是第一限制性氨基酸，此外，钙、钾、镁、磷等元素含量也都远高于小麦。因此，以苦荞为原料制作面包，可以弥补传统面包的营养缺陷，更加符合当前国民的膳食选择。

（一）配料

高筋面粉 450 g、苦荞粉 50 g、食盐 7.5 g、糖粉 20 g、起酥油 20 g、脱脂乳 10 g、酵母 6 g、水 400 g。配料中，可以将糖粉 20 g 改为甜味剂麦芽糖醇，其用量可以增加到 30 g。

（二）工艺流程（图8-4）

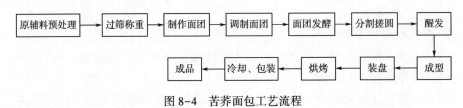

图8-4 苦荞面包工艺流程

（三）流程说明

1. 面团的制作

将高筋面粉、苦荞粉按比例混匀，称取适量的活性干酵母，加适量温水，于 28℃静置 6~7 min 调制成面团。

2. 面团的调制

将水、牛奶、糖粉、盐、鸡蛋液等加入面盆，启动搅拌机，先用慢速搅拌 5 min 加入起酥油，再用中速搅拌 15 min，使面团面筋得到充分扩展，和好面团应表面光洁、无断裂痕迹、手感柔和、面团不粘手，软硬适宜、用手拉可拉成均匀的薄膜。

3. 面团发酵

将调制好的面团控制在 25~30℃下发酵 2~3 h。

4. 分割搓圆

将和好的面团分割成 150 g 的小面团，并均匀搓成圆球状，使之表面光滑，不漏气，并静置 15 min。在压片机面辊间滚压面团，以排出面团中微生物发酵所产生的气泡。滚压后再将面片折成三层或对折两次折缝向下放入发酵钵中，重新放回醒发箱。

5. 醒发

将搓圆的面包坯置于醒发箱内，保持相对湿度为 75%~85%，进行醒发。

6. 成型

依次取出发酵好的面团，将面团轻轻柔光并适当拉长，用压片机将面团压两次，压成长片状。使用三辊成型机或者具有类似功能的成型模具进行成型或者直接用手将面片从小端开始卷起，卷起时应尽量压实以排出气体，然后将面团轻轻滚压数次，使其与面包听的大小相一致，将面团接缝向下。

7. 烘烤

将醒发好的面包坯放入远红外烤箱中，设置好面火和底火温度后，按试验条件进行烘烤。

8. 冷却

面包烘烤结束后，迅速取出装有面包的烤盘并将面包抖松，同时在面包表面涂油，要求涂抹均匀，然后将装有面包的烤盘放入密闭容器内（各面包听间距相等）冷却 1 h。

（四）主要影响因素

1. 高筋面粉

面筋是面粉中的蛋白质。面粉中的蛋白质有 2 类，一类是能够形成面筋形状的蛋白质为面筋蛋白质，如麦蛋白质、麦角蛋白。另一类是不能形成面筋的蛋白质为非面筋蛋白质, 如麦清蛋白、麦球蛋白。

面筋蛋白质是高分子亲水性化合物, 这种高分子亲水性化合物遇水时, 开始吸水, 反应在蛋白质表面进行, 体积增加不大。当吸水继续进行, 由于渗透压, 水分子扩散进入蛋白质颗粒内部, 吸水量逐渐增多, 体积显著增大, 面筋蛋白质得到充分的胀润, 彼此联结起来形成面筋网格, 这种面筋网格有韧性、弹性、延伸性和黏性。面筋是面团的骨架。这种面筋网格把面粉中的淀粉和其他少量物质, 粘在面筋网格中间, 形成了保气能力。当酵母在面团内发酵产生大量气体时, 具有保气能力的面筋能抵抗大量气体的膨胀力, 并包住不让气体从面团内跑出, 形成海绵状组织。如果面团中面筋少或筋力小, 保气能力就弱, 气体部分逸出, 影响了面包形成海绵状组织, 使面包起发不好, 个体小, 甚至出现扁塌现象, 影响面包的质量。

糖化对面包的质量也有影响。糖化是指酶作用于淀粉分解成糖。酵母生长、繁殖离不开单糖, 而它在酶作用下才能形成。酶的活力越强, 糖化力越强, 形成单糖就越充足, 反之影响单糖形成, 对酵母的繁殖不利, 进而影响面团的发酵, 气体的产生量也就受到限制, 导致面包不易起发, 个头小, 影响面包的质量。

2. 面团调制

面团调制是制作面包的重要步骤之一, 不同风味和口感的面包, 面团的调制方法也不同。其中, 酵母使用量、发酵温度、加水量和发酵时间是对面团影响较大的4个因素。

(1) 酵母使用量。酵母成就了面包独特的组织及口感, 通常添加量为面粉量的1%~2%。常见面包酵母品种有即发干酵母和新鲜酵母, 新鲜酵母风味较好, 但保质期较短, 需冷藏保存, 因此并未普及使用。即发干酵母对保存环境要求不高、保存期长, 使用较普遍。制作者应充分掌握酵母的特性, 针对酵母特性在配方调配和操作工艺环节加以改进激活酵母活性, 从而提升面包品质。酵母的使用量对面团的质量有很大影响。当使用量低时, 发酵时间拉长, 面团发酸; 使用量高时, 发酵能力反而会减弱。

(2) 发酵温度。酵母对温度敏感程度非常高, 温度的变化会直接影响酵母的活性。酵母在26~33℃时具有良好的活性, 温度过低酵母菌繁殖速度降低, 低至0℃时则处于僵死状态; 温度过高酵母活性降低, 当温度超过60℃则被灭活。

(3) 加水量。面粉要先吸水形成面筋, 才能进一步形成面团。水质的好坏决定了面包的成品品质, 而且面团温度主要通过水温来调节。加水量与面团的软硬度有关, 直接影响成品的组织状态。加水量多, 面团质地松软, 容易膨胀, 易出现大气孔; 加水量少, 面团质地偏硬, 发酵时间长, 成品口感韧性强。具体的加水量要根据原料及面团的用途决定。

(4) 发酵时间。发酵时间对产品形态和口感影响较大。发酵时间过长, 成品口感偏酸，组织质地孔地不均，形态塌陷。发酵时间偏短，成品发酵不充分。按照正常来说，发酵时间控制在 2~3 h，具体时间根据面粉用量而定。

3. 食盐

不仅可以增加面包的风味，还可强化面筋质量，保持面团弹力，加强面团的持气能力。同时可控制面团发酵速度，促进均匀膨胀，还可以中和糖的甜味。但过量食盐会影响面包风味，也会抑制酵母的生长繁殖。食盐在面包中的添加量通常为 1%~2%（以面粉计）。

4. 烘烤

烘烤是把面团转变面包的重要步骤，也是制作面包的最后步骤，是关系到最终成品能否食用或售卖的关键一步，所以掌握面包烤制技巧至关重要。面包熟制的过程其实是由于温度升高面团内部膨胀的过程，一般可以分为 4 个阶段。

（1）急速膨胀阶段：生面团外部高温，内部仍处于中温程度，存在大量发酵气体，当外部热量传导至内部后，气体受热面团急速膨胀。

（2）定型：面包内部形成均匀稳固的面筋网络。

（3）上色：即"焦糖化反应"，面包表面颜色从面团的白色转变为棕黄色，此过程一般会持续 5~10 min。

（4）成熟：面包表面颜色进一步加深达到均匀且诱人的颜色，并富有光泽，内部组织状态达到彻底成熟状态。

（五）产品标准

1. 感观指标

（1）色泽：表面呈暗棕色、黄绿色，均匀一致，无斑点，有光泽，无烤焦和发白现象。

（2）表面状态：光滑、清洁，无明显散粉粒，无气泡、裂纹、变形等情况。

（3）形态：符合要求，不黏牙、不粘边。

（4）内部组织：从断面看，气孔细密均匀，呈海绵状，富有弹性，不得有大孔洞。

（5）口感：松软适口，无酸、无黏、无牙碜感。微有苦荞麦特有的清淡苦味，无未溶化的糖、盐等粗粒。

2. 理化指标

（1）水分：以面包中心部位为准，含量为 34%~44%。

（2）酸度：以面包中心部位为准，pH 不超过 6。

3. 卫生指标

（1）无杂质、无霉、无虫害、无污染。

（2）砷（以 As 计）：≤0.5 mg/kg。

（3）铅（以 Pb 计）：≤0.5 mg/kg。

（4）细菌指标：细菌总数，出厂时≤750 个/g，销售时≤1000 个/g；大肠杆菌<30 个/100g；致病菌不得检出。

第二节　苦荞酒及饮料制品

一、苦荞酒

（一）苦荞啤酒

啤酒是世界上最古老和最广泛的酒精饮料。早在公元前 3000 年，在黏土片上就记载了啤酒面包的生产方法。随后，一种原始的酒精发酵的啤酒产生了。古巴比伦人制作啤酒时，把草药添加进去，其中也包括野生的啤酒花。这种生产啤酒的方法随着时间的推移，逐步替换成以大麦麦芽为主料，然后添加一定比例的谷物麦芽、大米、玉米等辅料来制作啤酒。

苦荞麦是我国所独有的品种，是药食两用植物之一。以苦荞麦为原料酿制的啤酒，其特点是不但有助于改善啤酒的感官品质，而且苦荞麦营养价值高，其蛋白质、脂肪、维生素 B_2 均高于大米、小麦、玉米等谷物，苦荞麦最独特之处是富含芦丁，用它酿制的啤酒可预防糖尿病及高脂血症；增强肠道对食品营养物质的吸收，并且安全可靠。但是目前苦荞啤酒的生产中，苦荞全是用作辅料。所以研究将苦荞麦作为主料酿造啤酒，为改善啤酒工业的产业结构提高整体效益，为市场竞争与出口开辟一条新途径。

1. 全大麦啤酒

全大麦啤酒工艺流程见图 8-5。

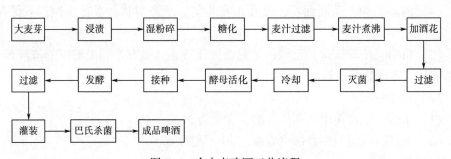

图 8-5　全大麦啤酒工艺流程

关键点控制：

（1）原料：将大麦芽进行精选，称取 400.0 g。

（2）浸渍：将选好的大麦芽，在温度 50℃ 下浸渍，时间 15~20 min，麦芽水分要求达到 28%~30%。

（3）糖化：利用麦芽所含的酶，将麦芽中的不溶性高分子物质，逐步分解成可溶性低分子物质的过程。全大麦啤酒的制作采用二次煮出糖化法。

（4）麦汁过滤：先用两层粗纱布过滤，然后 4000 r/min，离心 7 min。

（5）麦汁煮沸：煮沸目的是稳定麦汁成分。煮沸的作用是为了破坏酶活性（稳定可发酵性糖和糊精的比例）、杀菌（主要是乳酸菌）、蒸发水分（麦汁浓缩）、酒花成分浸出、降低 pH（利于啤酒的生物和非生物稳定性）、促进还原物质（如类黑素）的形成、蒸出恶味（如香叶烯）等。

（6）加酒花：赋予啤酒特有的香味、爽快的苦味，增加啤酒的防腐能力，提高啤酒的非生物稳定性。试验分 3 次加入酒花，总添加量为麦汁量的 5%，煮沸强度控制在 10%~12%，煮沸时间 120 min。在麦汁初沸时，防止麦汁起沫，加入全部酒花的 20%，45 min 后，加入全部酒花的 50%，在煮沸终了前 10 min，加入剩余的酒花。

（7）灭菌：高压蒸汽灭菌，条件 121℃，20 min。

（8）酵母活化：采用的是安琪啤酒活性干酵母。安琪啤酒活性干酵母是通过在 25~28℃ 培养后收集菌体，然后通过气流干燥得到的酒酵母，其酵母菌体对温度的适应性较差，所以要对其进行活化。具体操作为：取洁净的 50 mL 容器，将安琪活性干酵母溶解于糖度为 5~6 Bx、温度 25℃、体积为干酵母用量 5~10 倍的稀麦芽汁中，充分溶解，活化 1 h。在 8℃ 下，接入麦汁中，接种量为 0.1%。

（9）接种：将活化好的酵母，在 8℃ 下，接入麦汁中，接种量为 0.1%。

（10）发酵：分为前酵和后酵。前酵温度为 10℃，时间 7 d。然后转入后酵，温度 2℃，7 d。

2. 混合啤酒（50% 荞麦芽+50% 大麦芽）

混合啤酒工艺流程见图 8-6。

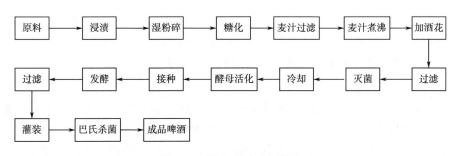

图 8-6　混合啤酒工艺流程

关键点控制：

（1）原料：以大麦芽为主料，添加 50% 的荞麦芽为辅料。

（2）浸渍：大麦芽在 50℃ 下浸渍，时间 15～20 min，辅料在 21℃ 下浸渍，时间 30 min，目的使麦芽充分吸水，水分要求达到 28%～30%。

（3）糖化：将荞麦芽作为辅料添加到大麦芽中，进行糖化。料水比 4：1，pH 5.25，蛋白质休止温度 52℃，时间 1 h，糖化温度 68～70℃，时间 1 h。

（4）麦汁过滤、煮沸、加酒花等后续过程同全大麦啤酒的制作。

3. 全荞麦啤酒

全荞麦啤酒工艺流程见图 8-7。

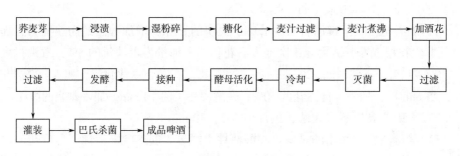

图 8-7　全荞麦啤酒工艺流程

关键点控制：

（1）原料：将荞麦芽进行精选，称取 500.0 g。

（2）浸渍：将选好后的荞麦芽在 21℃ 下浸渍，时间 30 min，目的使麦芽充分吸水，水分要求达到 28%～30%。

（3）糖化：采用浸出糖化法投料，温度 35～37℃，保温 20 min；蛋白质休止，升温至 50℃，保温 60 min。

第一段糖化：升温至 62℃，保温至碘液反应基本完全，蛋白质和 β-葡聚糖较好地分解。

第二段糖化：升温至 72℃，保温 20 min，糖化休止，α-淀粉酶作用，提高麦汁收得率，糖化终了，升温至 76～78℃，保温 10 min。

（4）麦汁过滤、煮沸、加酒花等后续过程同全大麦啤酒的制作。

4. 主要影响因素

（1）浸麦工艺。有关浸麦工艺的研究主要集中于通过浸麦的方式使谷物的品质得到优化，提高谷物内活性成分的含量，使谷物制品具有更高的营养价值，改善谷物制品的口感。浸麦工艺一方面使苦荞吸收水分，促进其发芽；另一方面对苦荞进行洗涤，去除部分杂质。荞麦种子在浸麦前，水分含量较低，微生物生命活动较弱，处于休眠状态。浸麦之后，荞麦吸收水分，种皮膨胀，加速荞麦萌发，此时应注意浸麦温度不宜过高，否则将不利于荞麦种子的萌发。常见的苦荞浸麦方法主要有间歇浸麦法、喷淋浸麦法、温水浸麦法、快速浸麦法、多次浸麦法、长断水浸麦法等。张燕莉对比了浸麦过程中的喷淋、浸三断八、长断水3种浸麦方式对苦荞的影响，最终得出采用浸三断八方式时，相关酶活力变化情况、浸麦时间等都最为合适。采用不同的浸麦方式最终所得苦荞中总黄酮含量也不相同。何伟俊等研究了浸麦方式、浸麦温度、浸麦时间对苦荞中总黄酮含量的影响，利用单因素实验与正交试验得出最佳浸麦方案为采用浸六断六的方式，浸麦温度20℃、浸麦时间40 h，此时苦荞的黄酮含量为7.489%。张琳研究发现，将浸麦工艺与荞麦种子萌发相结合可以提高麦芽的质量，且可以促进内源赤霉素的释放。

（2）糖化工艺。糖化是啤酒制作过程的重要步骤，可以从多方面影响啤酒品质。由于苦荞麦发芽过程中各酶活力低于大麦，因此需要较长的糖化时间。在制作苦荞啤酒时，苦荞添加量过大时可能出现无法糖化等问题。赵钢等用苦荞粉代替了传统的大米、玉米等辅料，麦芽与苦荞粉的比例为3∶7～1∶1，通过工艺优化，解决了苦荞粉添加量较多时无法糖化的问题，同时所生产的苦荞啤酒富含黄酮类、高生物价蛋白质、维生素及矿质元素等营养成分，大幅提高了啤酒的保健功能，并强化了啤酒的苦荞风味。

为提高苦荞啤酒的工艺效率，舒林研究了糖化条件对苦荞啤酒生产工艺的影响，发现在糖化过程中加入0.3%糖化酶，使苦荞麦与糖化酶在70℃下作用35 min，可以提高啤酒发酵度，且糖化温度达到63℃时，适当延长糖化时间，可使麦汁中的糖、α-氨基氮含量均适合于酵母发酵。为提高糖化过程中α-氨基氮含量，将水料比调整为4∶1，第一阶段静态温度为62℃，第二阶段静态温度为72℃，pH值为5.35，在此条件下，10°P荞麦啤酒中麦芽汁的α-氨基氮含量为188.2 mg/L。在提高工艺效率的同时，保持苦荞啤酒品质也至关重要。卞小稳等利用反相高效液相色谱法研究苦荞啤酒糖化工艺对芦丁含量的影响，得出苦荞中存在高活性的芦丁降解酶，在经过糖化工艺加工后，芦丁含量会明显降低，但由于芦丁与黄酮均具有一定的功能特性，所以要采用一定的灭酶工艺将芦丁降解酶完全灭活，对苦荞啤酒生产工艺进行优化，使得12°P麦汁中芦丁含量上升至611 mg/L，增加约41倍。荞麦啤酒糖化后低分子量肽的比例明显增加，但在糖化和发酵过程中肌醇的释放量仅占荞麦麦芽的11%～14%，因此需对荞麦啤酒糖化、发酵工艺进行优化，使其释放更多的肌醇，从而有利于预防和治疗各种疾病。

（3）发酵工艺。啤酒的发酵过程是在啤酒酵母的作用下，利用麦汁中的可发酵性物质而进行的正常生命活动，其所生成的代谢产物就是啤酒。发酵是啤酒制作过程的关键步骤，在发酵过程中，控制不同的发酵条件，所得到的啤酒品质也不相同。影响啤酒发酵工艺的主要因素有原材料、发酵温度、发酵时间、酵母添加量、发酵酒糟等。针对以上因素，研究者优化了发酵工艺，将苦荞啤酒品质大大提高。YingLiu 等通过确定荞麦啤酒发酵期间成分和活性的变化，使用 SAS 9.0 软件分析其关系。苦荞啤酒具有很强的抗氧化能力且富含黄酮类化合物和酚酸，在苦荞啤酒发酵期间，单个酚酸和黄酮类化合物含量的变化不同，并且可能相互转化。苦荞啤酒在发酵过程中，槲皮素、咖啡酸和阿魏酸为主要的抗氧化物质，总体呈现黄酮含量增加、酚酸含量下降的趋势。同时，发酵酒糟对苦荞啤酒的营养物质含量也有很大影响。刘强等通过酒曲和酵母发酵制得苦荞发酵酒糟，研究苦荞发酵酒糟对自发性 2 型糖尿病小鼠（db/db）的降糖作用及对胰腺的影响，结果表明苦荞发酵酒糟能有效降低 2 型糖尿病小鼠的体重和血糖水平，并对胰腺损伤有一定的改善作用。

（二）苦荞白酒

白酒是我国最具代表性的酒种，自古以来中国的酒文化一直都占据非常重要的社会地位，很多节日、社交场合或者喜庆的日子中，酒都会被作为主要饮品。白酒主要酿造原料为高淀粉含量的粮食作物，这些原料经蒸煮糊化（高温处理）后，加入糖化发酵剂（小曲、大曲、麸曲、活性干酵母、糖化酶等），再经过发酵处理（微生物代谢活动），最后由蒸馏储存、陈酿勾兑等工艺酿造而成。因其酒质颜色主要呈无色透明，为此统称为白酒，除个别型白酒是黄色外（酱香型），白酒酒体基本清澈透明，酒精含量偏高，其味芳香纯正，是典型的以酯类为主体的复合香味，特点是入口绵甜爽净，回味悠长，留香持久。

白酒是世界六大蒸馏酒之一，与金酒、兰姆酒、威士忌、白兰地和俄得克并列。我国白酒的生产历史十分悠久，从先秦时代开始距今已有 2000 多年的历史，是最为古老的蒸馏酒，而且生产中所特有的制曲技术、复合式糖化发酵工艺和甑桶式间歇蒸馏技术等在世界各种蒸馏酒中都独具一格，体现了中国古代人民的伟大智慧。

我国白酒产品种类繁多，酿造原料、发酵剂及生产工艺都有较大的差异，且具有强烈的地方特色，导致白酒质量参差不齐，这种现象在世界蒸馏酒生产中并不常见，所以现白酒行业中尚无明确的白酒分类的统一标准。如根据不同的白酒生产工艺分类，白酒可分成传统固态法白酒、固液法白酒和液态法白酒；根据不同酒曲所生产的白酒，又可分为麸曲酒、大曲酒和小曲酒。而香型分类是目前白酒行业较为主流的一种白酒分类方法，即以酒的主体香气成分特征来进行分类，可以分为 10 种香型白酒，分别是浓香型、酱香型、清香型、兼香型、米香型、凤香型、芝麻香型、豉香型、特香型和药香型白酒。其中，白酒的基本香型有浓香、清香、酱香和米香 4 种，其余香型都是在四种基本香型的基础上衍变而来的（图 8-8）。

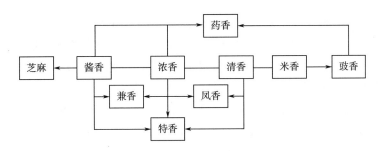

图 8-8　不同香型白酒演变图

1. 原料

白酒来源于各种粮食作物，原料便是酿酒的物质基础，不同的原料必然导致白酒的营养成分及功效不同，常见的酿酒原料有高粱、玉米、糯米等淀粉含量较高的作物。高粱是白酒酿造的主要原料，素有"五谷之长"的美称，具有健胃、凉血、解毒、止泄的功效，可治疗消化不良、小便不利、食积等多种疾病；糯米是滋补壮体的良好补品，含丰富的蛋白质、脂肪、糖类、钙、磷、铁等成分，用糯米酿酒，除滋补健身外，饮之有美容益寿、舒筋活血的功效；大米富含 B 族维生素，是预防脚气病、消除口腔类病的主要食疗资源；玉米脂肪富含生育酚，具有延缓衰老、祛斑除皱、促进生长发育的功效。此外，玉米中含谷胱甘肽，谷胱甘肽是一种有效的抗癌物质，能有效降低结肠癌和直肠癌的发病率；小麦含有多种脂肪酸，并含有一定的谷甾醇、卵磷脂、精氨酸、硫胺素及微量元素 E 等，具有安神、除烦、益气、止汗等作用。苦荞麦营养价值高，各种成分搭配均衡，且含多种微量元素，还有扩张冠状动脉、降血脂和治疗高血压等功效，特别是黄酮类化合物是其他粮食作物所具有的。

2. 原理

白酒酿造的主要原料是粮食作物，其淀粉含量较高，在白酒的发酵过程中，起初是原料的糖化和液化，即原料中淀粉在酒曲淀粉酶的作用下变成葡萄糖，葡萄糖再经酒曲酵母的作用下通过 Embden-Meyerhof-Parnas（EMP）途径将 1,6-二磷酸果糖降解为丙酮酸，接着又在脱羧酶的作用下脱去 CO_2 分子，转化为乙醛，最后再由乙醇脱氢酶的作用将乙醛转化为乙醇。而发酵过程中酸的形成机理主要是醇类分子通过氧化过程形成醛类，醛类进一步氧化成酸类成分，生成的酸类成分连同原料中的脂肪酸在室温下通过相关酶催化，与醇类反应形成酯类物质。酯类物质挥发性较强，是白酒风味形成的决定性物质，但是酯化是一种可逆的化学反应，当酯化率达到最高时，酯类会分解成醇和酸，是一种缓慢的化学进程，所以白酒生产中有陈化工艺，陈化时间越久，白酒风味越浓香，而原料中的其他物质如蛋白质通过蛋白酶催化水解成肽和氨基酸，再经微生物分解成某些中间产物和单宁类物质。

白酒生产有 3 种不同的发酵方法，固态发酵、半固态发酵和液态发酵。固态发酵是传统发酵技术，一直伴随着白酒的历史发展，特点是糖化和发酵两个过程同时进行，而且生产全程都是在固态基质中进行，这种特殊的生产过程通常需发酵 1~3 个月，所以固态发酵技术生产的白酒含丰富的风味成分，香味浓郁、口感上佳，而且固态发酵过程中通过蒸馏能获得较高的酒精浓度，我国大部分的名优白酒都采用的是固态发酵技术。但是，传统发酵法工艺控制点多，造成成本高，不利于工厂化生产，而且发酵时间也较长，从此便有了半固态、液态发酵技术。米香型和豉香型的白酒采用的便是半固态发酵技术，采用的是以大米为原料，小曲为发酵剂，浸泡在蒸馏釜或坛中的工艺流程；而液态法发酵生产流程均在液态下进行，先糖化后发酵，分步进行，提高生产效率，特点是操作简单，材料消耗低，更容易实现完全自动化，但是液态发酵技术采用的是纯种微生物发酵，所酿酒体口感单一、质量不佳。

3. 工艺过程

原料预处理→润料→蒸料→摊凉→添加酒曲→培菌→发酵→蒸馏→原酒。

苦荞白酒属于发酵酒的一种，发酵型苦荞酒经过微生物发酵，物质代谢后营养更丰富，易被人体吸收，原料利用率也大幅提高。苦荞白酒以传统固态法生产酿造，其糖化和液化同时进行，然后进行蒸馏，优点是酒体澄清透明，酒精度高和酒香浓郁，且市面上的优质白酒生产多为传统固态发酵法。2012 年，万萍等首次对苦荞白酒的发酵工艺进行了研究，结果发现，酒曲量和打量水用量对原酒酒精度有显著影响，且适当延长发酵时间有利于酯的形成，并对其主要的发酵工艺参数进行了优化，100 g 苦荞粉，18%辅料稻壳，35%打量水，10%酒曲，糖化 48 h，于 15~25℃密封发酵 20 d，品质达到最好，酒精度最高。2015 年，周火玲等结合传统白酒的大小曲混合发酵工艺，以苦荞为原料，经大小曲混合发酵，外加黄酒淋醅和荷叶垫池底的工艺，采用此工艺后，研究表明其出酒率提高了 7.7%、总酸及总酯含量提高了 50%以上，且甲醇及杂醇油含量均明显降低。2018 年，张祥根将苦荞、青稞及粮食作物搭配进行发酵，报道了一种多粮型苦荞青稞白酒的酿制工艺，该酒酒香综合了苦荞和青稞的香味，也兼具了两者的营养成分。

（三）其他酒类

1. 苦荞配制酒

有研究表明，苦荞的可发酵性不高，再加上苦荞本身经发酵后适口性不佳，因此，在苦荞酒的研究初期，主要以浸泡型苦荞酒为主，优点是工艺简便、成本较低，只需将苦荞加入基酒中浸泡，或直接将苦荞提取物加入基酒混合而成，浸泡酒虽然制作简单，但只对其中的醇溶性功能成分进行了提取，原料利用率低，且苦荞本身未得到合理的开发和充分的利用。目前，市面上的苦荞酒也多为配制型苦荞酒，其工艺流程主要有以下两种：

（1）原料→粉碎→浸泡→过滤→成品。

（2）原料→粉碎→提取→混合→成品。

早在 1998 年，马东升等对苦荞酒进行了初步的研究，首次将苦荞提取物分 3 个阶段依次加入黄酒中，制得一款具有软化血管、延缓衰老功效的配制苦荞黄酒。2011 年，胡一冰等以苦荞芽为研究对象，将苦荞芽磨粉后与中药材混合浸泡于白酒中制成配制酒，其营养保健功能大有提升。

2. 苦荞米酒

米酒，又称甜醪糟、糯米酒，酒精度较低，是我国的传统特色酒类饮品，深受大众喜爱。米酒中含多种氨基酸、有机酸、维生素和微量元素等功能成分，具有一定的保健功效。苦荞米酒的酿制多采用新型液态发酵法，其生产周期较短、菌种生长快、易于搅拌混匀。与传统固态发酵法相比，经液态发酵法酿制所得的苦荞酒中 D-手性肌醇、生物黄酮类功能性成分的含量相对较高。此外，苦荞中的淀粉、膳食纤维和蛋白质等物质经微生物吸收利用和转化后，产生的系列代谢产物使得苦荞米酒的营养更加均衡和丰富，其制作工艺流程大致见图 8-9。

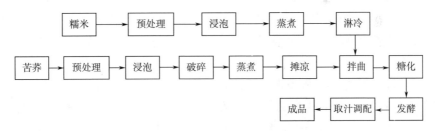

图 8-9　苦荞米酒工艺流程

2005 年，王准生等以纯种根霉曲与地方米酒曲为混合发酵剂，糅合了苦荞和糯米的特性，研制出一种苦荞糯米保健酒，发现一定比例的苦荞和糯米混合发酵，可以提高出汁率和发酵速度。2013 年，徐汉卿等对苦荞米酒的发酵工艺进行了优化研究，得出最佳发酵工艺条件的蒸煮时间为 40 min，发酵温度为 28℃，发酵时间为 6 d，糖化时间为 7 d。张素斌等也对荞麦糯米酒的发酵工艺进行深层次的研究，以期酿造出风味更加醇香、营养更加丰富的苦荞米酒，得出糯米与荞麦质量比 4∶1，安琪甜酒曲添加量 1.0%，发酵温度 25℃，发酵时间 72 h，所出荞麦甜酒色泽和口感上佳，酒香醇厚协调。

3. 苦荞黄酒

黄酒为我国独有的酒种，其主要生产原料为大米和黍米，酒精度不高，风味宜人，且富含多种氨基酸，被誉为"液体蛋糕"。苦荞黄酒是以苦荞麦为主要原料，经纯麦曲糖化发酵等系列工艺酿制而成。该酒既保留了苦荞麦的营养功能物质，又融合了麦曲中的营养成分，其营养保健价值较高，也利于更好发挥黄酒的食疗效果，其主要制作工艺流程为：

苦荞麦→清洗浸泡→蒸米→摊晾拌曲→落缸搭窝→糖化→加饭→后发酵→抽滤→灭菌。

2008年，汪建国等采用苦荞麦粉喂浆工艺技术，融合嘉兴喂饭酒、嘉兴淋饭酒、福建红曲酒的酿酒工艺，研发出一种苦荞黄酒，因集麦曲酒、淋饭酒、红曲酒的特点，其酒清亮透明，棕红偏黄褐色，具备半干黄酒特有风格，为多原料综合利用、平衡原料结构开辟了新的途径和方法。2014年，万萍等以苦荞米为主料，纯麦曲为发酵剂，采用摊饭法研制出一款苦荞甜型黄酒，并对其关键的发酵参数进行了优化，研究还表明摊饭法相较于淋饭法生产苦荞黄酒能有效降低生产中黄酮的损失。2019年，周金虎等对苦荞黄酒进行深入研究，研究表明，无壳苦荞相较于有壳苦荞酿制出的黄酒黄酮含量更高，功能性更强，并得出最佳酿造条件：无壳苦荞、糯米和无壳苦荞比例为2:1:1，发酵时间28 d。

4. 其他苦荞酒

随着苦荞研究的不断加深，苦荞酒的种类也越来越多。2004年，赵树欣等较早地尝试了苦荞保健酒的研制，并报道了一种荞麦红曲酒的制作工艺，红曲霉可代谢出多种具有保健功能的产物如莫纳克林，采用先红曲霉固态培曲，再液态发酵产酒，经化学分析得出莫纳可林含量为101.2 mg/L，总黄酮高达1067 mg/L，具有明显的保健功能。2017年，张崇军等将苦荞和蓝莓作为原料，研制出苦荞蓝莓酒，并对其工艺进行优化，最优工艺为接种量7.2%、发酵温度30℃、pH 4.8、初始糖度16%，并对其抗氧化性进行了研究。2018年，崔乃忠在葡萄酒陈酿过程中在上层加入苦荞酒得到苦荞葡萄酒，并对其芦丁含量进行检测，结果显示，其芦丁含量明显高于葡萄酒与苦荞酒，营养价值更高，同时葡萄酒上层放置苦荞酒，可有效防止葡萄酒体污染。

二、苦荞饮料

（一）苦荞茶饮料

传统苦荞茶一般是以苦荞籽粒为原料经熟化等程序加工制成，而对其植株的叶、茎、麸皮等其他部位弃而不用。黄酮是苦荞最受关注的营养成分之一。为充分利用苦荞植株的营养价值，现阶段的研究常以苦荞植株的不同部位为原料或复合其他原料，引入新型加工技术，进行新型苦荞茶的研制。根据原料来源的不同，苦荞茶可分为苦荞全麦茶、苦荞胚芽茶、苦荞叶（芽）茶、苦荞麸皮茶、苦荞全株茶和复合苦荞茶等类型。根据加工方式的不同，苦荞茶又可分为苦荞发酵茶、速溶苦荞茶和液态苦荞茶等类型。

1. 苦荞全麦茶

苦荞全麦茶是以苦荞籽粒为原料，经过筛选、清洗、脱壳、蒸煮、干燥、碾成米粒状、烘焙和包装等工序加工而成。其工艺操作相对简单，保留了苦荞籽粒自身的完整性，具有麦香味，为大众所熟知，历史悠久。但在蒸煮的过程中，芦丁在酶作用下易被降解为槲皮素和芸香糖，导致其总含量降低。

工艺流程见图8-10。

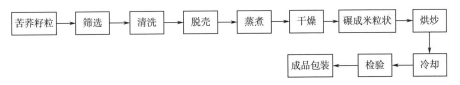

图8-10 苦荞全麦茶工艺流程

2. 苦荞胚芽茶

种子萌发过程能有效诱导苦荞活性物质的累积。将浸泡后的黑苦荞籽粒反复进行避光和萌发操作，至获得整齐程度高且芽长为 0.1~0.5 cm 的苦荞芽，进一步通过低温焙烤等工序可获得苦荞胚芽茶，又称为全胚茶。该茶较好保留了苦荞籽粒的营养成分，且其总黄酮及 γ-氨基丁酸等功能性成分的含量较未萌发籽粒茶均有大幅提高，茶香浓郁。

工艺流程见图8-11。

图8-11 苦荞胚芽茶工艺流程

3. 苦荞叶（芽）茶

将新鲜的苦荞叶（芽），以传统制茶方式，经过摊晾、萎凋、杀青、揉捻、拣梗、成形、烘干、提香、回潮和复烘等步骤可制得苦荞叶（芽）茶。该茶加工过程有效去除了苦荞叶的草腥味，保留了原味清香，且减少了营养损失，茶香浓郁，总黄酮含量高，可达到 130 mg/g。工艺流程见图8-12。

图8-12 苦荞叶（芽）茶工艺流程

4. 苦荞麸皮茶

将苦荞麸皮磨碎，与水按一定比例混合，经挤压、脱水、干燥和烘焙，可制成苦荞麸皮茶，又称全麸茶。苦荞麸皮茶的研制有效促进了麸皮的高值化利用。麸皮中总黄酮的含量显著高于苦荞植株的其他部位，因此麸皮茶的总黄酮含量较高。

工艺流程见图 8-13。

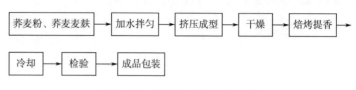

图 8-13　苦荞麸皮茶工艺流程

5. 苦荞全株茶

将苦荞全株收获、杀青、干燥和粉碎制得全株粉。另对苦荞籽粒进行精选、浸泡、脱水熟化、去壳和磨粉制得苦荞籽粒粉。将两种粉末按比例进行混合，经过造粒成型、脱水、二次熟化和包装等工序制成茶，即为苦荞全株茶。由于原料中含有苦荞植株全株成分，且打粉和造粒过程有效促进了黄酮等活性物质的释放和溶出。因此，苦荞全株茶的总黄酮含量相对较高，可达（28.58±4.74）mg/g，明显高于单纯以籽粒为原料的全麦型苦荞茶。

工艺流程见图 8-14。

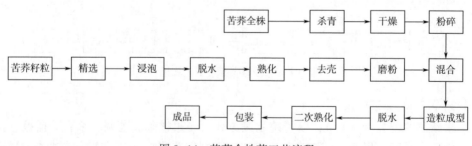

图 8-14　苦荞全株茶工艺流程

6. 苦荞复合茶

复合型苦荞茶是以苦荞为主要原料，将其他花茶或药食同源植物作为辅料，经过原料混合、粉碎、烘烤等工序加工而成。

（1）将苦荞麦麸与菊花、薄荷等按一定比例混合，经粉碎、烘烤等工序加工后的复合茶，茶汤清澈，呈明黄色，兼具菊花、薄荷的清香和明显的苦荞麦香味，且有效利用了苦荞麦麸中所含的芦丁等生物活性成分。

工艺流程见图 8-15。

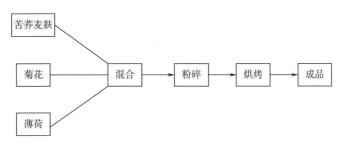

图 8-15　苦荞复合茶工艺流程（苦荞麦麸）

（2）将黄精、葛根、枸杞、山药和茯苓等多种药食同源植物的水溶液分批次混合、浸泡苦荞籽粒，并通过干燥、炒制等工序制成的复合茶，口感良好，黄酮含量高，储存稳定性好，且增加了其他功效成分。

工艺流程见图 8-16。

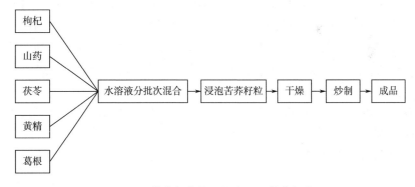

图 8-16　苦荞复合茶工艺流程（苦荞籽粒）

7. 苦荞发酵茶

在传统茶加工工艺的基础上，通过微生物发酵，有效利用了微生物的酶系对苦荞营养成分进行代谢转化，可制成发酵苦荞茶。发酵过程有效保留了苦荞本身的活性功能成分，且增加了茶本身的营养和保健功效。以黑曲霉发酵苦荞叶，叶中酚类化合物的含量随发酵时间变化而变化，进而影响了其抗氧化活性。苦荞籽粒经红曲霉发酵后，其中洛伐他汀、辅酶 Q10 和色价等含量随发酵时间延长而逐渐上升，但总黄酮、总多酚和抗氧化活性在发酵后呈现下降趋势。

8. 速溶苦荞茶

将造粒型苦荞茶打粉，以热水浸提，后将浸提液干燥、分装可制备速溶苦荞茶粉。通过单因素实验分析浸提过程，比较喷雾干燥和真空干燥等干燥方式，以及分析麦芽糊精作为干燥赋形剂的添加比例，优化后速溶茶粉颗粒的总黄酮含量可达 2.1788 mg GAE/g，总多酚含量可达 4.1928 mg RE/g，且有效保留了香味成分。

9. 液态苦荞茶

将糖化后的小米与苦荞茶汤混合，接种植物乳杆菌和活性干酵母进行液态发酵，可制成液态复合苦荞茶饮。以感官评价为指标，通过发酵条件、复合配比组合和添加剂优化，制得的复合茶饮呈淡黄色，香味浓郁，酸甜适中。

（二）苦荞饮料

荞麦具有营养和保健双重功效，荞麦保健茶大多是针对疾病设计，通过食疗起到预防和治疗的作用。如苦荞茶可直接用开水冲饮，茶水呈黄褐色，清亮透明，经常作为糖尿病患者的保健饮品；荞麦苡仁保健茶，融合了荞麦和薏仁的营养成分，对糖尿病有独特的疗效。又如苦荞乌龙茶，是将苦荞炒制后与乌龙茶配合而制成的袋泡茶，不仅具有浓郁的乌龙茶香气，而且带有微微的焙烤香味。将苦荞经预处理、水浸、蒸煮、干燥、脱皮粉碎、焙烤等步骤处理后与经杀青揉捻、烘烤、熏蒸、晾晒、整形后的柿叶混合可制得具有适宜风味的苦荞柿叶茶，有特殊的焙烤香味与柿叶香味，汤色呈黄绿色，微带茶褐色，稍有辣味，适口；另外，将荞麦粉炒熟后，加入芝麻、花生仁、白糖、色拉油拌匀即成荞麦油茶，可直接用开水冲调食用；将苦荞清洗、蒸煮、烘干、焙烤、破碎后用温水浸提、过滤、调配、杀菌制得的功能性饮料，具有荞麦焦香味，富含黄酮类化合物，色泽金黄，酸甜适口。

1. 原料

苦荞粉、耐热 α-淀粉酶、蔗糖、异抗坏血酸钠、海藻酸钠、琼脂、黄原胶、CMC-Na、碘、芦丁。

2. 工艺流程（图 8-17）

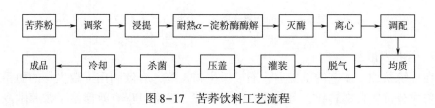

图 8-17　苦荞饮料工艺流程

3. 操作要点

（1）浸提。浸提应选择新鲜的不含任何其他添加剂的苦荞原粉。将苦荞粉调成薄浆，加水量为苦荞粉量的 8 倍。随后调节薄浆 pH 到 7，将其放入温度为 55℃ 的水浴锅中静置 90 min，浸提完毕后用滤纸过滤待用。

（2）酶解。将苦荞浸提液 pH 调至 6，加热至 80℃，加入 1.2% 耐热 α-淀粉酶进行酶解，在保持恒温的条件下酶解 45 min 左右，然后加热至沸腾灭酶。随后在转速为 2000 r/min 条件下用高速离心机离心分离 10 min，以除去酶解液中的较大固体颗粒。

（3）调配。将酶解液送入调配罐，按配方称取 6% 蔗糖化为浓度为 65% 的糖液，按酶解液质量加入 0.5% 的单甘脂与蔗糖脂肪酸酯（8∶1），0.3% 的琼脂与海藻酸钠（4∶1），调 pH 至 6，最后加入香精、色素等搅拌均匀。

（4）均质。将调配好的料液在 75～80℃、20 MPa 压力条件下泵入均质机中均质，使料液形成均匀一致的稳定体系。

（5）脱气。将均质后的产品放入真空脱气机中进行脱气，去除溶解于液体中的气体，保持产品良好的感观。

（6）灌装、杀菌、成品。将料液加热到 70～80℃，迅速灌装，压盖后采用 100℃ 杀菌处理 15 min。冷却后经检验合格，贴标签即为成品。

4. 主要影响因素

（1）浸提条件的选择。生产中浸提液的质量影响产品的好坏，这一环节为苦荞饮料制作的关键工序。在试验过程中，影响浸提液质量的因素很多，经过正交试验，结果表明，浸提液 pH 为 7、浸提时间 90 min、浸提温度 55℃ 为浸提的最佳工艺。

（2）酶解条件的选择。引起苦荞浸提液混浊的主要因素是苦荞浸提汁中混有淀粉颗粒。可对淀粉采用耐高温 α-淀粉酶酶解处理。根据正交试验，酶解的最佳工艺为：酶解温度 80℃，酶解 pH 为 6，加酶量为加水量的 1.2%、酶解时间 45 min。

（3）苦荞饮料的调配。苦荞经浸提和酶解后风味不佳，需加入添加剂进行调配。由正交试验，酶解液的质量为准，蔗糖添加量为 6%，单甘脂与蔗糖脂肪酸酯（8∶1）添加量为 0.5%，琼脂与海藻酸钠（4∶1）添加量为 0.3%，pH 调至 6 为最佳工艺组成。

第三节　苦荞膨化食品

苦荞制品加工工艺复杂，种类丰富，其多酚及组分含量与抗氧化活性密切相关。制粉方式多样且有利于多酚类物质的溶出，苦荞挂面、馒头、面包、饸饹、烙饼、锅巴等制品经热加工处理后，黄酮、酚类等抗氧化物质发生裂解等反应，不利于芦丁等物质的保留和积累，多酚及组分含量下降，抗氧化活性降低。相对于传统热处理，发酵产品如苦荞醋、苦荞酒均展现出较高的多酚含量和抗氧化活性，萌发有助于提高苦荞多酚含量和抗氧化活性。总之，为最大限度保留或提高各类苦荞制品的多酚及组分含量、抗氧化活性，进一步改善其营养成分及食用品质，应合理选用加工方式、控制加工条件。

为探讨加工过程中温度处理对苦荞中生物活性物质的影响，田汉英等对比研究了不同处理温度下苦荞粉中抗氧化成分的含量及抗氧化性的强弱，结果指出，处理温度高于180℃时，黄酮类物质含量会显著降低，高于220℃时，酚酸类物质、黄酮类物质的含量均显著降低，建议苦荞加工过程中，最佳处理温度不超过180℃。

膨化食品通常是以自身含水分较少的谷类、薯类、豆类等作为主要原料，原料经膨化设备的加压、加热处理后使其本身的体积发生了膨胀，内部的组织结构也发生了变化，最终制造出品种多样、形状精巧、营养充足、口感酥脆的食品。

广义上的膨化食品，指凡是利用油炸、挤压、沙炒、焙烤、微波等技术作为熟化工艺，在熟化工艺前后，体积有明显增加现象的食品。膨化是指原料受热或压差变化后使体积膨胀或结构疏松的过程。膨化食品是指以谷物、薯类、豆类、蔬菜类或坚果籽类等为主要原料，采用膨化工艺制成的组织疏松或松脆的食品。膨化技术虽属于物理加工技术，但却具有本身的特点。膨化不仅可以改变原料的外形、状态，而且改变了原料中的分子结构和性质，并形成了某些新的物质。瞬间爆发出的膨胀力不仅将粮粒的外部形态破坏掉，同时也拉断了粮粒内部原有的分子结构，使具有不溶性的长链淀粉被切成具有水溶性的短链淀粉、糊精和糖，因此导致膨化食品中的具有不溶性的物质减少，具有水溶性的物质增加。原料经过膨胀后除了具有水溶性的物质增加外，还有一部分的淀粉变成了糊精和糖。当人们使用挤压技术来加工谷物等原料的食品的同时，如果加入其他营养物质，如氨基酸、蛋白质、维生素、矿物质、食用色素和香味料等添加剂，这些添加的物质均可均匀地分布在挤压物中，并且不可逆地与挤压物相结合，以此来达到强化食品的目的。由于挤压膨化工艺的特点是高温瞬时操作，所以产品中的营养物质在加工过程中损失较小。膨化食品从营养角度可分为传统型和营养型，按加工工艺可分为油炸型、焙烤型、直接挤压型、花色型4种类型。

一、苦荞脆片

（一）配料
苦荞粉、面粉、空气炸锅、压面机。

（二）工艺流程
原料调配→静置→辊压→切片→空气炸锅→冷却→成品。

（三）操作要点

1. 原料调配

将苦荞粉过100目筛，然后按苦荞粉占面粉质量比10%的比例准确称取原料，将原料放在面盆里拌匀，分次加水（总加水量为面粉质量的50%）和面，和成表面均匀的面团。

2. 静置

将面团裹上保鲜膜，静置 10 min。

3. 辊压

将面团用擀面杖擀至一定厚度，再放入压面机进行压片。随后用厨刀和尺子将面片在案板上切分成 2.5 cm×2.5 cm 的方形薄片。

4. 空气炸锅

空气炸锅在 180℃温度下预热 5 min，随后打开锅底座，将薄片放置在烤架上，每锅放置约 20 片，以温度 180℃和时间 5 min 进行第 1 次气流膨化，随后再以相同温度和时间进行第 2 次气流膨化。气流膨化结束后，将脆片取出并放置在室温下冷却，得到苦荞脆片成品。

（四）主要影响因素

1. 苦荞粉添加量

苦荞粉添加量的接受度大多在 15%以下，当添加量超过 15%时，产品苦味加重，口感变得较为粗糙。当苦荞粉添加量从 4%增加至 10%时，脆片综合评分增加幅度较大，可能是因为随着苦荞粉添加量的增加，脆片的色泽、滋味和可接受度变化较快。当苦荞粉添加量从 10%增加至 16%时，可能是因为随着添加量的继续增加，苦荞脆片的滋味和口感变化幅度相对较小。

2. 温度

较低的膨化温度会导致物料膨化不充分，而膨化温度过高会导致物料焦糊、色泽暗淡，对于膨化产品的生产而言，膨化温度的控制尤为重要。当温度从 160℃增加至 180℃时，因为伴随着温度的升高，脆片的膨化度增加及感官品质升高。当温度从 180℃上升至 200℃时，因为高温会加速美拉德反应，进而会导致脆片颜色加深，并产生苦味物质。

3. 时间

膨化脆片产品品质通常与膨化时间密切相关。膨化时间过长会导致脆片内部水分过少甚至出现焦糊现象，导致产品硬度增大，脆性降低。当时间从 6 min 增加至 10 min 时，随着时间的增加，脆片逐渐熟化，且膨化度和感官品质不断增加。而当时间从 10 min 上升至 14 min 时，随着膨化时间增加，脆片的相关品质急剧下降。

二、苦荞粉

（一）工艺流程

1. 原辅料的制备

苦荞麦面粉→膨化→精细微粉碎→膨化粉。

苦荞麦面粉→精细微粉碎→荞麦精粉。

2. 荞麦面条专用粉工艺流程

荞麦膨化粉、荞麦精粉、小麦高筋粉、食品添加剂→混合→包装→荞麦面条专用粉。

（二）操作要点

（1）水分调整：根据苦荞麦的特性及膨化度要求，调整水分在15%～17%有利于膨化。

（2）膨化：要求膨化充分均匀而不夹生、不留白斑、不焦、色泽一致。一般膨化机一区温度为80℃，二区温度控制150℃（双螺杆挤压膨化机），冷透后才能粉碎制粉。

（3）膨化粉、荞麦精粉需精细粉碎要求尽量细一些，一般为140～180目。

（4）各原料、辅料要称量准确，混合均匀，不能有死角。

（5）高筋粉的筋度应大于40%。用含量高的面筋调制的面团进行发酵，面团能够保持大量的气体且产品组织结构好。

（6）各种食品添加剂需要粉碎至80目以上或在制作各种荞麦食品过程中用水溶化直接加入。

（三）制作原理

利用挤压膨化工艺使得苦荞麦面粉中的淀粉降解，淀粉分子的氢键断裂而发生糊化（α化），可溶性膳食纤维的量相对增加（口感变细腻），蛋白质在高温、高压、高剪切力（挤压膨化过程）作用下变性，消化率明显提高且蛋白质的品质获得改善，同时经过膨化的苦荞麦面粉的粘连性、水溶性有很大提高。苦荞麦面粉精细加工原理是面粉粒径微细化（一般140～180目），各种黏性原料成分才能将它紧密包裹住形成网络，有利于面团成型，黏性成分包括谷朊粉、膨化粉、变性淀粉。

（四）主要影响因素

谷物磨粉过程经常会伴随着粒度的减小、淀粉结构的损伤、淀粉晶体结构的变化、营养物质的流失、蛋白质的降解等，最终影响面粉的加工特性。在谷物籽粒中，淀粉是含量最高且最为重要的碳水化合物，含量超过籽粒干重的50%。有研究表明，面粉中轻度损伤的淀粉颗粒可以增加蛋糕的体积，改善面条的质构特性，而受损严重的淀粉颗粒则会使蛋糕和面条的品质严重下降，因此研磨对淀粉造成的影响会导致面粉性质发生严重改变。

在谷物籽粒中淀粉颗粒通常是嵌入在蛋白质、细胞壁及脂质中，这将极大影响淀粉和面粉的属性。在磨粉过程中，淀粉分子大小、结晶结构、淀粉微观形态可能会发生变化。淀粉颗粒是由直链淀粉和支链淀粉分子通过有序排列形成的聚合物，葡萄糖链以脐点为中心垂直于淀粉颗粒表面，并向着淀粉粒的表面呈放射状排列，使淀粉粒呈球晶结构。谷物粉碎过程会使粉颗粒减小，同时伴随着淀粉颗粒的破损，随着机械力的增大和研磨时间的延长，淀粉的受损程度越来越严重。此外，淀粉损伤程度与籽粒硬度有一定关系，籽粒硬度大的，尤其是蛋白含量较高的谷物淀粉粉碎时比硬度小的更容易被破坏。与原淀粉相比，严重受损的淀粉颗粒表面会出现多孔现象，但其颗粒大小并不会随着受损程度的加重而变小，这是因为淀粉之间会相互吸附聚集在一起，尤其在损伤特别严重时。在湿法粉碎过程中，水分子可以充当增塑剂增加淀粉的弹性和断裂韧性，同时水分子代替淀粉颗粒吸收一部分机械能使其受损较小。

膨胀性反映的是淀粉或面粉颗粒的持水能力的大小，主要受淀粉颗粒大小、颗粒形态、直链淀粉含量，以及非淀粉组分如脂类、蛋白质等因素影响。可以看出，由于不同的磨粉方式对非淀粉成分如蛋白质、细胞壁等的降解程度不同和对淀粉颗粒受损程度不同，其对膨胀度会产生不同的影响。

三、苦荞锅巴

（一）配料

荞麦粉 100 g、食盐 2 g、辣椒粉 2 g、水 60 mL。

（二）工艺流程

原料处理→按比例混合→面团调制→轧面→切片→油炸→沥油→调味→冷却→荞麦锅巴。

（三）操作要点

（1）原料处理：将荞麦粉过 80 目筛除杂。

（2）按比例混合：将荞麦粉 100 g，水 60 mL 调和成面团。

（3）轧面、切片：用轧面机将荞麦面团压成面片，然后将面片切成小块面片。

（4）油炸：将面片放入油温约为 140℃ 的油中进行油炸，油炸约 3 min，至面片为金黄色捞出即可。

四、苦荞膨化米饼

（一）配料

籼米、苦荞麦粉、蔗糖、棕榈油、食用盐、谷氨酸钠、香兰素等。

（二）工艺流程（图 8-18）

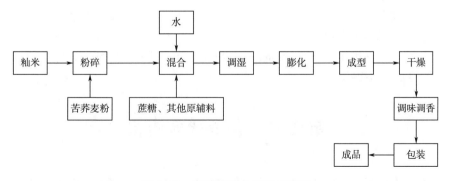

图 8-18 苦荞膨化米饼工艺流程

（三）操作要点

（1）原料预处理：选用新鲜、优质的原料，将大米、苦荞麦粉粉碎至100目左右备用。

（2）配料：按照配方要求将粉末原料加入混料缸中，加入一定比例的水，搅拌均匀，以手捏成团、手松即散为佳（即原料的含水量为25%～30%）。

（3）挤压膨化：采用双螺杆挤压膨化机。在加入原料膨化之前，先将设备预热20～30 min，至温度为180～200℃。挤压螺杆的转速为60～70 r/min，加水以检查设备内部预热情况，是否有水蒸气喷出。

（4）干燥：原料经挤压膨化后，从喷头挤出，经过剪切成型后放入干燥设备内进行干燥处理。干燥温度控制在75～80℃，时间约25 min，干燥至其水分含量为4%～5%。

（5）喷油或淋油：在干燥后的产品表面均匀地喷涂一层植物油，使其口感好，并有利于喷调味粉。喷油量为4%～7%，油温控制在70～80℃，以利于调味粉的吸附。

（6）调味：可以根据当地的习惯，将不同风味的调味物质喷在植物油表面，从而得到不同风味的产品。

（7）包装：采用真空充氮气软包装。定量包装，密封而不透气，无包装异味。

（四）产品质量标准

1. 感官质量

（1）色泽：具有该品种特有的色泽，无过焦或过白的现象。

（2）气味：有米香味和苦荞麦香味，无异味；口感：甜咸适度，口感酥脆，不牙碜，无外来杂质污染。

（3）形态：应符合工艺要求的形状，如球形或方形，外形完整、大小大致均匀。

（4）组织：内部组织从断面观察，气孔细密均匀，脆性良好，不得有大的孔洞。

2. 理化指标

蛋白质≥8%；水分≤6%；膨化度≥95%；每袋质量的允许误差≤1%。

3. 卫生指标

（1）无杂质、无污染。

（2）细菌总数≤1000个/g；大肠菌群≤30个/100 g；致病菌不得检出。

（3）铅（以Pb计）≤0.05 mg/kg；铜（以Cu计）≤0.50 mg/kg；砷（以As计）（mg/kg）：不得检出。

第四节　苦荞代餐食品

目前，人们越来越注重饮食健康，低糖、低脂等标签逐渐成为人们选择商品的重要因素，因此对营养型、保健型方便食品需求也逐渐增大。代餐粉具有低脂、低热量及饱腹感强等特点，是由谷物类、豆类、薯类和其他可食用植物部分，如根、茎、叶和果实等所制成的单一或组合性冲调粉剂产品，杂粮代餐粉具有排毒养颜、减肥瘦身及控制血糖等功效。

随着人们生活水平的提高，"三高"人群和糖尿病（尤其是2型糖尿病）患者越来越多。糖尿病患者的"三多一少"症状使得很多病人经常感到饥饿，但摄入过多又会导致血糖升高。苦荞中多为抗性淀粉，食用后不会引起血糖的升高，因此，为了提高糖尿病患者的生活质量，很有必要开发以苦荞为原料的代餐粉。

一、苦荞复合代餐粉

随着生活节奏的加快，人们对健康、营养、方便食品的需求越来越大。代餐粉开袋冲调即食，不仅方便，也是早餐和代餐的理想选择。研究表明，多元化的饮食平衡是改善亚健康最有效的策略。杂粮多富含功能活性物质，在饮食结构平衡中具有重要地位，但其加工特性差，制约了杂粮产品的开发。另外，由于苦荞中的芦丁在加工中容易转化为槲皮素，从而使其活性改变，并增加了苦味，因此，以大米、苦荞、黑豆粉、黑芝麻粉和黑米粉为主要原料，麦芽糊精、植脂末和糖粉为辅料，加工制作一种富含芦丁的苦荞复合代餐粉。产品气味香甜，有浓郁的杂粮香味，颜色均匀，口感细腻，溶解度较高。通过对纯苦荞粉与苦荞复合代餐粉营养成分对比发现，苦荞复合代餐粉脂肪和蛋白质含量分别为6.87%和11.34%，均比纯苦荞粉含量高；且总氨基酸含量比纯苦荞粉高4.6%，营养成分更加合理。

（一）配料

大米粉14 g、苦荞粉15 g、黑米粉8 g、黑豆粉3 g、黑芝麻粉3 g、植脂末5 g、麦芽糊精5 g、糖粉7 g。

（二）工艺流程（图8-19）

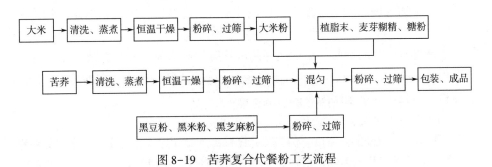

图8-19　苦荞复合代餐粉工艺流程

(三) 操作要点

1. 苦荞的处理

挑选颗粒饱满的苦荞籽粒清洗,将清洗过的苦荞放入锅中,按料液比 1∶5 (g/mL) 放入水,电磁炉 2000 W 蒸煮 40 min。将煮好的苦荞,薄薄地平铺在铁盘中,80℃ 烘干,粉碎,过筛 (80 目),然后放入干燥器中,待用。

2. 大米的处理

清洗大米 3 遍,将清洗过的大米放入锅中,按料液比 1∶1.5 (g/mL) 放入水,2000 W 电磁炉蒸煮 30 min。将煮好的大米,薄薄地平铺在铁盘中,80℃ 烘干,粉碎,分别过筛 (80 目),然后放入干燥器中,待用。

3. 其他杂粮的处理

黑米粉、黑大豆粉、黑芝麻粉 3 种杂粮,分别过筛 (80 目),然后放入干燥器中,待用。

4. 代餐粉的调配

配方以 60 g 计算,将粉碎过筛后的苦荞粉、黑豆粉、黑芝麻粉、黑米粉、大米粉、植脂末、麦芽糊精和糖粉按一定比例调配,混合均匀,然后把混合后的配料进行二次粉碎,过 80 目筛,即得代餐粉成品。选择阻隔性较好的 PE 复合包装材料包装,以避免产品吸潮和油脂氧化。

(四) 主要影响因素

1. 原料粒径

原料粒径是影响苦荞复合代餐粉口感及溶解度的重要因素。粉越细,在冲调时,越容易造成淀粉包裹形成结块。苦荞复合代餐粉的原料目数选择 80 目为宜。

2. 苦荞复合代餐粉主料配方

适当添加苦荞粉可以增加代餐粉中苦荞特有的香气,而添加量大于 15 g 时,代餐粉中苦荞特有的苦味增加而影响口感。综合考虑,苦荞粉的适宜添加量为 15 g。

黑豆粉添加量过大时,豆腥味会影响口感。综合考虑,黑豆粉的添加量选定为 2 g。

黑芝麻含有较高的油脂,添加适当的黑芝麻粉会增加苦荞复合代餐粉的芝麻香味,当黑芝麻粉添加量超过 3 g 时,代餐粉过重的芝麻味掩盖了其他杂粮的香味。黑芝麻粉的适宜添加量选定为 3 g。

3. 苦荞复合代餐粉辅料配方

麦芽糊精具有较高的溶解度。但当麦芽糊精添加量超过 5 g 之后,由于麦芽糊精过量的添加,会掩盖了代餐粉的杂粮香味。综合考虑,麦芽糊精的适宜添加量选定为 5 g。

当植脂末添加量超过 5 g 时,感官评分呈下降趋势,这可能是因为添加过多的植脂末,奶味过重,掩盖了代餐粉的杂粮香味。综合考虑,植脂末的适宜添加量选定为 5 g。

糖粉具有良好的水溶性，但当糖粉添加量大于 5 g 时，由于糖粉添加过多而超过了人们对甜味的接受程度。综合考虑，糖粉的适宜添加量选定为 5 g。

二、苦荞果蔬代餐粉

代餐粉多用于体重体脂的调节、肠道菌群的改善，是一种可取代部分或全部正餐的粉末类食品，一般用热水冲调食用，含有人体所需的蛋白质、脂肪、碳水化合物、膳食纤维、维生素和矿物质等营养素，具备营养均衡和食用方便的特点。苦荞麦的营养成分较为全面，而且富含其他谷物所没有的生物黄酮，因此选用苦荞作为代餐粉的原料可以增加代餐粉的抗氧化功能。另外，目前代餐的口感比较单一，并不能得到很多人的认可，所以以苦荞粉为原料，添加果蔬粉、木糖醇，经过混合调质、膨化和粉碎等工艺，制作出一款健康、营养、美味的苦荞果蔬代餐粉。

（一）配料

苦荞麦、各种果蔬粉（苹果、桑葚、葡萄、苦瓜、芹菜和菠菜）、木糖醇。

（二）工艺流程（图8-20）

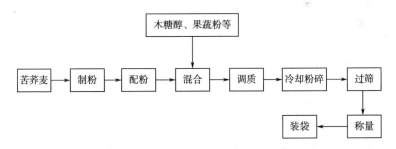

图 8-20 苦荞果蔬代餐粉工艺流程

（三）操作要点

1. 苦荞的处理

挑选颗粒饱满的苦荞籽粒，清洗，将清洗过的苦荞放入锅中，按料液比 1∶5（g/mL）放入水，电磁炉 2000 W 蒸煮 40 min。将煮好的苦荞，薄薄地平铺在铁盘中，80℃ 烘干，粉碎，过筛（80 目），然后放入干燥器中，待用。将苦荞麦制粉后，苦荞麸粉、苦荞皮粉、苦荞芯粉以 2∶2∶6 的比例混合成产品所用苦荞粉。

2. 各种果蔬的处理

将苹果、葡萄、苦瓜去皮和桑葚、芹菜、菠菜清洗后，切分成适当大小，置于鼓风干燥箱中 60℃ 干燥 12 h，干燥后的样品粉碎并过孔径 0.075 mm 筛。以苹果粉、桑葚粉、葡萄粉、苦瓜粉、芹菜粉和菠菜粉 6 种果蔬粉复配成产品所用果蔬粉。

3. 混合、调质

以苦荞粉 70%，果蔬粉 15%，木糖醇 15% 的比例混合在一起，加入水进行调质，使产品水分含量达到 18%，然后将混合物在膨化温度 145℃，螺杆转速 200 r/min 的条件下膨化成膨化粒。

三、莜麦苦荞高纤维杂粮降糖代餐粉

代餐粉是一种由谷类、豆类、薯类、果蔬类等为主要原料制成的单一或综合性冲调粉状产品，具有低热量、高膳食纤维、低饱和脂肪酸及易产生饱腹感等特点。近年来，食用代餐粉成为一种风行于国际的减肥瘦身方法，代餐粉集营养均衡、效果显著、食用方便等优点于一身，得到众多减肥瘦身人士的喜爱，且减肥效果良好、无副作用。幸宏伟等以橘皮粉、燕麦粉、脱脂乳粉和木糖醇为原料调制得到的代餐粉理化性质较好。刘俭等以沙棘果粉、红小豆粉、薏仁米粉为主要原料，添加甜菊糖苷、赤藓糖醇、菊粉和魔芋粉调制成的沙棘营养代餐粉口感良好、营养丰富，且加工工艺简单，适宜于工业化生产。以莜麦粉、苦荞粉为原料，木糖醇为辅料，开发高纤维杂粮降糖代餐粉。

（一） 配料

莜麦粉、苦荞粉、木糖醇、水。

（二） 工艺流程（图 8-21）

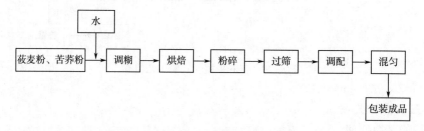

图 8-21　莜麦苦荞高纤维杂粮降糖代餐粉工艺流程

（三） 操作要点

1. 原料预处理

在莜麦粉与苦荞粉中按料液比（g/mL）1∶2 分别加入水，搅拌均匀，静置30 min 后于烤盘中摊平，形成 3~5 mm 厚的薄层，之后进行烘焙。莜麦最佳烘焙时间与温度分别为 30 min、155℃；苦荞最佳烘焙时间与温度分别为 25 min、140℃。

2. 调配

原料配比莜麦粉∶苦荞粉 =6∶1，木糖醇添加量为 16%，此时莜麦粉、苦荞粉

与木糖醇三者质量分数分别为 72%、12% 和 16%，原料细度 120 目。

（四）主要影响因素

1. 原料预处理

烘焙是代餐粉制作过程中很重要的一道工序，研究烘焙时间和烘焙温度对代餐粉风味的影响具有重要意义。由于其氨基化合物和羰基化合物发生美拉德反应，生成类黑精、还原酮和挥发性杂环化合物，导致色泽和口感的变化。最终确定莜麦最佳烘焙时间与温度分别为 30 min、155℃；苦荞最佳烘焙时间与温度分别为 25 min、140℃。将最佳条件下烘焙的莜麦粉和苦荞粉粉碎后过不同目数筛，保存备用。通过原料预处理，美拉德反应会消耗蛋白质、氨基酸、还原糖、不饱和脂肪酸等营养物质，造成营养成分含量降低，同时能够使谷物颜色加深、色泽更好，产生醛、酮、吡嗪等香气成分，从而产生独特的谷物风味。

2. 莜麦苦荞配比

当莜麦与苦荞的质量比为 8 : 1 时，苦荞占比最小，风味物质单一；当莜麦与苦荞的质量比为 6 : 1 时，此时感官评分最高，风味口感最佳，可品尝到苦荞特有风味，且口感细腻醇厚。随着莜麦与苦荞的比例不断变小，感官评分逐渐降低，当莜麦与苦荞的质量比为 1 : 1 时，由于苦荞中的苦味物质芦丁对代餐粉口感影响作用，评分较低，口感不佳。因此，莜麦与苦荞的最佳质量比为 6 : 1。

第五节 苦荞功能性食品

功能性食品，也可称为保健食品，是指含有调节机体生理活性、预防疾病及恢复机体健康等相关功能性因子，具有独特的生产加工方式，适合目的人群食用，且不以治疗疾病为目的的一类食品。此类食品不仅具备一般食品所具备的营养功能及口感，还具备一般食品所没有或不强调的调节人体生理活性的功能。这些功能主要有增强人体免疫能力，激活淋巴系统，预防高血压、高血糖、便秘及肿瘤，调节胆固醇、防止血小板凝集及调节造血，延缓衰老、抗氧化等。

苦荞是我国特有的兼具药食同源的一种小宗粮食作物。我国苦荞的种植面积和产量均居世界第一，主要产区分布在山西、云南、四川、西藏、贵州、青海等地。苦荞除含有一般荞麦的营养物质外，还含有多种功能性成分，包括多糖、多酚、蛋白质、氨基酸、抗性淀粉等，因而具有降血脂、降血压、降血糖、改善肠道微生态、抗氧化、抗癌抑瘤、抗炎、护肝等多重功效。苦荞籽粒、叶、茎等组织中也含有大量的芦丁、槲皮素、儿茶素等酚类化合物及其他营养物质，具有一定的保健功能。随着人们生活水平不断提高，苦荞保健功能受到人们越来越多的青睐，已广泛用于加工生产各种具有独特风味和健康功能的食品。

我国功能性食品的发展大体经历了3个阶段，第一阶段产品包括各类强化食品，仅根据食品中各类营养素和其他有效成分的功能来推断该类产品的保健功能，这些功能没有经过任何试验予以验证，欧美各国都将这类食品列入一般食品；第二阶段产品是经过人体及动物试验，证明该产品具有某项生理调节功能；第三阶段产品不仅需要人体及动物试验证明该产品具有某种生理调节功能，还需查明具有该功能的功能因子的结构、含量、作用机制及此功能因子在食品中应有的稳定形态。目前我国销售的功能性食品中90%属于第一阶段和第二阶段产品，而日本、欧洲、美国的产品已经进入第三阶段。

一、苦荞醋

苦荞醋作为苦荞资源开发利用的新形态，其附加值高。在苦荞醋发酵过程中，苦荞中淀粉、蛋白质等大分子物质在微生物作用下分解成有机酸、氨基酸、醇、核酸等小分子物质。这样就极大地提高了人体对苦荞中营养物质的消化吸收，改善了苦荞产品的适口性。苦荞醋有软化血管、降血压、降血脂的功效，适用于"三高"人群及糖尿病患者。

（一）工艺流程（图8-22）

图8-22　苦荞醋工艺流程

（二）主要影响因素

1. 苦荞醋生产工艺

根据醋酸的发酵状态，生产工艺可分为固体发酵和液体发酵。固体发酵又可分为全固态发酵和前液后固发酵。液体发酵则主要包括深层发酵、液态浇淋与静置发酵。如果按照原料是否蒸煮划分，则分为熟料发酵与生料发酵两种工艺。其中，固体发酵、深层发酵、前液后固发酵及生料发酵这几种工艺在苦荞醋的生产中应用比较广泛。

固体发酵法是中国传统的酿醋方法，所生产的醋色深而味醇，但生产周期较长，工艺也比较复杂。深层发酵法作为一种液体发酵法，不仅具有缩短生产周期、节约原料等优点，还能较好地保留原料中所富含的活性物质，但往往产品的风味不够醇厚。而前液后固发酵法被俗称为"二步法"，该法在一定程度上保持了传统固态发酵醋的风味，还提高了原料的利用率。生料发酵法则是指将淀粉原料经粉碎后不进行蒸煮处理，使淀粉糖化和酒精发酵同时进行的过程。该法不仅能有效节约能源，降低成本，还能与其他工艺结合使用起到改善风味的效果。但由于生料发酵所用的原料未经高温蒸煮，淀粉易糖化不完全引入杂菌，所以生产过程中常会发生返浑现象，需在后续加入灭酶杀菌等工序来缓解醋的返浑。不同发酵法具有不同的优缺点，可对比分析这些方法并进行改善，也可将这些发酵方法结合使用，以实现最大的生产效益。

2. 苦荞醋原料及处理

苦荞按颜色可分为黑苦荞、黄苦荞。其中，黑苦荞的多种营养成分普遍高于黄苦荞，尤其是总黄酮、芦丁等活性成分含量较高。所以目前的研究大多用黑苦荞制醋，制出的产品保健价值也更高。除了颜色，苦荞还可通过生长区域等划分品种，不同品种会导致营养物质含量不同。姜国富等分析了我国不同地区所产苦荞的含水量、蛋白质含量、淀粉含量等指标，发现不同地区由于土壤、水质的不同会导致苦荞营养成分的不同。钟林等在"川荞1号"叶面喷施硼砂、磷酸二氢钾、钼酸铵发现，喷施3种微量元素肥料可以增加"川荞1号"籽粒黄酮含量，3种微量元素处理间均达到极显著水平，即不同微量元素会对苦荞黄酮含量产生影响。国旭丹以苦荞籽、苦荞壳、苦荞麸皮为研究对象，得出苦荞生长环境会影响苦荞籽中酚类物质含量与抗氧化性，且苦荞籽中酚类物质普遍以游离形式存在，苦荞麸皮中槲皮素及其代谢产物具有抗炎功效。因此选择苦荞醋原料时，可依据产品所面向的群体进行选择，从而达到增益产品某方面保健功能的效果。

另外，现已有多项研究证明苦荞经萌发处理后，会发生一系列复杂的生化反应。不仅能有效提高苦荞的营养物质及活性成分含量，还能显著改善抗性淀粉所引发的不良反应。李云龙等以萌动苦荞麦为原料，将生料发酵与传统老陈醋工艺结合制备苦荞醋。结果表明，萌动苦荞醋与普通苦荞醋相比含有更为丰富的总黄酮、总酚、γ-氨基丁酸和D-手性肌醇。经小鼠实验发现，发芽苦荞醋的抗氧化性能更好。

张玉梅不仅将黑苦荞萌发，还在此基础上提取出黄酮和多糖，将剩余苦荞粉进行酿造后再把黄酮回填，最终所得产品的黄酮含量高达 8.15 mg/mL。这种前处理方式，在利用苦荞萌发优势的同时，也较好避免了黄酮在制醋过程中的损失及多糖对发酵的不利影响。

3. 苦荞醋糖化剂

糖化剂能将谷物中淀粉转化为葡萄糖，是食醋发酵的关键。因此，选择适宜且品质有保证的糖化剂不仅能增强分解淀粉的能力，还能有效提高糖化率和酒精的发酵率。现有糖化剂的种类较多，主要包括大曲、麸曲、糖化酶制剂及中药制曲等。

张素云等采用麸皮和糖化酶分别对苦荞碎米及皮粉进行糖化，以还原糖利用率等为指标，筛选较优的糖化方法。结果表明用麸曲糖化，其糖醇转化率及总黄酮保留率更高，但还原糖利用率略低。从经济等角度综合考虑，麸曲糖化更具有优势。然而，麸皮制曲的时间往往过长，易滋生细菌导致质量不稳定。中药制曲能较好地抑制杂菌的生长，促进或不影响根霉菌、酵母的生长。张素云等分别采用厚朴、薄荷、苦参这3种中药制砖曲，以液化力等为指标比较3种砖曲的品质。结果表明添加苦参制成的砖曲品质最好，能将杂菌污染严重、优势菌群不明显的传统麸曲转化为酯香浓厚、优势菌群繁多的固体曲，较好地弥补了麸皮制曲的不足，有利于苦荞醋的糖化发酵。Zhang等采用3种不同糖化剂发酵制醋，结果也表明用药曲制出的荞麦醋品质最好，所含芳香物质高达29种，风味醇厚。

此外，蛋白酶对苦荞醋的质量也具有一定的影响。汪沙等采用液态发酵法制苦荞醋，在糖化后分别加入一定量的酸性、中性和碱性蛋白酶，最终发现中性蛋白酶具有较好的处理效果，有助于氨基酸态氮的生成、多糖的溶出，其黄酮损失量也最小。

4. 苦荞醋发酵菌种

在酿造工艺方面，发酵微生物是食醋酿造的核心。越来越多具有优良性状的菌种被开发利用，因此可以通过特定微生物的组合来调控食醋中功能物质的种类和含量。谢锦明通过实验从陕西民间醋醅中分离出热带醋酸杆菌这种优势菌种，其产酸量高、发酵特性强，制得的苦荞醋具有较强的抗氧化能力。

（三）苦荞醋保健功能

1. 抗氧化

自由基是引起机体氧化应激的主要因素，在体内累积过多会损伤蛋白质、DNA和脂质过氧体等生物分子，导致机体的衰老。而抗氧化作用可以较好地抑制自由基生成或阻断自由基的链式反应，起到抗衰老的功效，所以近些年关于苦荞醋抗氧化方面的研究较多。

LIU等采用高效液相色谱法，对比6种醋中的黄酮和酚酸含量。结果表明与其他谷物和市售米醋相比，深层发酵所生产的荞麦醋含有更多的酚酸和黄酮类化合物。其中黄酮是产生抗氧化功效的主要物质，所以荞麦醋也具有较好的抗氧化功能。宫凤秋等用DPPH法测定了苦荞醋及其制备过程中各中间产物的抗氧化活性，并与叔丁基对苯二酚（TBHQ）进行比较，得出苦荞醋对DPPH·具有较强的清除作用，且对DPPH·清除作用的大小顺序依次：苦荞醋>苦荞糖化液>苦荞液化液>TBHQ>苦荞酒醪。仇菊等通过比较和研究各种杂粮醋的水提物和醇提物的抗氧化性，得出苦荞醋的抗氧化性强，且水提物比醇提物的抗氧化性更强，并由此推测苦荞醋的抗氧化物质更多地溶于水中，除了酚类，水溶性多糖也可能是具有抗氧化作用的主要成分，但该实验并未对多糖物质的富集和抗氧化性能进行研究。孙元琳等对苦荞醋及其多糖物质的抗氧化性能进行研究，得出苦荞醋及其多糖物质均具有良好的抗氧化清除自由基能力。其中苦荞醋的抗氧化能力强于多糖物质，推测可能是由于苦荞醋中其他活性成分如酚类起到了协同增效作用。李云龙等研究发现苦荞醋对 DPPH 自由基的清除率可达 88%，并且起主要作用的成分是黄酮、多酚类化合物。总结可得，苦荞醋具有较好的抗氧化功能，且起到该功能的物质大多具有较好的水溶性，如黄酮、多糖、酚类物质等。

2. 降血糖

糖尿病及其并发症已成为严重危害人类健康的世界性公共卫生问题，引起了世界各国的高度重视。其中血糖升高为糖尿病主要的临床表现，所以通过饮食控制血糖升高对 2 型糖尿病患者来说至关重要。

陈洁对苦荞醋进行了降血糖功能评价的动物试验，发现苦荞醋具有较好的降血糖功效。同时，有研究证明 D-手性肌醇具有胰岛素增敏作用，可起到调节机体血糖、改善糖尿病症状的功效。马挺军等发现 D-手性肌醇含量最高（0.5 mg/mL）的苦荞醋具有降低糖尿病模型小鼠空腹血糖、辅助抑制糖负荷引起血糖升高的作用，进一步证实了苦荞醋降血糖的功能与 D-手性肌醇有关的观点。但该实验并未进一步验证苦荞醋中芦丁与 D-手性肌醇对血糖水平的影响是否存在协同增效作用，后期可对该方面进行深入的研究。

3. 降血脂

随着人民生活水平的提高，膳食结构发生了巨大的改变。尤其是油脂的摄入量不断增多，诱发了血脂代谢紊乱和氧化应激，致使肠道菌群失衡，危害到人体健康。Cheang 等发现苦荞芦丁可抑制脂肪合成酶的活性，增强毛细血管通透性，降低血脂和胆固醇。苦荞醋中含有芦丁，可通过调节肠道菌群、抗氧化、清除自由基、调节代谢等机制降低血脂，有效改善人体的健康状态。

4. 保护肠道

人体肠道内含有多种微生物，而苦荞醋具有抑菌作用，能有效抑制肠道内大多数有害菌，有益于人体健康，防止肠道疾病。谢锦明的实验证明苦荞醋对金黄色葡萄球菌、大肠杆菌、枯草芽孢杆菌表现出较好的抑菌性，但对酵母菌 XF 和酿酒酵母的抑菌性较低，对酵母菌 RO 甚至无抑制性。其中，乙酸是产生抑菌作用的主要成分，而醋中不挥发性成分极有可能对乙酸的抑菌性具有协同作用。

二、苦荞功能性酸奶

功能性酸奶通过改进其原料的选用和配比，达到提高其自身营养价值的目的。功能性酸奶不仅具有功能性食品特点还具有酸奶易吸收、调节肠道菌群平衡等特点。以苦荞粉、脱脂奶粉为主要原料研制成的新型酸奶制品，是一种具有风味独特、营养丰富、酸甜适中优良的保健酸奶饮品，体现当今食品向多元化、营养化、功能化方向发展的趋势。把牛奶和荞麦的营养成分与保健功能有机地融为一体，为苦荞麦资源的开发利用，以及多品种、多系列、多风味的乳饮料开发提供了思路，苦荞酸奶将具有良好的市场前景和商业推广价值。

（一）配料

苦荞粉、脱脂奶粉、稳定剂、甜味剂。

（二）生产工艺（图8-23）

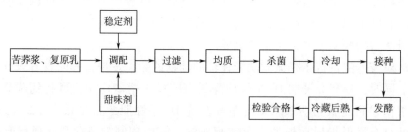

图8-23　苦荞功能性酸奶工艺流程

（三）操作要点

1. 苦荞浆的制备

筛选色泽新鲜、籽粒饱满、干燥、成熟度好的苦荞籽，脱壳，粉碎，过60目筛，得苦荞粉。所得苦荞粉与水1：5混合，糊化酶解，即得苦荞浆。

2. 复原乳的制备

脱脂乳粉与水1：6混合，40℃完全溶解，得复原乳。

3. 调配、均质

将酸奶生产所需的原料（复原乳和苦荞浆）按照比例混合，加入稳定剂、甜味剂，20~22 MPa，50~60℃均质。

4. 杀菌

90℃，5 min巴氏杀菌，冷却至40℃接种。杀菌温度不宜过高，以免营养物质损失。

5. 接种、发酵

在无菌条件下，将活化好的菌种接入调配杀菌过的原料乳中，混合均匀，分装，在38℃条件下发酵培养。

6. 后熟

发酵结束后，于4℃冰箱中冷藏10 h以上，利于酸奶风味的形成。

（四）苦荞功能性酸奶保健功能

对肠道菌群的调节，益生菌是一类在改善肠道菌群数量及菌种组成等方面发挥着重要益生作用的活性微生物。益生菌或者含有益生菌的酸奶对各类消化道等疾病具有一定的治疗及预防作用。张艳等研究发现，慢性肝病患者在临床治疗期间存在肠道菌群失调现象，长期饮用含有乳酸菌等益生菌的乳品，能够改善机体肠道微生态结构，减少大肠杆菌数量，缓解肠道菌群失调程度，对慢性肝病患者的治疗具有辅助作用。刘慧等通过对高胆固醇血症大鼠进行体内试验，证明藏灵菇源酸奶能促进高胆固醇血症大鼠肠道中有益菌的生长，抑制有害菌繁殖，具有明显维持肠道微生态平衡作用；研究表明通过膳食补充双歧杆菌、乳杆菌等活性乳酸菌及谷物活性因子等，均可抑制病原菌对肠黏膜的黏附作用，稳定微生物群落结构，改善胃黏膜完整性和屏障功能，从而改善肥胖、炎症性疾病及代谢性并发症。酸奶中含有乳酸菌，长期食用酸奶能调节肠道菌群，增加有益菌，抑制有害菌的生长繁殖，促进肠道SCFAs等有益代谢产物的生成。凝固型苦荞酸奶相比普通酸奶，可以更好地促进小鼠肠道内有益菌（双歧杆菌、乳酸杆菌等）的增殖并抑制有害菌（肠杆菌、肠球菌和拟杆菌等）的增殖，增加肠道SCFAs的含量，改善肠道功能。

三、苦荞降血糖发酵饮料

随着人民生活水平的提高，对荞麦食品认识的增强，苦荞麦越来越受到人们的青睐，其加工和利用不断地向深度和广度发展。苦荞产品主要有苦荞麦类食品、苦荞饮料两类。苦荞麦类食品主要有苦荞麦米、苦荞麦营养粉、苦荞麦饼干、苦荞麦挂面等；苦荞饮料主要有苦荞麦食疗酒、苦荞麦醋、苦荞麦茶等。苦荞保健饮料的研制是对苦荞的深度开发，满足消费者对苦荞类保健食品的多样性需求，为糖尿病患者提供一个新的选择。

（一）配料

苦荞、苦瓜皂甙、枸杞多糖、维生素 B_2、维生素 B_6、维生素 C、三氯化铬、葡萄糖酸锌。

（二）工艺流程（图8-24）

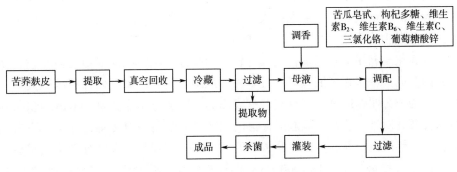

图8-24　苦荞降血糖发酵饮料工艺流程

（三）操作要点

1. 提取

在温度为80℃、体积分数为60%乙醇、料液比为1∶10的条件下浸提苦荞麸皮1 h。

2. 真空回收

将提取后的提取液过滤，在真空条件下将提取液中的乙醇全部回收。

3. 冷藏

将真空回收乙醇后的提取液在4℃下冷藏24 h。

4. 过滤

将冷藏后的提取液过滤，过滤后的固形物烘干后即为提取物。

5. 调香

将过滤后的提取液加上10%的调香液即为母液。调香液是经苦荞清洗、浸泡、蒸煮、烘干、焙烤、浸提等工艺过程提取而得的。

6. 调配

将苦瓜皂甙、枸杞多糖、维生素 B_2、维生素 B_6、维生素 C、三氯化铬、葡萄糖酸锌按照配方表中的比例加入母液中进行调配，即得保健饮料。

7. 灌装

将调配好的保健饮料灌装，每瓶 100 mL。

8. 杀菌

将灌装好的保健饮料在 60~70℃下，杀菌 30 min。

四、苦荞黄酮微胶囊

苦荞作为一种不可多得的"粮药"珍品，自古以来被人们广泛应用于食品及中医药领域。苦荞黄酮作为苦荞麦中关键的生物活性成分，具有抗炎、抗菌、抗病毒、抗氧化及抗肿瘤等多方面有益于人体健康的生理功效。但由于苦荞黄酮颜色偏深、味道发苦，这成了其在食品中应用的最大障碍。同时，苦荞黄酮在进入人体胃部时，容易被胃酸破坏，而黄酮在人体中的主要吸收部位在大肠，一些苦荞黄酮单体可经肠道微生物代谢，产生新的活性物质。

微胶囊化是利用一种或多种成膜性较佳的高分子原料或加聚物均匀地包裹在目标物质的表面，并快速形成膜屏障且不发生黏结、脱落的微型修饰技术。其中，包裹在内部的成分叫作芯材，附着在芯材表面的外层成分叫作壁材。考虑到食品领域的特殊性及针对性，食品中微胶囊产品的生产必须满足壁材无毒、卫生、不与芯材相互作用、性质稳定及特定条件释放等要求，如一些淀粉、糊精等都是微胶囊化的优良壁材。微胶囊直径为 1~1000 μm，芯材物质与壁材的种类、制备方法等均会对微胶囊产品的大小产生不同程度的影响，且运用范围和包埋效果等也大不相同。

微胶囊技术在苦荞黄酮上的应用，不仅能够解决苦荞黄酮颜色偏深、口味发苦的弊端，而且可起到其在人体胃肠道的缓释作用，有利于人体对苦荞黄酮的高效吸收。苦荞黄酮微胶囊与食品的结合，可为功能性食品的开发提供新思路。

（一）工艺流程（图8-25）

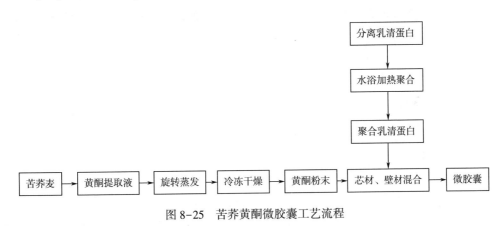

图 8-25　苦荞黄酮微胶囊工艺流程

（二）操作要点

1. 苦荞麦样品的前处理

将苦荞麦置于45℃烘箱中，烘干过夜，取出适量于粉碎机中粉碎，过100目筛，放入自封袋中，备用。

2. 提取苦荞黄酮

准确称取苦荞麦粉末 1 g，置于 100 mL 圆底烧瓶中，加入乙醇溶液混合摇匀后，设置微波时间，进行微波处理，4℃、5000 r/min，离心 15 min，取上清液经 0.45 μm 滤膜过滤，得总黄酮提取液。提取时要注意调节冷凝水的流速，防止提取液喷出。

3. 微胶囊的制作

（1）将分离乳清蛋白粉末溶于蒸馏水中，混合均匀，配置成10%乳清蛋白溶液，置于4℃冰箱中保存 12 h 后，取出静置至室温，调节 pH 为 7.0，85℃水浴恒温震荡 30 min，迅速取出于冰水浴中，降至室温。再次置于4℃冰箱保存 24 h，得流动性的聚合乳清蛋白凝胶。

（2）配制 $CaCl_2$ 凝固浴，置于4℃冰箱冷藏。

（3）准确称取苦荞黄酮和聚合乳清蛋白凝胶于锥形瓶中，720 r/min 磁力搅拌后，将样品混合液移至 1.0 mL 一次性注射器中，快速均匀滴入预先配置好的 $CaCl_2$ 凝固浴中制珠成型，于4℃、30 min 固化。

（4）将制得的苦荞黄酮微胶囊用蒸馏水充分洗涤 3 次，过滤，经真空冷冻干燥，得干燥的苦荞黄酮微胶囊产品。

（三）应用

聚合乳清蛋白苦荞黄酮微胶囊在酸奶中的应用，不仅显著提升了酸奶产品的蛋白质含量，而且增强了酸奶产品的持水力，切实改善了酸奶的品质及营养价值。聚合乳清蛋白苦荞黄酮微胶囊成功阻隔了苦荞黄酮的苦味、颜色对酸奶发酵液的不良影响，提高了人们对苦荞黄酮酸奶的欢迎程度，为苦荞黄酮在食品中的广泛应用提供参考。

第九章 影响苦荞产品品质的因素

第一节 苦荞品种对苦荞产品品质的影响

一、苦荞品种对荞麦面条的影响

(一) 荞麦粉中淀粉组成

甜荞的直链淀粉含量明显高于苦荞,其中甜荞全粉比苦荞全粉高17.88%,甜荞芯粉比苦荞芯粉高17.04%($P<0.05$)。芯粉的直链淀粉含量比全粉高,其中甜荞芯粉比全粉高8.31%,苦荞芯粉比全粉高9.08%,并且各样品的直链淀粉与支链淀粉含量的比值差异明显。研究发现,直链淀粉含量较高更有利于淀粉凝胶化。大量研究结果表明甜荞的直链淀粉含量为23.50%~31.41%,苦荞为20.00%~28.00%。从淀粉组成分析,甜荞可能比苦荞在制备挤压面条时更容易成型,芯粉比全粉更容易获得良好的食用品质。

破损淀粉的含量是评价面粉质量的重要指标,破损淀粉是在磨粉过程中由于剪切和机械作用导致的淀粉损伤,使淀粉颗粒产生裂纹甚至断裂。破损淀粉可以增加面粉的吸水率、膨胀力及对α-淀粉酶的敏感程度,致使淀粉更容易水解成还原糖。甜荞淀粉中破损淀粉含量高于苦荞,全粉高于芯粉($P<0.05$)。破损淀粉含量受到原料磨粉方式、品种及营养组分的影响。因采用相同磨粉方式,因此不同品种的甜荞和苦荞的破损淀粉含量取决于不同品种的组分差异。甜荞中淀粉含量比苦荞高,而膳食纤维含量比苦荞低,可见粉体中膳食纤维含量高而淀粉含量低时原料淀粉中破损淀粉占比较低,全粉与芯粉的对比结果也是相同趋势。全粉中麸皮粗纤维与淀粉颗粒受到机械作用力,促使淀粉颗粒分解成小颗粒,使破损淀粉占比增多。

抗性淀粉是在小肠内不能被消化吸收的淀粉,可以改善肠道菌群环境,参与结肠中微生物的生长,促进肠道健康。全粉的抗性淀粉含量明显高于芯粉,说明荞麦籽粒中的抗性淀粉主要分布在麸皮,易消化淀粉分布于胚乳。

(二) 荞麦粉的粒径分布

粒径的大小和分布是粉质特性的重要指标,对荞麦粉的加工利用具有重要意义。荞麦粉的平均粒径在60~70 μm,除苦荞芯粉明显低于甜荞全粉以外,各组间差异并不显著($P>0.05$)。但从粒径分布结果来看,甜荞粉的小颗粒(1~

10 μm）比苦荞粉中的小颗粒占比高，甜荞粉的大颗粒（10~100 μm）占比低于苦荞粉。与全粉相比，芯粉的大颗粒占比更高。这可能是由于磨粉过程中甜荞粉比苦荞粉更容易受到机械力的影响，全粉中麸皮富含的膳食纤维在磨粉过程中能够打破淀粉颗粒原有的聚集行为，使淀粉更容易磨细。这与上述破损淀粉推测结果相一致。同时，苦荞芯粉在 10~100 μm 的粒径分布范围最窄，说明苦荞芯粉中大颗粒粉体分布最均匀。尽管全粉的麸皮增加了淀粉细小颗粒的占比，但麸皮质地较硬增加了碾磨难度，对大颗粒淀粉分布的均匀性有不利影响。麸皮纤维在制粉过程中会干扰胚乳细胞间的聚合，加剧荞麦籽粒制粉过程中的机械损伤，进而导致粉体颗粒均匀性降低。

（三）溶解度和膨胀力

在不同温度下的溶解度和膨胀力可以反映淀粉颗粒与水分子之间相互作用力的大小，是体现面粉加工品质的重要指标。荞麦粉的溶解度整体上随温度的升高而升高。温度升高时，淀粉颗粒吸水，分子运动加速，分子间氢键逐渐松弛，淀粉颗粒发生溶胀。同时，水分子与直链淀粉和支链淀粉的羟基相互作用，导致部分淀粉溶解。甜荞和苦荞全粉的溶解度没有明显性差异，但甜荞芯粉的溶解度明显高于苦荞芯粉，在 90℃时，甜荞比苦荞高 34.98%（$P<0.05$）。Gao 等也发现甜荞淀粉颗粒具有更好的溶解能力，并且与淀粉颗粒大小相关。由于甜荞粉中大颗粒的粒径占比低于苦荞粉，因此溶解度更高。在 50~90℃加热过程中，全粉的溶解度明显高于芯粉，可能是磨粉时受全粉中麸皮的影响，淀粉颗粒破损，促进了游离淀粉小颗粒的溶解。

与溶解度结果相似，膨胀力也随温度的升高而升高，但甜荞和苦荞粉间仅在 80~90℃时芯粉的膨胀力明显高于全粉。这说明，甜荞和苦荞的淀粉膨胀力并没有受到直链淀粉及其他粉质特性的影响。而全粉中麸皮会阻碍淀粉颗粒的膨胀，并且到达糊化温度后，淀粉膨胀能力受到的限制更加明显。

（四）甜荞和苦荞粉及其挤压面条的微观构象

甜荞和苦荞中淀粉颗粒形态相似，但甜荞淀粉颗粒多呈圆球形，苦荞淀粉多呈多角形，苦荞淀粉颗粒要略大一些。全粉和芯粉均呈现出排列整齐的淀粉颗粒、颗粒之间连接紧密。全粉中存在少量纤维的片状结构，而且全粉中存在更多较小且较不完整的淀粉颗粒，验证了全粉中麸皮存在导致淀粉颗粒更易受到机械损伤的推测。

在面条的横截面图中，挤压面条都具有致密的微观结构。甜荞全粉和苦荞全粉面条，甜荞芯粉和苦荞芯粉面条的微观构象并无明显差别。然而，芯粉的面条结构比全粉面条更加平整规律，特别是苦荞全粉面条的片层结构明显，这可能是受麸皮影响。挤压加工后，全粉中麸皮破坏了淀粉糊化进程，降低了面条的凝聚效果，导致片层增多。另外，苦荞麸皮中芦丁、槲皮素等黄酮的存在也会干扰淀粉凝胶化。

前期研究也发现，低浓度（1%～3%）芦丁及槲皮素的存在一定程度上干扰淀粉凝胶化，而通过富集或添加，当芦丁浓度达到6%时，能够形成支撑淀粉网络结构的刚性骨架。

（五）挤压甜荞面条和苦荞面条煮后质构特性

在每种挤压面条各自最佳煮制时间条件下，甜荞及苦荞不同品种对挤压面条质构特性例如硬度、胶黏性等指标的影响差异不显著（$P>0.05$）。但两个品种的荞麦全粉和芯粉所制备的面条，在硬度、胶黏性和咀嚼性上都存在显著差异（$P<0.05$）。甜荞和苦荞在淀粉破损程度及粒径大小上的差异并未对挤压面条质构特性产生明显影响，这也和动态流变特征中黏弹性特征无差异的结果相同。淀粉凝胶特性的差异主要取决于颗粒结构和晶体类型，而面条中淀粉的短程有序性与面条硬度、胶黏性呈正相关。甜荞和苦荞淀粉是典型的A型淀粉结晶结构，并且二者的淀粉糊化温度、膨胀力没有显著差异，说明两个品种的淀粉糊化特性相似，而其他粉质特性的差异并没有导致甜荞和苦荞面条质构特性存在明显不同。

另外，甜荞芯粉面条的硬度、胶黏性和咀嚼性分别是甜荞全粉面条的1.93倍、1.93倍和2.86倍；苦荞芯粉面条分别是苦荞全粉面条的1.82倍、1.95倍、2.60倍。而影响淀粉分子重排及重结晶结构稳定性的最主要因素可能是麸皮中富含的膳食纤维等组分。大量文献报道，挤压加工会伴随着膳食纤维等物质的变性，使持水能力显著提高。全粉中麸皮会与淀粉颗粒争夺水分进而阻碍淀粉凝聚，破坏淀粉糊化进程。因此，在制备荞麦挤压面条时，全粉应提高加水量，促使淀粉颗粒充分吸水、糊化，以增强面条网络结构稳定性。

甜荞比苦荞粉的直链淀粉和破损淀粉含量高，小粒径颗粒更多，淀粉溶解度也更高，且峰值黏度、谷值黏度和最终黏度更高。甜荞和苦荞在50～90℃的膨胀力均无明显差异，且糊化后储能模量、损耗模量及表观黏度也无明显差异。说明两个品种荞麦粉的淀粉凝胶的黏弹性和稳定性相似，致使煮后面条的质构特性无明显差异。另外，全粉与芯粉粉质特性的差异导致了面条质构特性的明显差异。全粉的抗性淀粉含量显著高于芯粉，这使全粉更具作为低升糖指数食品的潜力。但芯粉的粉质相对细腻，具有更高含量的直链淀粉和破损淀粉，其糊化黏度、储存模量、损耗模量均显著高于全粉，这与芯粉面条的硬度、胶黏性、咀嚼性都要高于全粉面条的结果一致。验证了糊化过程中全粉麸皮干扰淀粉糊化进程进而降低了淀粉凝胶黏性的推测。

二、苦荞品种对苦荞配制酒品质的影响

苦荞品种及浸泡条件不同，其DPPH自由基清除能力不同，且添加苦荞的酒样中DPPH自由基清除能力明显强于对照组，苦荞中的抗氧化性物质在酒中溶出。苦

荞品种与总黄酮含量、总酚含量、DPPH 自由基清除率和透光率的相关性极显著，说明不同品种苦荞对这些指标的影响较大，但对 ABTS 自由基清除率和可溶性固形物含量影响不显著，可能是因为固形物主要为可溶性糖，而每个品种苦荞的可溶性糖含量差异较小，所以相关性最不显著。

苦荞品种和固液比与样品总黄酮含量、总酚含量和透光率的相关性极显著，苦荞品种和浸泡时间与 DPPH 自由基清除率的相关性极显著，固液比和浸泡时间与可溶性固形物含量的相关性显著，而苦荞品种、固液比和浸泡时间与 ABTS 自由基清除率均无显著相关性。

苦荞在浸泡过程中溶出了多种新的挥发性成分，且部分物质相对含量还较高，说明苦荞的加入对酒的香气、口味和色泽等有较大影响；且不同品种苦荞酒的挥发性物质种类及相对含量差异较大，说明品种对苦荞酒品质的影响较大。

有试验表明，苦荞品种对苦荞泡酒的品质特性影响最大，与总黄酮含量、总酚含量、DPPH 自由基清除率和透光率的相关性极显著。色差结果表明总黄酮、总酚含量与酒样颜色有一定的显著相关性。各酒样中共检出 69 种挥发性物质，且加入苦荞后的酒样中挥发性物质种类明显增多，醇、酯类是主要挥发性物质，同时酯类可能也是造成气味差异的主要来源。综上，苦荞在酒中浸泡一定时间后，能够赋予酒独特的苦荞香味，一定程度上提高酒的抗氧化活性，且苦荞品种对酒品质特性的影响较大。

三、苦荞麸皮粉添加量对面团性质及馒头品质的影响

（一）苦荞麸皮粉添加量对面团品质的影响
1. 苦荞麸皮粉添加量对面团水分分布的影响

低场核磁共振技术可以对面团内部水分的结合状态及水分含量进行表征，3 个不同横向弛豫时间 T_{21}、T_{22}、T_{23} 表征了 3 种水分状态，分别是深层结合水、弱结合水和自由水，弛豫时间越长表示该种状态的水流动性越强。对应的 3 个峰积分面积 A_{21}、A_{22}、A_{23} 分别表征了深层结合水、弱结合水及自由水的相对含量。如表 9-1 所示，随着苦荞麸皮粉添加量的增加，面团 T_{21} 值和 A_{23} 值呈上升趋势，T_{23} 值与 A_{22} 值呈下降趋势。深层结合水主要是与面筋和淀粉紧密结合的水，弱结合水主要是与蛋白质和淀粉大分子结合的水。

这说明苦荞麸皮粉的添加破坏了面团的面筋网络结构，使面筋蛋白与水的结合能力下降，面团持水能力降低，造成面团中弱结合水相对含量逐渐下降，自由水相对含量上升，深层结合水的流动性增强，而苦荞麸皮粉中含有的膳食纤维使自由水的流动性下降。有研究者指出膳食纤维具有较强的亲水性，会与小麦粉竞争水分，能与自由水分子结合降低其含量与流动性。

表 9-1 苦荞麸皮粉对面团水分分布的影响

苦荞麸皮粉添加量（%）	T_{21}（ms）	T_{22}（ms）	T_{23}（ms）	A_{21}	A_{22}	A_{23}
0	0.55±0.06[ab]	39.51±2.03[ab]	226.25±6.42[a]	13.44±1.04[a]	86.06±0.91[ab]	0.5±0.12[a]
5	0.51±0[a]	0.94+0[b]	201.35±19.74[ab]	13.27±0.31[a]	86.18±0.23[a]	0.55±0.07[a]
10	0.55±0[ab]	38.12±0[a]	178.33±12.83[b]	13.31±0.16[a]	85.95±0.15[ab]	0.73±0.01[b]
15	0.61±0.03[abc]	40.84±0.03[b]	171.57±11.97[c]	13.77±0.3[a]	85.29±0.25[ab]	0.94±0.05[c]
20	0.66±0.1[bcd]	40.79±0.11[b]	165.53±3.43[c]	14.00±0.56[a]	84.94±0.51[bc]	1.06±0.05[c]
25	0.68±0.07[cd]	39.37±1.9[ab]	162.32±7.97[c]	13.69±0.46[a]	84.99±0.49[abc]	1.31±0.02[d]
30	0.78±0[d]	37.87±0[a]	166.7±8.18[c]	13.77±0.29[a]	84.72±0.33[c]	1.51±0.03[e]

注 不同小写字母代表差异显著。

2. 苦荞麸皮粉添加量对面团粉质特性的影响

粉质特性是面团流变学特性的指标之一，可以表征面团揉混过程中的品质变化，与面团及产品品质密切相关。如表 9-2 所示，随着混粉中苦荞麸皮粉所占比例的增加混粉吸水率降低，小麦粉的吸水率与面筋蛋白含量有关，苦荞麸皮粉的添加使混粉中面筋蛋白含量降低，所以吸水率显著下降。面团形成时间与稳定时间随着苦荞麸皮粉添加量的增加先呈下降趋势，在苦荞麸皮粉的添加比例分别达到 10% 与 5% 后呈上升趋势。这是因为苦荞麸皮粉的添加使面团中面筋含量降低，并且破坏了面筋的立体网络结构，所以面团的耐搅拌能力显著下降，形成时间与稳定时间显著降低。在苦荞麸皮粉添加比例达到 10% 时，粉质曲线开始出现双峰，到达 15% 时双峰明显，因为粉质特性进行指标读出时以第 2 个最高峰为准，从而导致形成时间与稳定时间显著上升，在其他研究者研究中也得到相同结果。

表 9-2 苦荞麸皮粉对面粉粉质特性的影响

苦荞麸皮粉添加量（%）	吸水率（%）	形成时间（min）	稳定时间（min）	弱化度（BU）	粉质指数
0	60.8	4.7	7.03	56	89
5	60.7	3.92	4.52	86	59
10	60.5	3.83	4.82	97	60
15	60.3	4.05	5.5	107	64
20	59.8	3.95	6.42	98	72

苦荞麸皮粉添加量（%）	吸水率（%）	形成时间（min）	稳定时间（min）	弱化度（BU）	粉质指数
25	59.4	4.6	7.25	86	78
30	58.6	4.82	8.47	81	86

双峰的出现可能是因为苦荞全粉面团在较低加水量时具有较高的黏着性，因此在面团形成初期，苦荞麸皮粉含量较高的混合粉中的面筋蛋白会大量吸水形成稳定的网络结构，促使形成第1个峰，而后面筋网络会因过度搅拌被破坏，面团的持水能力下降，水分溢出，从而导致苦荞麸皮粉黏着性增加，致使第2个峰出现。

从上述结果可以看出，添加苦荞麸皮粉会使面团的粉质特性显著变化，当苦荞麸皮粉添加量>15%时，决定粉质各指标的主要因素已经不再是面筋，这时粉质指标已不适用于评价面团加工性质。

3. 苦荞麸皮粉添加量对面团拉伸特性的影响

添加不同比例的苦荞麸皮粉对面团在醒发45 min、90 min、135 min时的拉伸特性的影响如表9-3所示。其中拉伸面积与面团的面筋筋力有关，拉伸面积越大，说明面团筋力越强。拉伸阻力和最大拉伸阻力可以反映出面团的强度和持气能力。面团的拉伸比例和最大拉伸比例分别是拉伸阻力和最大拉伸阻力与延伸度的比值，拉伸比例过高则说明面团延伸性差不易醒发，过低则说明面团可塑性低，制作面制品时成型性差。从表9-3可以看出，随着苦荞麸皮粉添加量的增加，面团在醒发45 min、90 min、135 min时的拉伸面积、拉伸阻力、最大拉伸阻力、拉伸比例和最大拉伸比例都呈现出先降低后升高的趋势，并且都在苦荞麸皮粉添加比例达到10%时出现转折点，这与周小理等的研究结果相似。这可能是由于苦荞麸皮粉的添加降低了面团中的面筋含量，同时苦荞麸皮粉的剪切作用破坏了面筋的网络结构，使得面团韧性降低、持气能力下降，拉伸面积、拉伸阻力与最大拉伸阻力显著降低，从而导致拉伸比例与最大拉伸比例显著下降。

苦荞麸皮粉本身具有一定黏性，当苦荞麸皮粉添加比例>15%时，决定拉伸面积与拉伸比例等指标的主要因素已经由面筋筋力转变为面团本身的黏性，拉伸面积、拉伸阻力与拉伸比例等因此显著增大，这与粉质结果一致。面团的延伸度与麦醇溶蛋白有关，可以反映面团的延展性与可塑性。在醒发45 min时，面团内部面筋网络形成不完善，面团延伸度随着苦荞麸皮粉添加量的增加先升高后降低，但并没有显著变化；在醒发90 min与135 min时，面团的延伸度随着面团中苦荞麸皮粉替代比例的增加呈显著下降趋势。这说明苦荞麸皮粉的添加导致面团的延展性及可操作性变差。

表 9-3　苦荞麸皮粉对面团拉伸特性的影响

醒发时间（min）	苦荞麸皮粉添加量（%）	拉伸面积（cm²）	拉伸阻力（BU）	延伸度（mm）	最大拉伸阻力（BU）	拉伸比例	最大拉伸比例
	0	56.0±9.9[a]	293.0±14.14[ab]	123.0±14.14[a]	328.0±29.7[a]	2.40±0.14[b]	2.65±0.07[ab]
	5	42.5±3.54[b]	206.5±3.54[de]	123.5±9.19[a]	230.0±0[ed]	1.70±0.14[de]	1.90±0.14[cd]
	10	42.0±2.83[b]	197.0±31.11[e]	129.5±6.36[a]	214.5±31.82[d]	1.55±0.35[e]	1.65±0.35[d]
45	15	48.5±212[ab]	235.5±17.68[cd]	129.0±11.31[a]	250.0±16.97[bcd]	1.85±0.35[cde]	1.95±035[cd]
	20	50.0±141[ab]	257.0±1.41[bc]	123.0±1.41[a]	269.0±4.24[bc]	2.10±0[bcd]	2.20±0[bc]
	25	48.0±0[ab]	273.0±2831[b]	116.0±0[a]	283.0±4.24[b]	2.35±0.07[bc]	2.45±0.07[b]
	30	56.5±2.12[a]	325.0±4.95[a]	112.5±2.12[a]	325.5±4.95[a]	2.90±0[a]	3.00±0[a]
	0	63.0±1.41[a]	321.5±4.95[c]	127.0±2.83[b]	358.5±2.12[b]	2.50+0[cd]	2.85±0.07[cd]
	5	58.0±1.41[bc]	279.0±7.07[de]	129.5±0.71[a]	304.5±9.19[c]	2.15±0.07[e]	2.35±0.07[e]
	10	50.0±2.83[d]	264.0±12.73[e]	121.0+0[bc]	283.5±9.19[d]	2.15±0.07[e]	2.35±0.07[e]
90	15	53.5±2.12[cd]	287.0±18.38[d]	119.0±0[c]	304.0±16.97[c]	2.40±0.14[d]	2.60±0.14[d]
	20	57.0±2.83[bc]	312.0±1.41[c]	116.5±4.95[cd]	324.0±1.41[c]	2.70±0.14[c]	2.80±0.14[c]
	25	60.5±0.71[ab]	355.0+0[b]	113.0±4.24[cd]	372.0±1.41[b]	3.20±0[b]	3.35±0.07[b]
	30	61.0±0[ab]	389.0±4.24[a]	110.0±5.66[d]	395.0±2.83[a]	3.70±0.14[a]	3.75±0.07[a]
	0	65.0±0[a]	340.0±12.73[b]	126.0±2.83[a]	382.5±3.54[b]	2.70±0.14[a]	3.05±0.07[a]
	5	53.5±0.71[cd]	278.5±0.71[c]	125.0±1.41[a]	297.0±1.41[d]	2.25±0.07[e]	2.40±0[e]
	10	51.5±0.71[d]	272.0±5.66[c]	124.5±0.71[ab]	288.0±12.73[d]	2.15±0.07[e]	2.30±0.14[e]
135	15	59.5±071[abc]	328.5±9.19[b]	118.0±1.41[b]	346.0±7.07[c]	2.75±0.07[d]	2.90±0[d]
	20	55.0±0[bcd]	342.5±12.02[b]	109.0±2.83[c]	356.5±6.36[c]	3.15±0.21[c]	3.30±0.14[c]
	25	61.0±566[ab]	391.5±4.95[a]	104.0±5.66[c]	403.0±15.56[ab]	3.80±0.14[b]	3.85±0.07[b]
	30	57.0±2.83[bcd]	406.0±16.97[a]	95.0±1.41[d]	409.5±16.26[a]	4.30±0.14[a]	4.30±0.14[a]

4. 苦荞麸皮粉添加量对面团微观结构的影响

如图 9-1 所示，未添加苦荞麸皮粉的对照组面团的面筋网络结构紧密均匀，淀粉颗粒被完全包裹在面筋网络当中。添加 5%~10% 的苦荞麸皮粉时，面团中的面筋网络开始劣变出现孔洞，少量淀粉颗粒暴露在面筋网络之外。

当苦荞麸皮粉的添加量为 15%~30% 时，面筋网络松散凌乱，孔洞变多，大部分淀粉颗粒暴露在外，堆叠在一起。苦荞麸皮粉的添加会稀释面团中的面筋含量，破坏面筋的网络结构，使其无法包裹淀粉形成均匀稳定结构，从而导致面团品质变差，加工性能降低。

（a）添加量0　　　（b）添加量5%　　　（c）添加量10%

（d）添加量15%　　　（e）添加量20%　　　（f）添加量25%

（g）添加量30%

图 9-1　苦荞麸皮粉对面团微观结构的影响

（二）苦荞麸皮粉添加量对馒头质构及比容的影响

由表 9-4 可知，随着苦荞麸皮粉添加比例的提高，馒头的硬度、胶着性和咀嚼性显著增加，弹性、内聚性、回复性及比容显著降低。

这表明苦荞麸皮粉的添加会使馒头的体积减小，食用时所需能量增大，馒头的口感下降，食用品质显著变差。原因可能是苦荞麸皮粉的添加使得面团中面筋被稀释，面筋网络结构被破坏，馒头胚无法充分膨胀，从而导致馒头体积减小，品质降低。

表 9-4　苦荞麸皮粉对馒头质构和比容的影响

苦荞麸皮粉添加比例（%）	硬度（g）	弹性	内聚性	胶着性	咀嚼性	回复性	比容（mL/g）
0	1843.34±64.06[a]	0.97±0.01[a]	0.84±0[a]	1546.94±54.19[a]	1477.03±65.52[a]	0.47±0[a]	2.62±0.02[a]
5	2582.57±43.32[b]	0.96±0.02[ab]	0.83±0[ab]	2148.00±33.99[b]	2066.97±72.06[b]	0.46±0[a]	2.45±0.04[b]
10	2955.55±176.3[c]	0.95±0.01[bc]	0.82±0[bc]	2428.59±146.07[bc]	2283.39±150.58[bc]	0.45±0.01[ab]	2.40±0.07[bc]

续表

苦荞麸皮粉添加比例（%）	硬度（g）	弹性	内聚性	胶着性	咀嚼性	回复性	比容（mL/g）
15	3260.73±124.95[c]	0.95±0[bc]	0.82±0.01[c]	2671.81±104.38[c]	2524.06±95.52[c]	0.44±0.01[bc]	2.33±0.06[cd]
20	3864.99±53.34[d]	0.94±0.01[c]	0.81±0.01[d]	3260.35±102.95[d]	3113.52±115.89[d]	0.43±0.01[cd]	2.27±0.05[d]
25	4394.53±267.9[e]	0.94±0[c]	0.81±0.01[e]	3544.65±226.68[e]	3338.35±217.52[d]	0.42±0[de]	2.12±0.02[e]
30	4876.13±404.56[f]	0.93±0[c]	0.79±0.01[f]	3966.95±291.98[f]	3742.56±304.52[e]	0.41±0.01[e]	2.05±0.04[e]

第二节　加工工艺对苦荞产品品质的影响

一、不同干燥方式对萌芽苦荞功能成分及抗氧化活性的影响

以萌芽苦荞为原料，研究晒干、阴干、热风干燥、冷冻干燥、真空干燥5种干燥方式对其功能成分（黄酮、总酚、γ-氨基丁酸）和抗氧化活性（对DPPH·、ABTS$^+$·和·OH清除率）的影响。

（一）不同干燥方式对萌芽苦荞黄酮含量的影响

黄酮是苦荞的主要生物活性成分，不同干燥方式处理萌芽苦荞后黄酮含量不同。从图9-2可以看出，冷冻干燥处理后黄酮含量最高，为49.66 mg/g，100℃热风干燥含量次之，60℃热风干燥含量最低，为35.85 mg/g。分析原因为冷冻干燥处理温度较低，使得相关黄酮降解酶的活性降低，且干燥过程没有氧气参与，防止黄酮被氧化降解。有研究表明，苦荞中的主要黄酮类化合物为芦丁，当温度高于70℃时，芦丁降解酶的活力减弱，可以有效防止芦丁的降解，因而，100℃热风干燥处理后，其黄酮含量高于60℃热风干燥，二者差异显著（$P<0.05$）。田汉英等采用不同温度烘干苦荞籽粒，也得出100℃烘干处理后其黄酮含量高于60℃烘干处理的结果。王悦等采用加热鼓风方式干燥猴头菌，得出黄酮含量随干燥温度的升高而升高的结论。阴干、晒干与真空干燥黄酮含量差异不显著，主要是由于这3种干燥方式用时均较长，较长时间的热处理使黄酮降解为其他小分子物质，因此含量较低。

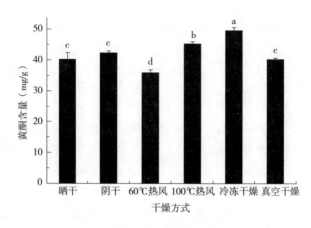

图 9-2　不同干燥方式对萌芽苦荞黄酮含量的影响

（不同小写字母表示组间差异显著，$P<0.05$）

（二）不同干燥方式对萌芽苦荞总酚含量的影响

图 9-3 为不同干燥方式对萌芽苦荞总酚含量的影响，含量大小依次为冷冻干燥>100℃热风干燥>真空干燥>阴干>晒干>60℃热风干燥，除阴干和真空干燥差异不显著外，其他干燥方式差异显著（$P<0.05$）。经冷冻干燥处理后总酚含量最高，为 16.82 mg/g，分析原因可能为冷冻过程中冰晶体破坏了植物细胞壁，形成的蜂窝网络结构有利于溶剂的溶入与酚类物质的溶出，另外在低氧分压、低温条件下，多酚氧化酶活性较低，有助于酚类物质较好地保留。100℃热风干燥含量次之，60℃热风干燥含量最低，二者差异显著（$P<0.05$），这可能是由于较高的干燥温度破坏了多酚氧化酶的活性，另外温度越高干燥速率越快，酚类物质损失越少，所以100℃ 热风干燥较好地保存了酚类物质。Chen 等的研究结果表明，干燥温度为50℃时，蓝莓中总酚含量最低，干燥温度增加并没有促使多酚的进一步降解，所以低温下酚类物质的酶促降解比热降解更显著，并且温度高于60℃时，多酚含量还会增加。阴干、晒干与真空干燥总酚损失较多，这可能是因为较长时间的干燥处理加速了氧化过程，导致酚类物质被破坏。

（三）不同干燥方式对萌芽苦荞中 GABA 含量的影响

除了酚类化合物，苦荞中还含有 γ-氨基丁酸（GABA），GABA 是一种非蛋白质类氨基酸，作为中枢神经系统中重要的抑制性神经递质，具有改善脑机能、增强记忆、抗焦虑等功效。由图 9-4 可知，除晒干和阴干差异不显著外，其余干燥方式萌芽苦荞中 GABA 含量差异显著（$P<0.05$）。冷冻干燥 GABA 含量最高，为 64.14 mg/g，真空干燥 GABA 含量次之，可能是因为冷冻干燥是在低温、无氧条件下进行，将 GABA 热氧化的损失降到了最低限度；而真空干燥虽然隔绝了氧气，但是干燥温度为50℃，所以 GABA 有部分损失。有研究表明，当干燥温度升高且有氧气存在时，

会导致 GABA 发生降解或与还原糖发生美拉德反应使得含量下降，所以其他干燥方式处理的 GABA 含量较低。60℃热风处理的 GABA 含量低于 100℃热风处理，表明较长时间的热处理也会使 GABA 损失较多。

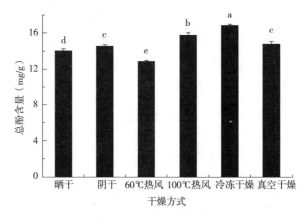

图 9-3　不同干燥方式对萌芽苦荞总酚含量的影响

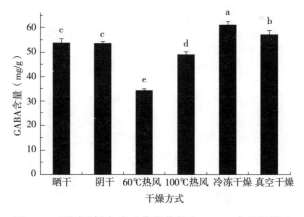

图 9-4　不同干燥方式对萌芽苦荞中 GABA 含量的影响

（四）不同干燥方式对萌芽苦荞提取物抗氧化活性的影响

由图 9-5 可知，萌芽苦荞提取液对自由基的清除率受不同干燥方法的影响，并且随着提取液浓度增加，其对自由基的清除率增大。当提取液浓度为 20 mg/mL 时，冷冻干燥条件下，提取液对 DPPH·清除率和·OH 清除率最大，分别为 75.40% 和 65.62%，100℃热风干燥次之，分别为 73.81% 和 62.69%；晒干条件下，提取液对 DPPH·清除率和·OH 清除率最低，分别为 60.29% 和 47.67% ［图 9-5 （a）、图 9-5 （c）］。当提取液浓度为 4 mg/mL 时，冷冻干燥下，提取液对 ABTS⁺·清除率最大，为 63.65%，当提取液浓度为 20 mg/mL 时，不同干燥方式提取液对 ABTS⁺·

清除率几乎相同 [图9-5 (b)]。由此可见，冷冻干燥提取液对自由基的清除率最大，抗氧化能力最强。谭飔等研究不同干燥方式对龙眼多酚抗氧化活性的影响，得出冷冻干燥处理的多酚清除 DPPH·的能力显著高于真空干燥和热风干燥样品，与本实验结论相似。100℃热风干燥提取液也表现出较高的清除自由基的能力，可能是由于高温形成了具有抗氧化活性的新化合物（美拉德反应的产物），有研究表明美拉德反应的产物如呋喃、吡咯、类黑精等也具有抗氧化活性。综上，冷冻干燥处理的萌芽苦荞抗氧化活性最强，100℃热风干燥次之，当提取液浓度相同时，冷冻干燥下，提取液对 ABTS⁺·的清除能力最强。

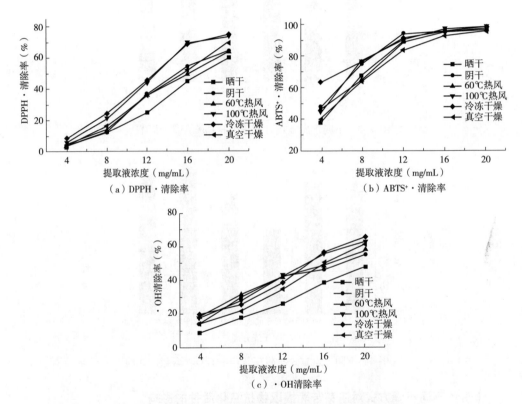

图9-5　不同干燥方式萌芽苦荞提取液对自由基的清除率

　　采用晒干、阴干、热风干燥、冷冻干燥、真空干燥5种方式处理萌芽苦荞，不同干燥方式处理的萌芽苦荞中功能成分及抗氧化活性不同。冷冻干燥是在低温、无氧条件下进行的，较好地保留了萌芽苦荞中的功能成分，黄酮、总酚和 GABA 含量较高，100℃热风干燥黄酮、总酚的含量次之，60℃热风干燥处理功能成分含量最低。采用热风干燥（温度分别为60℃和100℃）处理时，功能成分含量随干燥温度的升高而升高，说明低温下酚类物质的酶促降解比热降解更显著，晒干、阴干和真空干燥功能成分较低，说明较长时间的热处理使得活性成分发生了降解。冷冻干燥和100℃热风处理具有较高的抗氧化活性。

二、不同熟化方式对苦荞粉品质的影响

以苦荞粉为原料，研究炒制、烘烤、蒸煮、挤压膨化4种不同熟化方式对苦荞粉的基本营养成分、氨基酸、芦丁、槲皮素、抗氧化活性、水溶性指数（WSI）、吸水性指数（WAI）及色泽的影响。

（一）不同熟化方式对苦荞粉基本营养成分的影响

炒制、烘烤、蒸煮、挤压膨化是苦荞粉常见的4种熟化方式，不同熟化方式的苦荞粉基本营养成分见表9-5。

表9-5　不同熟化方式的苦荞粉基本营养成分

熟化方式	脂肪含量	灰分含量	淀粉含量	蛋白质含量
未熟化	3.13±0.10[a]	3.89±0.05[a]	71.31±0.60[a]	10.17±0.20[a]
炒制	2.83±0.11[bc]	3.66±0.11[bc]	70.56±0.21[a]	9.93±0.11[b]
烘烤	2.70±0.11[c]	3.73±0.06[bc]	69.00±0.79[b]	9.65±0.05[bc]
蒸煮	2.94±0.08[ab]	3.78±0.07[ab]	65.40±0.33[d]	9.13±0.25[d]
挤压膨化	2.82±0.11[bc]	3.61±0.04[c]	67.45±0.40[c]	9.32+0.15[cd]

注　表中数据均以平均值±标准差表示（$n \geqslant 3$）；基本成分以干基表示；a~d表示同一指标不同熟化方式之间有显著性差异（$P<0.05$）。

由表9-5可知，苦荞粉经过熟化加工后，营养成分均不同程度地下降，可能是因为熟化方式对营养成分有不同程度的破坏。蒸煮的脂肪含量最高，比未熟化的苦荞粉下降6.07%，且与未熟化、炒制、挤压膨化无显著性差异（$P<0.05$）。而烘烤的脂肪含量最低，比未熟化苦荞粉下降13.73%，与炒制、挤压膨化无显著性差异（$P<0.05$）。熟化之后的苦荞粉脂肪含量下降，可能是因为在高温高压下分解为脂肪酸和单甘酯，但也有学者认为脂肪与淀粉、蛋白质结合生成了复合物，从而降低了样品中脂肪的含量。与未熟化的苦荞粉相比，4种熟化的苦荞粉灰分含量均下降，可能是因为在加热过程中有部分挥发性矿物质（如碘、硒等）。4种熟化的苦荞粉中炒制的淀粉含量最高（70.56%），与未熟化的无显著性差异（$P<0.05$），而蒸煮的最低（65.40%）。可能是在加热过程中部分淀粉分解为糊精或者还原糖所致，而蒸煮与挤压膨化不仅是由于加热分解，还可能是因为部分水溶性淀粉溶于水损失。经过热处理过的苦荞粉，蛋白质含量均有不同程度降低。经过炒制处理的苦荞粉的蛋白质含量最高为9.93%，比未熟化下降2.36%，与烘烤的无显著差异（$P<0.05$），

蒸煮的最低为 9.13%，与挤压膨化无显著差异（$P<0.05$）。经过炒制和烘烤处理的苦荞粉蛋白质含量没有显著性差异（$P<0.05$），并明显高于蒸煮与挤压膨化处理过的苦荞粉，而蒸煮与挤压膨化处理过的苦荞粉蛋白质含量没有显著性差异（$P<0.05$）。炒制和烘烤熟化方式的苦荞粉可能是因为高温导致氨基酸与还原糖发生反应生成挥发性成分，而蒸煮与挤压膨化可能不仅产生挥发性物质，还有部分易溶于水的蛋白质损失在水中。

（二）不同熟化方式对苦荞粉氨基酸含量的影响

由表 9-6 可知，未熟化的苦荞粉蛋白质中谷氨酸含量最高，其次是精氨酸和天冬氨酸，与王丽娟的研究结论一致，其中谷氨酸含量比文献低，可能是因为苦荞品种及加工处理方式不同。与未熟化的苦荞粉相比，经过熟化方式的苦荞粉总氨基酸含量均显著下降（$P<0.05$），与 Carla Motta 等的研究结论一致。可能是因为熟化过程需要高温，发生美拉德反应，产生挥发性风味物质。而经蒸煮处理方式的苦荞粉总氨基酸含量明显低于其他 3 种熟化方式，可能是因为蒸煮溶于水，而大部分氨基酸具有较高的水溶性，其含量损失是由于氨基酸溶出。4 种熟化方式中，经过炒制工艺的总氨基酸含量保留最高，挤压膨化次之。

表 9-6　不同熟化方式的苦荞粉氨基酸含量　　　　　　　　单位：mg/g

氨基酸	未熟化	炒制	烘烤	蒸煮	挤压膨化
天冬氨酸（Asp）	11.83±0.35[a]	10.27±0.31[cd]	11.47±0.40[b]	9.70±0.39[d]	10.80±0.08[bc]
苏氨酸（Thr）	3.99±0.24[a]	3.62±0.28[ab]	3.53±0.28[b]	3.55±0.39[b]	3.13±0.21[b]
丝氨酸（Ser）	6.21±0.24[a]	5.97±0.13[ab]	6.35±0.34[a]	5.39±0.30[b]	5.80±0.30[ab]
谷氨酸（Glu）	23.09±0.42[a]	21.15±0.54[a]	20.08±.66[a]	20.12±0.51[a]	20.39±0.60[c]
甘氨酸（Gly）	7.02±0.16[a]	6.75±0.10[a]	6.01±0.22[b]	6.54±0.33[ab]	6.63±0.24[a]
丙氨酸（Ala）	5.71±0.11[a]	5.80±0.14[a]	4.67±1.50[a]	5.05±0.25[a]	5.62±0.06[a]
胱氨酸（Gys）	2.90±0.34[a]	0.88±0.09[d]	1.08±0.16[d]	1.26±0.13[c]	1.52±0.16[b]
缬氨酸（Val）	7.48±0.37[a]	7.43±0.40[a]	6.62±0.63[a]	6.67±0.22[a]	7.49±0.46[a]
蛋氨酸（Met）	1.84±0.09[a]	1.53±0.22[ab]	1.67±0.25[ab]	1.31±0.16[ab]	1.71±0.07[ab]
异亮氨酸（Ile）	5.29±0.59[a]	4.93±0.27[a]	4.78±0.17[b]	4.37±0.37[b]	4.57±0.20[b]
亮氨酸（Leu）	8.55±0.12[a]	7.96±0.22[a]	7.48±0.98[a]	7.32±0.32[a]	7.65±0.18[a]
酪氨酸（Tyr）	3.96±0.31[a]	3.78±0.15[b]	3.57±0.90[ab]	3.61±0.58[ab]	3.77±0.07[ab]
苯丙氨酸（Phe）	6.03±0.48[a]	5.67±0.28[b]	5.36±0.48[c]	5.14±0.52[d]	5.31±0.23[c]
组氨酸（His）	2.87±0.61[a]	2.47±0.34[a]	2.48±0.26[a]	2.79±0.38[a]	2.45±0.26[a]
赖氨酸（Lys）	7.54±0.18[a]	7.32±0.34[a]	7.00±0.39[b]	6.05±0.35[c]	6.9±0.38[a]

续表

氨基酸	未熟化	炒制	烘烤	蒸煮	挤压膨化
精氨酸（Arg）	11.91±0.21[a]	11.61±0.90[b]	11.85±0.28[ab]	11.02±0.18[c]	11.72±0.61[b]
脯氨酸（Pro）	3.43±0.18[a]	3.02±0.13[ab]	2.92±0.28[ab]	2.79±0.36[ab]	2.41±0.64[b]
TAA	119.65±5.94[a]	110.63±4.94[bc]	106.04±8.37[c]	102.35±4.94[d]	107.13±5.05[c]
EAA	47.58±2.13[a]	43.12±2.45[b]	41.09±1.98[c]	39.28±1.51[d]	42.05±2.96[b]

注 同一行中不同小写字母表示在 $P<0.05$ 的水平上有显著性差异，TAA 为总氨基酸量，EAA 为必需氨基酸量。

（三）不同熟化方式对苦荞粉芦丁、槲皮素含量的影响

芦丁和槲皮素是苦荞中主要的黄酮类物质，具有提高免疫力、降低胆固醇、降血糖、降血压、降血脂、预防心脑血管、防治贫血症等功能。不同熟化方式的苦荞粉芦丁、槲皮素含量见表9-7和图9-6。

表9-7　不同熟化方式苦荞粉的芦丁、槲皮素含量　　　　　单位：mg/g

熟化方式	芦丁	槲皮素	总含量
未熟化	9.39±0.15[a]	0.21±0.00[d]	9.60±0.15[a]
炒制	8.64±0.23[b]	0.25±0.02[c]	8.90+0.25[b]
烘烤	9.39±0.23[a]	0.18±0.00[d]	9.57±0.24[a]
蒸煮	4.26±0.11[d]	0.41+0.02[b]	4.67±0.11[c]
挤压膨化	7.78±0.20[c]	0.84±0.05[a]	8.61±0.17[b]

注 同一列中不同小写字母表示在 $P<0.05$ 水平上有显著性差异。

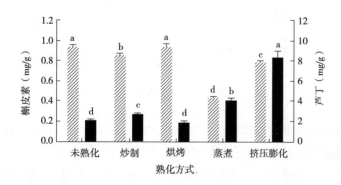

图9-6　不同熟化方式苦荞粉的芦丁、槲皮素含量

（图中不同字母表示同一指标不同熟化方式之间有显著性差异，$P<0.05$）

由表9-7可知，与未熟化相比，4种熟化方式的芦丁含量均有不同程度的下降。烘烤熟化方式芦丁含量最高，槲皮素与未熟化相比无显著性差异（$P<0.05$），是4种熟化方式中保留芦丁含量最好的熟化方式。相比较而言，经过蒸煮熟化方式的苦荞粉，芦丁含量最低，槲皮素仅次于挤压膨化，可能是因为在蒸煮过程中，部分芦丁遇水在酶的作用下转化为槲皮素，而还有部分芦丁损失在水中。经过挤压膨化处理后的苦荞粉，槲皮素含量最高，芦丁含量高于蒸煮，可能是因为苦荞粉开始调节水分，部分芦丁转化为槲皮素，而挤压膨化是一个瞬时的高温高压过程，活性成分相比较蒸煮方式损失小。

（四）不同熟化方式对苦荞粉抗氧化活性的影响

由图9-7可知，与未熟化苦荞粉相比，4种不同熟化方式的苦荞粉ABTS与DPPH自由基的清除能力均下降，可能是因为在熟化过程中黄酮类物质损失，与钟耕等的研究结果一致。4种不同熟化方式的苦荞粉ABTS与DPPH清除自由基的顺序为：烘烤>炒制>挤压膨化>蒸煮。经过炒制和烘烤的苦荞粉DPPH自由基的清除能力没有显著性差异（$P<0.05$），烘烤的ABTS与DPPH自由基的清除能力比蒸煮高175.0%、138.6%，可能是因为在蒸煮过程中，活性成分溶于水，造成清除自由基能力下降。相比较而言，挤压膨化熟化方式清除自由基能力高于蒸煮熟化方式，低于烘烤和炒制熟化方式。

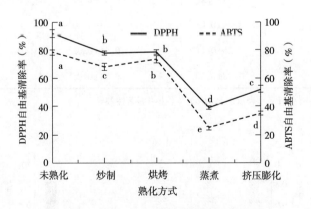

图9-7　不同熟化方式苦荞粉的抗氧化活性

（五）不同熟化方式对苦荞粉水溶性指数（WSI）与吸水性指数（WAI）的影响

WSI测量的是粉末中各种成分释放出的多种可溶性小分子物质。WAI测量的是粉末中各种大分子成分在过量水中溶胀后占有的体积。WSI和WAI值越高，越有利于提高粉末在水中的稳定性与溶解性。不同熟化方式的苦荞粉水溶性指数（WSI）与吸水性指数（WAI）结果分析见图9-8。

由图 9-8 可知，与未熟化苦荞粉相比，经过炒制的苦荞粉的 WSI 和 WAI 值没有显著性差异（$P<0.05$）。4 种熟化工艺的苦荞粉 WSI 和 WAI 值顺序为：挤压膨化>蒸煮>炒制>烘烤。挤压膨化苦荞粉的 WSI 和 WAI 值最高，可能是因为挤压膨化工艺使物料的分子结构逐渐伸展开来，暴露出更多的亲水基团，与水的结合能力加强。蒸煮的 WSI 和 WAI 值比未熟化的苦荞粉提高 98.7%、71.3%。挤压膨化与蒸煮工艺的 WSI 和 WAI 值比炒制和烘烤显著提高，可能是因为挤压膨化与蒸煮工艺中与水接触再烘干打粉，亲水基团增加，提高了苦荞粉的吸水性与水溶性。

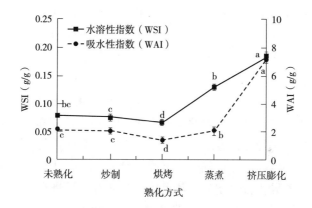

图 9-8　不同熟化方式苦荞粉 WSI、WAI 的测定结果

（六）不同熟化方式对苦荞粉色泽的影响

由表 9-8 可知，熟化后苦荞粉的 L^* 值降低，a^* 值增加，b^* 值增加，色泽亮度变暗，红色增加，黄色增加，可能是因为在加热过程中发生了美拉德反应，加深了苦荞粉的褐变。熟化后苦荞粉的 ΔE 依次增加的顺序为：炒制<烘烤<挤压膨化<蒸煮，可能是因为苦荞中含有多酚氧化酶，导致酚类物质可能氧化为醌类物质，使其颜色变暗、变褐。蒸煮的 L^* 值最小，ΔE 值最大，可能是因为蒸煮过程中苦荞粉与水接触最多，苦荞中含有芦丁转化酶，将部分芦丁酶解为槲皮素，芦丁为黄绿色物质，槲皮素为深绿色物质，因而加深了苦荞粉的颜色。

表 9-8　不同熟化方式苦荞粉的色泽指标

熟化方法	L^*	a^*	b^*	ΔE
未熟化	67.93±1.15[a]	0.41±0.08[d]	11.07±0.23[c]	—
炒制	67.26±0.35[a]	0.55±0.06[d]	12.32±0.32[b]	1.82±0.68[d]
烘烤	60.09±0.98[b]	3.68±0.06[a]	15.86±0.14[a]	9.80±1.58[c]

续表

熟化方法	L^*	a^*	b^*	ΔE
蒸煮	50.91±0.82^d	2.41±0.24^c	15.88±0.30^a	17.81±1.21^a
挤压膨化	53.78±0.56^c	2.78±0.17^b	16.22±0.39^a	15.25±0.97^b

注 表中数值均以平均值±标准差表示（$n=5$）；a～d 表示同一指标不同处理之间有显著性差异（$P<0.05$）；"-"表示无此项；同一列中不同小写字母表示在 $P<0.05$ 的水平上有显著性差异。

通过对比苦荞粉在不同熟化方式下基本营养成分、氨基酸、芦丁、槲皮素、抗氧化活性、WSI、WAI 以及色泽的变化，发现熟化方式会不同程度地降低基本营养成分、氨基酸等；其中烘烤方式对芦丁含量影响最小，抗氧化活性也最强，炒制方式次之；蒸煮及挤压膨化方式会显著降低芦丁、槲皮素含量（$P<0.05$），其中蒸煮的影响最大；挤压膨化方式提高了苦荞粉的吸水性和水溶性；而蒸煮方式的色差值变化最大。从以上所述可以看出，烘烤、炒制这 2 种熟化方式可以较好地保留芦丁、槲皮素等活性物质，而烘烤优于炒制，但炒制熟化方式的总氨基酸含量最高。挤压膨化熟化方式明显提高了粉末的 WSI 和 WAI，适合冲调粉等产品的开发，并且是槲皮素含量最高的一种熟化方式。以上结果表明，不同熟化方式对苦荞粉品质有不同的影响，因此，苦荞开发过程中，可根据目标人群有针对性地选择苦荞粉的熟化方式，从而开发差异化苦荞制品。从活性成分来看，烘烤和炒制熟化方式比较适合"三高"人群；从感官评价来看，蒸煮和挤压膨化熟化方式芦丁含量低，苦味降低，感官评价提高，适合普通人群食用，而挤压膨化熟化方式 WSI 和 WAI 显著提高，适合冲调粉一类的产品开发。因此，苦荞粉熟化方式的选择，可以根据自身及产品的需求考虑，选择最佳的熟化方式。

三、挤压处理对苦荞粉理化特性的影响

经过挤压后苦荞粉理化特性的变化见表 9-9。经过挤压处理后苦荞粉中淀粉的重均分子质量显著降低（$P<0.05$），这是因为挤压过程中的高温高压和高剪切力使淀粉分子降解产生了其他小分子物质，苦荞粉的重均分子质量越小，表明经过挤压处理后其淀粉降解为更多的小分子物质，淀粉降解程度越大。

表 9-9 挤压参数设置及苦荞粉理化特性分析

样品	$M_w \times 10^7$（g/mol）	WAI（%）	WSI（%）	冷糊黏度（cP）	凝胶强度（g）
Raw	10.62±0.03^a	2.23±0.01^d	8.12±0.08^f	11.68±0.15^f	—
E1	1.20±0.06^e	4.52±0.14^c	45.37±1.22^a	599.13±0.30^e	6.80±0.53^d
E2	1.28±0.03^e	6.64±0.18^b	31.07±1.11^b	654.77±9.12^a	9.21±0.47^c

续表

样品	$M_w \times 10^7$（g/mol）	WAI（%）	WSI（%）	冷糊黏度（cP）	凝胶强度（g）
E3	2. 10±0. 03[b]	7. 12±0. 50[a]	14. 69±0. 41[e]	501. 43±0. 88[e]	12. 61±0. 09[a]
E4	1. 69±0. 05[c]	6. 61±0. 08[b]	20. 04±0. 53[d]	535. 99±0. 89[d]	11. 15±0. 58[b]
E5	1. 47±0. 10[d]	6. 91±0. 12[b]	28. 23±1. 73[c]	629. 28±23. 0[b]	9. 66±0. 68[c]

　　注　Raw 为未经挤压处理的生苦荞粉；不同小写字母表示组别间有显著性差异（$P<0.05$）；M_w：重均分子质量；WAI：吸水性指数；WSI：水溶性指数。

挤压后苦荞粉的 WAI 从 2.23% 显著增加至 4.52%～7.12%（$P<0.05$），WSI 从 8.12% 显著增加至 14.69%～45.37%（$P<0.05$）。挤压导致苦荞粉中的淀粉颗粒破损，暴露的羟基与大量水分子结合形成氢键，导致 WAI 增加，此外，淀粉分子降解产生了更易溶于水的小分子，增加了苦荞粉的 WSI，WSI 的大小可以表示在挤压过程中淀粉的降解程度。随着挤压温度的升高，苦荞粉的 WSI 从 0.20 显著增加至 0.31（$P<0.05$），这是由于更高的温度导致淀粉降解程度增大，产生了更多的水溶性小分子物质。当挤压温度相同时，随着挤压过程中加水量的增加，水分子对机筒中的苦荞粉起到了一定的保护作用，减弱了淀粉分子所受的剪切力，降低了淀粉分子的降解程度，随着加水量的增加，苦荞粉的 WAI 显著增加，WSI 显著降低（$P<0.05$）。WSI 可以用来预测面带表面黏附性的大小，使用 WSI 过高的挤压苦荞粉制作挂面在压延过程中可能会出现黏辊的现象。

经过挤压后苦荞粉的冷糊黏度由 11.68 cP 显著增加至 501.43～654.77 cP（$P<0.05$）。挤压使淀粉的结晶结构被破坏，淀粉分子内羟基暴露，当苦荞粉再次溶于水中，淀粉分子大量吸水溶胀，在较低的温度下即可形成具有一定黏度的均一糊状液。当未被挤压的苦荞粉分散在水中，在没有加热的情况下，苦荞粉中的淀粉分子只有轻微的溶胀，淀粉颗粒仍保持较高的完整性，因此未挤压的苦荞粉冷糊黏度较低。较高的冷糊黏度虽然为苦荞面带提供了更强的黏聚力，但冷糊黏度过高则可能导致面带黏辊。

挤压使苦荞粉中淀粉的颗粒结构破损，直链淀粉和支链淀粉析出，当挤压后的苦荞粉再次溶于水中时，直链淀粉相互缠绕结合形成连续相，支链淀粉作为分散相填充于其中，因此直链淀粉和支链淀粉形成了一个三维凝胶网络结构。随着挤压过程中加水量的增加，挤压苦荞粉的凝胶强度从 6.80 g 显著增加至 12.61 g（$P<0.05$），这是因为更高的加水量降低了淀粉分子的降解程度，保持直链淀粉和支链淀粉的完整性，更有利于淀粉凝胶网络的形成，而随着挤压温度的升高，淀粉分子的降解程度增大，产生了更多的小分子物质，对凝胶网络结构的形成产生了不利影响，从而导致苦荞粉的凝胶强度降低。

四、气流超微粉碎对苦荞粉物化特性的影响

以苦荞皮粉、芯粉和全粉为原料,利用流化床气流粉碎机制备苦荞超微粉,通过测定粒径、比表面积、粉体综合特性、溶胀性、水溶性等指标研究气流超微粉碎处理对不同部位苦荞粉物化特性的影响。

(一)超微粉碎对苦荞粉粒径、比表面积的影响

粒径被认为是影响粉末样品质量的一个重要物理参数,采用激光粒度分析仪测定苦荞粉的粒径及比表面积,结果见表9-10~表9-12。由表可知,气流超微粉碎后苦荞皮粉、芯粉和全粉的粒径(D_{50})分别从41.05、42.65、36.80 μm下降到8.15、8.43、8.04 μm,表明气流超微粉碎可有效降低粉体粒径,对苦荞粉有良好的破碎作用且不同部位苦荞粉的粒径差异显著($P<0.05$)。

随着苦荞微粉粒径的减小,其比表面积逐渐增大,比表面积的变化会影响微粉对溶剂的吸附能力,具有较高表面积的粉末样品在作为食品添加剂或活性成分方面具有很大的潜力。离散度可以有效反映粉末粒度的分布,是评估团聚体的均匀性和多分散性的基础指标之一。由表9-10~表9-12可知,粒径最小的苦荞微粉离散度最小,粉体的离散度与粒径大小成正比,在相同粉碎条件下苦荞芯粉的离散度最小。

表9-10 超微粉碎对苦荞皮粉粒径、比表面积的影响

样品	粒径（μm）			比表面积（m²/g）	离散度
	D_{10}	D_{50}	D_{90}		
苦荞皮粉粗粉	4.38±0.23[a]	41.05±0.04[a]	144.37±0.45[a]	0.19±0.01[c]	3.41±0.01[b]
苦荞皮粉微粉Ⅰ	3.43±0.07[b]	15.66±0.39[b]	58.90±1.96[b]	0.26±0.00[b]	3.54±0.03[a]
苦荞皮粉微粉Ⅱ	2.44±0.07[c]	8.73±0.17[c]	22.58±0.96[c]	0.38±0.01[a]	2.31±0.06[c]
苦荞皮粉微粉Ⅲ	2.42±0.06[c]	8.15±0.22[d]	18.96±1.06[d]	0.40±0.01[a]	2.03±0.07[d]

注 同列肩标小写字母不同表示差异显著($P<0.05$)。

表9-11 超微粉碎对苦荞芯粉粒径、比表面积的影响

样品	粒径（μm）			比表面积（m²/g）	离散度
	D_{10}	D_{50}	D_{90}		
苦荞芯粉粗粉	4.59±0.30[a]	42.65±0.94[a]	95.71±1.05[a]	0.21±0.01[c]	2.14±0.03[b]
苦荞芯粉微粉Ⅰ	4.57±0.04[a]	20.73±0.31[b]	59.48±0.11[b]	0.22±0.00[c]	2.65±0.03[a]
苦荞芯粉微粉Ⅱ	2.68±0.03[b]	9.84±0.04[c]	19.84±0.16[c]	0.35±0.00[b]	1.74±0.01[c]
苦荞芯粉微粉Ⅲ	2.33±0.06[b]	8.43±0.17[d]	14.51±0.42[d]	0.40±0.01[a]	1.44±0.11[d]

注 同列肩标小写字母不同表示差异显著($P<0.05$)。

表 9-12　超微粉碎对苦荞全粉粒径、比表面积的影响

样品	粒径（μm）			比表面积（m²/g）	离散度
	D_{10}	D_{50}	D_{90}		
苦荞全粉粗粉	4.09±0.26[a]	36.80±0.90[a]	127.03±2.66[a]	0.21±0.01[d]	3.34±0.08[a]
苦荞全粉微粉Ⅰ	3.35±0.27[b]	16.10±0.35[b]	57.04±0.63[b]	0.27±0.01[c]	3.34±0.05[a]
苦荞全粉微粉Ⅱ	2.58±0.01[c]	9.45±0.05[c]	20.08±0.30[c]	0.37±0.00[b]	1.85±0.02[b]
苦荞全粉微粉Ⅲ	2.28±0.00[c]	8.04±0.09[d]	15.20±0.19[d]	0.42±0.00[a]	1.61±0.00[c]

注　同列肩标小写字母不同表示差异显著（$P<0.05$）。

（二）超微粉碎对苦荞粉体综合特性的影响

由图 9-9（a）和图 9-9（b）可知，随着粒径的减小，不同部位的苦荞微粉的休止角和滑角均有所增加，表明微粉化处理可影响粉体的流动性能。这与程晶晶等的试验结果一致，造成此结果的原因可能是随着粒径的减小，粉体的比表面积增大，使得颗粒之间的聚合能力增加，粉体与平板之间的摩擦力增大，从而使粉体的休止角和滑角变大。生产加工中虽然认为粉体流动性越好产品品质越佳，但粉体的黏附性增强使其对小肠壁的吸附作用增加，这样更利于机体对其内含成分的吸收。

由图 9-9（c）和图 9-9（d）可知，不同部位的苦荞粉松装密度和振实密度有所差别，芯粉的松装密度和振实密度显著高于同等粒径下的皮粉和全粉（$P<0.05$），随着粒径的减小，各部位苦荞粉的松装密度和振实密度都有所降低，与陈如等的研究结果（填充性能与粒径之间存在正相关效应）一致，可能是由于粉体流动性降低，更容易团聚成大颗粒，使得粉体之间空隙率增大，从而导致其松装密度和振实密度减小。

（三）超微粉碎对苦荞粉溶胀性的影响

由图 9-10 可知，苦荞皮粉的溶胀性能优于苦荞全粉和芯粉。经超微粉碎处理后，各部位苦荞粉的溶胀性均呈先升高后降低的趋势，当粉碎频率为 20 Hz 时，粉体的溶胀性达到最大值。含有较高膳食纤维的粉体，经微粉化处理后，其长链膳食纤维减小，短链膳食纤维增加，粉体的溶胀性有所增加，但随着粉碎程度的加强苦荞粉内的膳食纤维结构被破坏，大分子物质含量随超微粉碎程度的降低而降低，影响了苦荞粉的溶胀性。粉体溶胀性的增加可提高食用后的饱腹感，在加工代餐食品时，饱腹感作为食品评价的重要指标之一，由此，超微粉碎可为代餐食品的加工提供一定的技术支持。

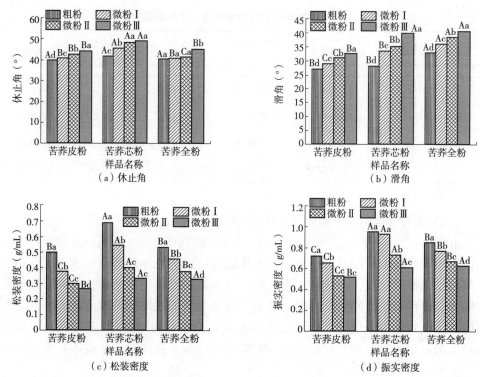

图9-9　超微粉碎对苦荞粉体综合特性的影响

（小写字母不同表示相同部位不同粒径差异显著，$P<0.05$，大写字母不同表示相同
级别不同部位差异显著，$P<0.05$）

（四）超微粉碎对苦荞粉水溶性的影响

由图9-11可知，随着粒径的减小，苦荞粉的水溶性有所升高，且苦荞皮粉、全粉的溶出率显著高于苦荞芯粉，皮粉和全粉的水溶性分别从粗粉的18.94%、13.44%上升到微粉Ⅲ的29.51%、28.61%，相较于粗粉增加了14%左右。这可能是超微粉碎增加了粉体的比表面积，粉体的水溶性成分能够更好地与溶剂接触，从而促进了其水溶性的提高。另外，超微粉碎会使长链膳食纤维断裂成分子量较小的短链膳食纤维，且随着粉碎程度的加强，粉体中膳食纤维的空间结构被破坏，可以释放更多的可溶成分，从而增加溶解度。

（五）超微粉碎对苦荞粉持水力的影响

由图9-12可知，超微粉碎对粉体持水力的影响较小，随着粉碎程度的增强其持水力略有上升，当粉碎频率超过40 Hz时粉体的持水力略有下降，在Gao等的研究中也有相似的报道。这可能是由于随着粒径的减小，粉体之间空隙增大，使粉体的吸水表面积增大，持水力增大。但当粉体粒径过小，在微粉化过程中其纤维结构被破坏，使持水力又有所下降。

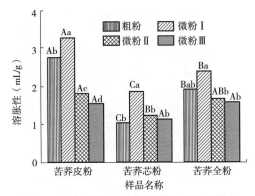

图 9-10　超微粉碎对苦荞粉溶胀性的影响

（小写字母不同表示相同部位不同粒径差异显著，$P<0.05$，大写字母不同表示
相同级别不同部位差异显著，$P<0.05$）

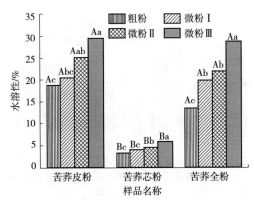

图 9-11　超微粉碎对苦荞粉水溶性的影响

（小写字母不同表示相同部位不同粒径差异显著，$P<0.05$，大写字母不同表示
相同级别不同部位差异显著，$P<0.05$）

（六）超微粉碎对苦荞粉持油力的影响

由图 9-13 可知，皮粉的持油力高于芯粉和全粉，可能与其纤维含量高有关。随着粒径的减小，苦荞微粉的持油力相较于同部位的粗粉略有上升，且粉碎频率为 20~40 Hz 时粉体的持油力较强，之后有所下降。不同粒径苦荞粉持油力的变化可能与其持水力降低的原因一致。

气流超微粉碎可显著改善粉体粒径大小，颗粒分布更加均匀，水溶性增加，溶胀性、持水力及持油力呈先升高后降低的趋势，但微粉化处理降低了粉体的流动性和填充性。当粉碎频率为 20~40 Hz 时，各部位超微粉体的上述性质较为稳定，且苦荞皮粉的水溶性、持水力、持油力高于其他部位。因此在生产加工中要适度把握粉碎程度，这样既可以保证苦荞粉优良的物化特性，又可以降低能耗。

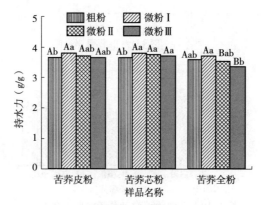

图9-12 超微粉碎对苦荞粉持水力的影响

（小写字母不同表示相同部位不同粒径差异显著，$P<0.05$，大写字母不同表示
相同级别不同部位差异显著，$P<0.05$）

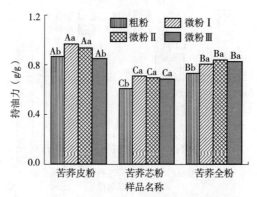

图9-13 超微粉碎对苦荞粉持油力的影响

（小写字母不同表示相同部位不同粒径差异显著，$P<0.05$，大写字母不同表示
相同级别不同部位差异显著，$P<0.05$）

第三节　贮藏过程中苦荞产品的品质变化

不同贮藏条件（温度、时间）下，荞麦粉色泽、淀粉、蛋白质、油脂等主要化学成分的变化。可为荞麦粉的合理贮藏和加工利用提供实验依据。荞麦中的淀粉含量较高约70%，其次是蛋白质，而原料中的淀粉和蛋白质的含量对其加工产品的品质有直接影响，由第二章贮藏对荞麦饸饹品质的影响可以看出，随着贮藏温度的增加及贮藏时间的延长，荞麦粉加工饸饹感官品质下降，质构特性中荞麦饸饹的硬度、黏性、弹性、咀嚼性等都发生了一定的变化，烹煮特性也在变差，究其原因，可能与荞麦中的高含量淀粉特

性及蛋白质结构、脂肪变化有一定的关系，同时，脂肪酶和过氧化氢酶活性对谷物品质的影响极大，故本章研究了贮藏过程中，荞麦粉淀粉特性、蛋白质、脂肪的变化及脂肪酶和过氧化氢酶活性，以期了解贮藏对荞麦粉加工品质影响的内在原因。

一、贮藏温度和贮藏时间对荞麦粉色泽的影响

由图9-14可以看出贮藏温度和贮藏时间对荞麦粉色泽有明显影响，随着贮藏温度的增加和贮藏时间的延长，荞麦粉的亮度值 L^* 呈递减趋势（亮度降低），红绿值 a^* 呈递增趋势（偏红），黄蓝值 b^* 呈降低趋势（偏蓝），以 L^* 为例，25℃贮藏90 d，其值由88.91下降为87.90，而35℃贮藏60 d，L^* 就下降为87.54。同样，蓝蓝值 b^* 也有相似的变化趋势，即25℃贮藏90 d，其由8.48下降为7.84，而35℃贮藏60 d，就降低为7.65。红绿值 a^* 则变化正好相反，25℃贮藏90 d，其由0.37上升为0.72，而35℃贮藏60 d，就升高为0.82，说明贮藏温度对色泽影响极为显著，随着贮藏时间的延长，贮藏温度的增加，荞麦粉色泽变暗、变红，导致荞麦粉色泽迅速劣变。

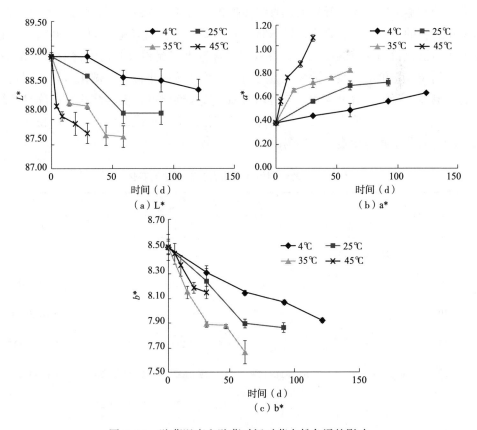

图9-14　贮藏温度和贮藏时间对荞麦粉色泽的影响

二、贮藏温度和贮藏时间对荞麦粉淀粉特性的影响

(一) 贮藏温度和贮藏时间对荞麦粉直链、支链淀粉含量的影响

由表 9-13 和表 9-14 可以看出贮藏对直链、支链淀粉含量有一定影响，随着贮藏温度和贮藏时间的增加，直链淀粉含量有一定的增加，支链淀粉含量有一定的减少。例如 4℃贮藏的荞麦粉直链淀粉含量从最初的 15.71%增加到 120 d 的 17.42%，支链淀粉含量由 65.69%减少到 61.10%；25℃的直链淀粉含量由 15.71%增加到 90 d 的 19.31%，支链淀粉由 65.69%减少到 58.70%。在同一贮藏时间下，随着贮藏温度的增加，荞麦粉的直链淀粉含量有所增加，支链淀粉含量有所降低，例如贮藏时间为 60 d 时，新鲜荞麦粉的直链、支链淀粉含量分别为 15.71%、65.69%，而 4℃荞麦粉的直链、支链淀粉含量分别为 16.13%、61.53%，25℃荞麦粉的直链、支链淀粉含量分别为 17.48%、58.70%。贮藏温度越高，直链、支链淀粉含量变化越大。可能是由于荞麦粉在贮藏的过程中，脱支酶（淀粉水解酶类）作用于 1,6-糖苷键使支链淀粉脱支，导致贮藏直链淀粉含量增加，支链淀粉含量减少。淀粉是荞麦中存在的主要有机化合物，以球状颗粒形式存在，直径范围为 3~100 μm，它主要由直链淀粉和支链淀粉组成，直链淀粉含量决定淀粉及其衍生物的分子结构、理化性质及应用价值。直链淀粉含量越高，淀粉颗粒越难糊化，糊化后分子间越易结合、易发生凝沉、容易老化、抗剪切力强、成膜性能好。支链淀粉具有优良的缓释、增稠、黏合保水能力，溶胀性能好、易糊化、不形成凝胶体，支链淀粉含量越高，糊化后分子间越稳定，不容易凝沉，不容易老化。

表 9-13　贮藏期间荞麦粉直淀粉含量的变化

贮藏时间 (d)	直链淀粉含量 (%)				
	对照组	4℃	25℃	35℃	45℃
对照组	15.71 ± 0.73^{i}	—	—	—	—
5	—	—	—	—	15.90 ± 0.32^{hi}
10	—	—	—	—	16.65 ± 0.24^{g}
15	—	—	16.62 ± 0.21^{g}	16.67 ± 0.22^{fg}	17.12 ± 0.18^{de}
30	—	16.08 ± 0.14^{hi}	17.53 ± 0.88^{cd}	17.05 ± 1.26^{ef}	17.05 ± 1.23^{ef}
45	—	—	18.71 ± 1.57^{d}	17.15 ± 0.21^{de}	—
60	—	16.13 ± 0.34^{h}	17.48 ± 0.58^{cd}	17.65 ± 0.09^{c}	—

贮藏时间（d）	直链淀粉含量（%）				
	对照组	4℃	25℃	35℃	45℃
75	—	—	17.47±0.07[cde]	—	—
90	—	17.21±0.25[de]	19.31±0.66[a]	—	—
120	—	17.42±0.45[cde]	—	—	—

注　"—"表示该贮藏时间下的样品未测定。

表9-14　贮藏期间荞麦粉支链淀粉含量的变化

贮藏时间（d）	支链淀粉含量（%）				
	对照组	4℃	25℃	35℃	45℃
对照组	65.69±5.45[a]	—	—	—	—
5	—	—	—	—	65.11±2.36[ab]
10	—	—	—	—	62.45±2.31[bcd]
15	—	—	62.56±4.45[bcd]	63.16±1.21[abcd]	61.63±6.23[cd]
30	—	62.89±3.79[bcd]	63.08±0.31[bcd]	62.38±1.75[abc]	61.90±1.23[cde]
45	—	—	62.87±7.04[bcd]	61.42±3.56[d]	—
60	—	61.53±2.89[d]	62.32±4.39[cd]	58.12±2.78[e]	—
75	—	—	62.43±1.99[bcd]	—	—
90	—	62.12±1.56[cd]	58.70±2.66[e]	—	—
120	—	61.10±0.67[d]	—	—	—

注　"—"表示该贮藏时间下的样品未测定。

（二）贮藏温度和贮藏时间对荞麦粉的溶解度及膨胀度的影响

食品加工过程中，淀粉的溶解特性和膨胀特性是十分重要的理化性质，由图9-15和图9-16可以看到荞麦粉55~65℃时开始溶解和膨胀，在65~85℃时淀粉的溶解度和膨胀度几乎呈直线增加，膨胀度在85℃有轻微增加，几乎为平缓直线上升，这表明从荞麦淀粉粒上离解的直链淀粉是有限的，贮藏时间和贮藏温度对荞麦粉的溶解度和膨胀度均有一定影响，随着贮藏温度的增加荞麦粉的溶解度降低、膨胀度增加；随着贮藏时间的延长，荞麦粉的溶解度降低、膨胀度增加，低温4℃贮藏的荞麦粉在加热的过程中溶解度和膨胀度均较为接近新鲜荞麦粉（对照组），而25℃贮藏的荞麦粉在加热过程中的溶解度和膨胀度变化较为明显，在90 d时溶解度显著降低、膨胀度显著增加，35℃和45℃贮藏时间的荞麦粉溶解度和膨胀度均变化较大，贮藏时间越长、贮藏温度越高，溶解度和膨胀度曲线偏离对照组曲线越远。例如，新鲜荞麦粉在90℃时溶解度和膨胀度分别为17.39、10.23，4℃贮藏120 d的分别为16.36、11.18，25℃贮藏90 d的分别为14.08、11.74，35℃贮藏60 d的分别为12.32、12.54，45℃贮藏30 d的分别为13.21、12.38，由数据可以看出贮藏温度越高，糊化温度为90℃时的溶解度和膨胀度与对照组相比变化越大。

荞麦粉的溶解度为溶解度膨胀溶解能力的好坏，与淀粉中直链、支链比例有关，直链淀粉含量越高，易发生相互缔合而使淀粉糊回生，使荞麦粉溶解度降低，同时直链淀粉含量较高时，颗粒较难发生膨胀，导致溶解度较低。同时还可能是直链淀粉与脂质等物质形成了包含化合物或复合体，使颗粒内无法形成空穴，导致淀粉不能处于一种亚稳态的平衡状态，从而使溶解度降低。

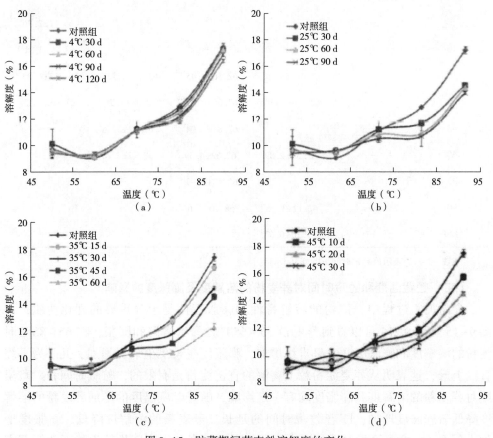

图9-15　贮藏期间荞麦粉溶解度的变化

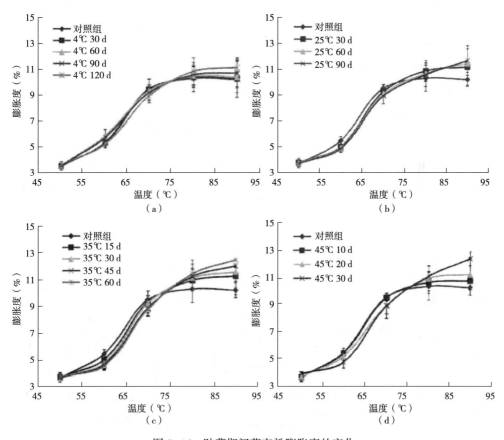

图 9-16 贮藏期间荞麦粉膨胀度的变化

（三）贮藏温度和贮藏时间对荞麦粉糊化特性的影响

淀粉的糊化特性与淀粉的加工适应性有很密切的关系，荞麦的品种、直/支链淀粉含量、分子结构、淀粉糊的浓度、温度都会对糊的糊化特性有一定的影响。由图 9-17 可以看出贮藏对荞麦粉的糊化过程产生了一定影响，随着贮藏的进行，荞麦粉的糊化黏度发生了一定变化。从图 9-17 可以看出，随着贮藏温度的增加，荞麦粉糊化曲线偏离对照组糊化曲线越来越远，而且贮藏时间越长偏离程度越大，说明贮藏温度和贮藏时间对荞麦粉的糊化特性影响显著。45℃的糊化曲线变化尤为明显，糊化黏度随贮藏温度和贮藏时间的增加而增加。由表 9-15 可以更直观观察到糊化曲线的特征值变化，其中峰值黏度、保持黏度及最终黏度随着贮藏温度和贮藏时间的增加明显增加，回生值较对照组也明显增加，糊化时间与糊化温度也有所增加。由表 9-15 中的糊化特征值可以看出不同贮藏温度的荞麦粉随着贮藏时间的增加，峰值黏度、保持黏度、最终黏度及回生值基本呈递增趋势，衰减黏度基本呈递减趋势，而且贮藏温度越高，变化越明显。例如，4℃贮藏120 d的荞麦粉峰值黏度由3452增加到3841，增加了11.27%，25℃贮藏90 d的增加为3771，增加了9.24%，35℃贮藏60 d的增加为3888，增加了12.63%，45℃贮藏30 d的增加为4443增加了28.71%。而且在同一贮藏时间下，温度对荞麦粉的峰值黏度影响也十分显著，4℃贮藏30 d的荞麦粉峰值黏度为3617，25℃的为3849，35℃的为3769，45℃的为4443，分别较新鲜荞麦粉的峰值黏度（3452）增加了6.34%、11.50%、8.41%、28.71%。贮藏温度与贮藏时间对荞麦粉的保持黏度和最终黏度的影响与峰值黏度的变化趋势基本一致，回生值变化趋势相反。此结果同贮藏对大米粉的糊化特性影响一致。

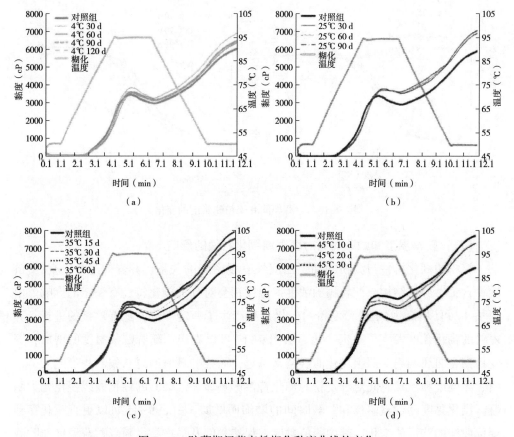

图9-17　贮藏期间荞麦粉糊化黏度曲线的变化

表9-15 贮藏期间荞麦粉糊化特征值的变化

贮藏条件		峰值黏度（cP）	保持黏度（cP）	衰减黏度（cP）	最终黏度（cP）	回生值（cP）	糊化时间（min）	糊化温度（℃）
对照组		3452	2960	492	6012	3052	5.87	71.75
4℃	30 d	3617	2987	630	6313	3326	5.73	71.8
	60 d	3608	3185	423	6344	3159	6.07	72.65
	90 d	3583	3128	455	6456	3328	5.87	72.65
	120 d	3841	3258	583	6884	3626	5.87	71.75
25℃	30 d	3849	3600	249	7033	3433	6.13	72.5
	60 d	3841	3585	256	7185	3600	6.27	72.6
	90 d	3771	3679	92	7169	3490	6.27	72.6
35℃	15 d	3695	3248	447	6985	3737	5.8	72.6
	30 d	3769	3370	399	7531	4161	5.93	71.75
	45 d	3986	3714	272	7887	4173	5.8	72.65
	60 d	3888	3727	161	7497	3770	6.27	72.5
45℃	10 d	3976	3716	260	7421	3705	6.2	71.75
	20 d	4140	3843	297	7873	4030	6.07	71.8
	30 d	4443	4246	197	7851	3605	6.07	72.6

赵思明等指出淀粉糊为由直链淀粉胶体溶液和支链淀粉团块为主要结构的较均匀的两相体系，其糊化过程符合一级化学反应模型，荞麦粉中的淀粉在贮藏期间会受到酶的作用而水解成糊精、麦芽糖，继而分解成葡萄糖单体而使淀粉的含量降低，但由于荞麦粉中淀粉基数较大，总的变化相对不明显；同时指出贮藏会对淀粉性质及直链淀粉、支链淀粉各自的化学组成产生一定的影响。随贮藏时间的增加，支链淀粉占总淀粉含量的比例会下降，虽然淀粉酶活力会随贮藏时间的延长而下降，但淀粉中的脱支酶会使支链淀粉中最长链的组分含量有所降低，部分脱支，脱下的部分可能保留原来的分支点变成更小的支链分子，从而对糊化特性产生一定的影响。蛋白质与淀粉相互作用，会阻止淀粉吸水糊化，但由于贮藏使这种相互作用减弱从而促进淀粉吸水糊化，大分子蛋白质由于贮藏而分解成小分子蛋白质，降低了大分子蛋白质形成的凝胶的吸水能力，淀粉争夺水分的能力增强，促进了内部淀粉颗粒的吸水膨胀和糊化，而增强了糊化过程。蛋白质对淀粉糊化的影响包括自身的变化以及其他成分之间的相互作用产生的复合效应，不仅是某一种或者某几种成分单独发生变化而引起的糊化特性的变化，更多的是涉及各成分之间的相互作用。

三、贮藏温度和贮藏时间对荞麦粉蛋白质的影响

（一）贮藏温度和贮藏时间对荞麦粉巯基和二硫键的影响

由表 9-16 和表 9-17 可以看出，随着贮藏的进行，荞麦粉中—SH 含量减少，—SS 含量增加，与大米谷蛋白贮藏中变化趋势一致。贮藏温度和贮藏时间对巯基和二硫键的含量影响均较为显著，说明荞麦粉在贮藏的过程中随着贮藏温度和贮藏时间的增加，荞麦粉中的巯基在不断被氧化成二硫键，从数据中可以看出 4℃时贮藏 120 d 的荞麦粉巯基由 9.38 减少到 7.60，而二硫键由 38.57 增加到 54.89，25℃贮藏 90 d 的荞麦粉巯基减少到 7.90，二硫键增加到 48.80，35℃贮藏 60 d 的荞麦粉巯基减少到 6.68，二硫键增加到 53.29，45℃贮藏 30 d 的荞麦粉巯基减少到 7.44，二硫键增加到 62.53。贮藏温度越高，巯基和二硫键变化速度越快。在一定程度相互转化，巯基可以被氧化为二硫键，二硫键可以被还原为巯基。巯基和二硫键具有很高的生物活性，在发挥蛋白质的食品功能性质中起着重要的作用。

表 9-16　贮藏期间荞麦粉巯基含量的变化

贮藏时间（d）	巯基含量（μMSH/g）				
	对照组	4℃	25℃	35℃	45℃
对照组	9.38±0.24^a	—	—	—	—
5	—				8.89±0.06^c
10	—				8.51±0.08^e
15	—		9.32±0.30^{ab}	9.32±0.21^{ab}	8.46±0.35^e
30	—	9.29±0.30^{ab}	9.30±0.24^{ab}	8.70±0.05^d	7.44±0.23^k
45	—		9.21±0.35^b	6.91±0.101	
60	—	8.15±0.22^g	8.01±0.05^h	6.68±0.10^m	
75	—		7.98±0.04^{hi}		
90	—	7.84±0.21^i	7.90±0.15^{hi}		
120	—	7.60±0.32^j			

表 9-17　贮藏期间荞麦粉二硫键含量的变化

贮藏时间（d）	二硫键含量（μMSS/g）				
	对照组	4℃	25℃	35℃	45℃
对照组	38.57±3.60^i	—	—	—	—
5					38.72±0.50^i

续表

贮藏时间（d）	二硫键含量（μMSS/g）				
	对照组	4℃	25℃	35℃	45℃
10	—	—	—	—	40. 85±2. 10[h]
15	—	—	38. 58±0. 79[i]	38. 80±2. 10[i]	52. 23±1. 20[d]
30	—	39. 12±2. 10[i]	41. 86±0. 9[h]	41. 90±1. 40[h]	62. 53±3. 80[a]
45	—	—	44. 01±1. 20[g]	44. 44±1. 80[fg]	—
60	—	45. 1±1. 92[fg]	44. 5±1. 00[fg]	53. 29±2. 20[d]	—
75	—	—	45. 48±0. 48[f]	—	—
90	—	45. 26±1. 00[d]	48. 80±1. 20[e]	—	—
120	—	54. 89±1. 81[c]	—	—	—

（二）贮藏温度和贮藏时间对荞麦粉蛋白质分子量的影响

蛋白质在荞麦粉中的含量仅次于淀粉，约占 20%，蛋白质的含量、组成、形态、分子量大小等对荞麦粉的加工食用品质有一定的影响，对荞麦粉的分离蛋白进行提取后跑蛋白质电泳（SDS-PAGE），可以看出分离蛋白质分子量的变化进而得出贮藏对荞麦粉蛋白质结构的影响。由图 9-18 可以看出随着贮藏时间（左）和贮藏温度（右）的增加，荞麦粉分离蛋白的分子量有一定的变化，分离蛋白的分子量主要集中于 30~48 kDa 和 18~19 kDa。随着贮藏温度和贮藏时间的增加，小分子量蛋白质（18~19 kDa）聚集度（条带的颜色变深，宽度增加）增加，相对大分子量蛋白质（30~48 kDa）聚集度（条带清晰度稍微降低）降低，说明贮藏对荞麦粉蛋白质结构产生了一定影响，从而影响了荞麦产品的加工品质。

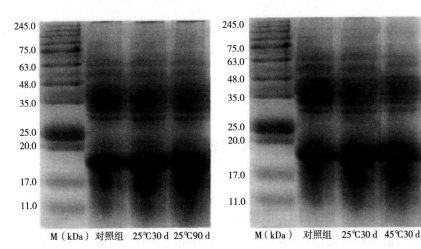

图 9-18　贮藏期间荞麦粉分离蛋白分子量的变化

四、贮藏温度和贮藏时间对荞麦粉脂肪酸值的影响

由图 9-19 可以看出，随着贮藏温度的升高和贮藏时间的延长，荞麦粉的脂肪酸值呈现显著的递增趋势，而且贮藏对脂肪酸值影响极为显著，4℃贮藏 120 d 的荞麦粉脂肪酸值由 85.96 增加至 142.22，25℃贮藏 90 d 的荞麦粉增加至 183.89，35℃贮藏 60 d 的荞麦粉增加至 175.55，45℃贮藏 30 d 的荞麦粉增加至 161.45，分别增加了 65.45%、1.14 倍、1.04 倍、87.82%。在同一贮藏时间下，4℃ 30 d 的荞麦粉脂肪酸值为 94.89，25℃ 30 d 的为 127.29，35℃ 30 d 的为 145.39，45℃ 30 d 的为 161.45，较新鲜荞麦粉脂肪酸值分别增加了 14.56%、48.08%、69.13%、87.82%，表明贮藏温度越高荞麦粉脂肪酸值增加的速率越快。

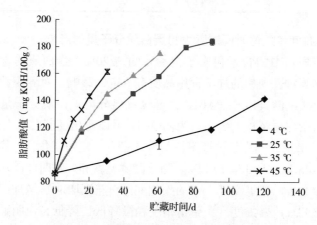

图 9-19　贮藏期间荞麦粉脂肪酸值的变化

粮食在贮藏过程中会发生一系列的化学变化，主要是产生酸性物质，例如脂肪水解成脂肪酸、蛋白质分解成氨基酸等，所以可以根据酸值的变化有效判断粮食的劣变程度。在稻谷贮藏中，脂肪酸值被作为判断稻谷品质劣变的最灵敏的指标，也是判断稻谷易存、不易存或者陈化的主要指标。所以测定荞麦粉中脂肪酸值的变化可以判断荞麦粉的品质劣变程度。

五、贮藏温度和贮藏时间对荞麦粉酶活性的影响

（一）贮藏温度和贮藏时间对荞麦粉脂肪酶活性的影响

由表 9-18 可以看出贮藏温度对荞麦粉脂肪酶活性的影响十分显著，随着贮藏的进行，脂肪酶活性基本呈现先增加后降低的趋势，与对照组（新鲜样）相比均有显著差异，脂肪酶最适温度为 37℃，在这个温度条件下，酶的活力最高，故在 35℃和 45℃时脂肪酶表现出了较高的活性。随着时间的增加，脂肪酶活性下降，说

明脂肪酶逐渐失活。由表中数据可以看到新鲜荞麦粉的脂肪酶活性为3.33，4℃贮藏120 d的荞麦粉脂肪酶活性降到1.89、25℃ 90 d的降到1.04、35℃ 60 d的降到1.23、45℃ 30 d增加到6.50。随着贮藏时间的增加脂肪酶逐渐失活，但在45℃30 d时仍表现出较高的活性，此时应该是荞麦粉品质变化最快的阶段。

表9-18 贮藏期间荞麦粉脂肪酶活性的变化

贮藏时间（d）	脂肪酶活性（U/g）				
	对照组	4℃	25℃	35℃	45℃
对照组	3.33±0.29[g]	—	—	—	—
5	—	—	—	—	3.92±0.12[f]
10	—	—	—	—	4.21±0.13[e]
15	—	—	3.38±0.22[g]	4.23±0.12[e]	5.31±0.21[c]
30	—	2.63±0.04[h]	5.21±0.28[c]	5.90±0.03[b]	6.50±0.37[a]
45	—	—	4.68±0.21[d]	4.16±0.31[e]	—
60	—	2.21±0.06[i]	1.56±0.09[k]	1.23±0.09[m]	—
75	—	—	1.42±0.06[l]	—	—
90	—	2.02±0.19[j]	1.04±0.4[n]	—	—
120	—	1.89±0.21[j]	—	—	—

荞麦作为生物活体，随着贮藏时间的延长，其生命活力是逐渐降低的。同时脂肪酶作为一种生物催化剂，在较高的温度下长时间贮藏也会导致部分酶热变性而失活，在较短的时间和适宜的温度下酶活力也是基本稳定的，但随着贮藏时间的增加，脂肪酶的残余活力不断减小，贮藏温度最适宜时酶活性最高，但再高脂肪酶活力减小的速度就会越快。荞麦在氧气及高温条件下贮藏后，所含脂肪极易发生水解、氧化，致使荞麦品质劣变。脂肪酶是脂肪分解代谢中第一个参与反应的酶，一般认为它对脂肪的转化速率起着调控的作用，是储藏过程中脂肪酸败变质的重要原因之一，同时脂肪酶可催化的化学反应种类较多。故脂肪酶的活性对荞麦的贮藏品质产生重要的影响。

（二）贮藏温度和贮藏时间对荞麦粉过氧化氢酶活性的影响

由表9-19可以看出贮藏对荞麦粉过氧化氢酶活性有显著的影响，随着贮藏温度的增加过氧化氢酶活性逐渐降低，与对照组相比均有显著差异，在45℃时，过氧化氢酶活性降低了将近60%。随着贮藏时间的延长，过氧化氢酶活性也呈现降低的趋势。4℃贮藏120 d的荞麦粉过氧化氢酶活性由45.10降低到20.52，25℃贮藏90 d的降低到14.78，35℃贮藏60 d的降低到10.21，45℃30 d的降低到18.60。在同一贮藏时间下，温度对过氧化氢酶活性影响显著，4℃30 d 的荞麦粉过氧化氢酶活性由 45.10 降低到 35.20，25℃30 d 降低到 26.68，35℃30 d 的降低到 24.21，45℃30 d 的降低到 18.60，分别降低了 21.95%、35.71%、46.32%、58.76%，由此可以看出贮藏温度越高过氧化氢酶失活的速率越快。

表 9-19 贮藏期间荞麦粉过氧化氢酶活性的变化

贮藏时间（d）	过氧化氢酶活性 [mg/（g/min）]				
	对照组	4℃	25℃	35℃	45℃
对照组	45.10±4.63[a]	—	—	—	—
5	—	—	—	—	40.03±2.21[b]
10	—	—	—	—	32.13±1.07[d]
15	—	—	38.65±1.98[b]	32.12±2.41[d]	25.32±3.10[gh]
30	—	35.20±3.00[e]	26.68±1.13[fg]	24.21±0.60[h]	18.60±1.13[k]
45	—	—	23.95±3.54[h]	18.42±1.32[k]	—
60	—	30.02±1.23[e]	22.44±2.68[i]	10.21±1.04[m]	—
75	—	—	21.09±1.85[ij]	—	—
90	—	27.21±1.01[f]	14.78±0.35[l]	—	—
120	—	20.52±2.21[j]	—	—	—

贮藏温度越高，荞麦粉代谢产生的过氧化氢越多，导致过氧化氢酶活力降低越快，部分过氧化氢酶会失活，贮藏时间越长，过氧化氢酶的生命活力越低，荞麦粉品质劣变越严重。荞麦粉在贮藏中的代谢会产生少量过氧化氢，使荞麦粉脂质等成分氧化而品质下降。荞麦中的过氧化氢酶可将产生的过氧化氢分解而减轻氧化作用，荞麦中的过氧化氢酶活性与荞麦贮藏品质有密切关系。

参考文献

［1］刘艳辉 . 苦荞麦脱壳工艺及主要参数优化 ［D］. 呼和浩特：内蒙古农业大学，2008.

［2］鞠洪荣，王君高，卢燕 . 荞麦食品功能性与新产品的开发 ［J］. 食品科技，1999（3）：16-17.

［3］郎桂常 . 苦荞麦的营养价值及开发利用 ［J］. 中国粮油学报，1996（8）：9-14.

［4］林汝法 . 中国荞麦 ［M］. 中国农业出版社 . 1994.

［5］刘端 . 不同生态区苦荞淀粉理化性质研究 ［D］. 杨凌：西北农林科技大学，2014.

［6］祁学忠，吉锁兴，王晓燕，等 . 苦荞黄酮及其降血糖作用的研究 ［J］. 科技情报开发与经济，2003，13（8）：111-112.

［7］林汝法，周运宁 . 苦荞提取物对大小鼠血糖血脂的调节 ［J］. 华北农学报，2001，16（1）：122-126.

［8］朱瑞，高南南，陈建民 . 苦荞麦的化学成分和药理作用 ［J］. 中国野生植物资源，2003，22（2）：7-9.

［9］左光明，谭斌，王金华，等 . 苦荞蛋白对高血脂症小鼠降血脂及抗氧化功能研究 ［J］. 食品科学，2010，31（7）：247-250.

［10］郭晓娜 . 苦荞麦蛋白质的分离纯化及功能特性研究 ［D］. 无锡：江南大学，2006.

［11］张政，王转花 . 苦荞蛋白复合物的营养成分及其抗衰老作用的研究 ［J］. 营养学报，1999，21（2）：159-162.

［12］钟耕，尹礼国，曾凡坤 . 苦荞麦粉乙醇提取物抗氧化性及芦丁受热变化的研究 ［J］. 中国粮油学报，2004，19（3）：31-34.

［13］张超，卢艳，郭贯新，等 . 苦荞麦蛋白质抗疲劳功能机理的研究 ［J］. 食品与生物技术学报，2005，24（6）：78-87.

［14］胡一冰，赵钢，邹亮，等 . 苦荞籽提取物抗小鼠躯体疲劳作用初探 ［J］. 成都大学学报（自然科学版），2008，27（3）：181-182.

［15］清源 . 苦荞的价值及开发利用现状 ［J］. 南方农业，2014，8（27）：131-133.

［16］陈庆富 . 荞麦属植物科学 ［M］. 北京：科学出版社，2012.

［17］夏明忠，王安虎. 野生荞麦资源研究［M］. 北京：中国农业出版社，2008.

［18］Ye N G, Guo G Q. Classification, origin and evolution of genus Fagopyrum in China［M］. Taiyuan：Agricultural Publishing House, 1992：19-28.

［19］Chen Q F. A study of resources of Fagopyrum（Polygonaceae）native to China［J］. No longer published by Elsevier, 1999a, 130（1）：53-64.

［20］冉盼. 西藏栽培和野生苦荞资源评价及其分子标记系统关系研究［D］. 贵阳：贵州师范大学，2021.

［21］秦培友. 我国主要荞麦品种资源品质评价及加工处理荞麦成分和活性的影响［D］. 北京：中国农业科学院，2012.

［22］Tang Y, Ding M Q, Tang Y X, et al. Germplasm resources of buckwheat in China［M］. Academic Press, 2016：13-20.

［23］Qin P, Wang Q, Shan F, et al. Nutritional composition and flavonoids content of flour from different buckwheat cultivars［J］. International Journal of Food Science & Technology, 2010, 45（5）：951-958.

［24］Tsuji K, Ohnishi O. Phylogenetic relationships among wild and cultivated Tartary buckwheat（*Fagopyrum tataricum* Gaert.）populations revealed by AFLP analyses［J］. Genes & genetic systems, 2001, 76（1）：47-52.

［25］龙丽丽. 不同生态区苦荞淀粉含量差异分析及理化性质研究［D］. 太原：山西农业大学，2022.

［26］杜伟. 苦荞种壳厚度全基因组关联分析及 FtPME 基因功能的研究［D］. 太原：山西农业大学，2022.

［27］闫斐艳，崔晓东，李玉英，等. 苦荞麦黄酮对人食管癌细胞 EC9706 增殖的影响［J］. 中草药，2010，41（7）：1142-1145.

［28］周一鸣，李保国，崔琳琳，等. 苦荞抗性淀粉对糖尿病小鼠生理功能影响的研究［J］. 中国粮油学报，2015，30（5）：24-27.

［29］祁学忠. 苦荞黄酮及其降血脂作用的研究［J］. 山西科技，2003（6）：70-71.

［30］邱硕. 苦荞多糖的提取及抗氧化性探析［J］. 微量元素与健康研究，2015，32（6）：39-40.

［31］Guo X, Zhu K X, Zhang H, et al. Purification and char-acterization of the antitumor protein from Chinese tartary buckwheat（*Fagopyrum tataricum* Gaertn.）water-soluble extracts［J］. J Agric Food Chem, 2007, 55（17）：6958-6967.

［32］胡一冰，赵钢，邹亮，等. 苦荞籽提取物抗小鼠躯体疲劳作用初探［J］. 成

都大学学报（自然科学版），2008，27（3）：181-182.

[33] 翟小童．不同品种荞麦挤压面条的品质评价研究［J］．中国食物与营养，2013，19（1）：51-55.

[34] 李国龙，师俊玲，闫梅梅，等．谷氨酰胺转氨酶对荞麦方便面品质的影响［J］．农业工程，2008，24（9）：281-287.

[35] 胡建平，张忠，姚翠．苦荞保健面包的研制［J］．食品工业，2006（6）：21-22.

[36] 郭元新，周军．苦荞饼干的加工技术研究［J］．食品工业科技，2005，26（11）：100-102.

[37] 付晓萍，李凌飞，范江平，等．低糖型苦荞饼干的研制［J］．食品研究与开发，2013，34（24）：132-134.

[38] 万萍，张宇，杨兰，等．响应面法优化苦荞干黄酒主发酵工艺［J］．食品与生物技术学报，2015，34（11）：1185-1191.

[39] 樊丹敏，莫新春．茉莉花苦荞茶饮料加工工艺研究［J］．食品研究与开发，2016，37（3）：111-113.

[40] 姚荣清，梁世中．苦荞麦保健醋酿造工艺研究［J］．粮油食品科技，2005（1）：9-11.

[41] 曹利萍．苦荞高产栽培技术的要点分析［J］．农家参谋，2019（14）：45，62.

[42] 武凯，张丽君．苦荞生产技术指导意见［J］．农业技术与装备，2019（11）：107，109.

[43] 刘社平，李小梅．苦荞高产栽培技术［J］．栽培技术，2021（8）：48-50.

[44] 吕凤，杨帆，范滔，等．1977—2018年水稻品种审定数据分析．中国种业［J］，2019（2）：35-46.

[45] 2018年国家审定品种．种业导刊［J］，2018（5）：40-47.

[46] 杨扬，王凤格，赵久然，等．中国玉米品种审定现状分析［J］．中国农业科学，2014，47（22）：4360-4370.

[47] 吴曹阳，梁诗涵，邱军，等．基于连续12年国家苦荞区域试验的中国苦荞品种选育现状分析［J］．中国农业科学，2020，53（19）：3878-3892.

[48] 杨克理．我国荞麦种质资源研究现状与展望［J］．作物品种资源，1995（3）：11-13.

[49] 杨克理，陆大彪不同类型荞麦籽粒营养成分与营养价值［J］．内蒙古农业科技，1990（6）：14-17.

[50] 杨克理．中国栽培苦荞的籽粒性状分析［J］．作物品种资源，1992（4）：19-20.

[51] 杨克理. 北方普通荞麦资源的氨基酸相关分析 [J]. 内蒙古林业科技, 1991 (3)：6-7.

[52] 吕丹, 黎瑞源, 郑冉, 等. 213 份苦荞种质资源主要农艺性状分析及高产种质筛选 [J]. 南方农业学报, 2020, 51 (10)：2429-2439.

[53] 李春花, 陈蕤坤, 黄金亮, 等. 苦荞种质资源遗传多样性分析及抗霜霉病种质筛选 [J]. 南方农业学报, 2020, 51 (4)：740-747.

[54] 李春花, 尹桂芳, 王艳青, 等. 云南苦荞种质资源主要性状的遗传多样性分析 [J]. 植物遗传资源学报, 2016, 17 (6)：993-999.

[55] 杨学乐, 张璐, 李志清, 等. 苦荞种质资源表型性状的遗传多样性分析 [J]. 作物杂志, 2020 (5)：53-58.

[56] 徐笑宇, 方正武, 杨璞, 等. 苦荞遗传多样性分析与核心种质筛选 [J]. 干旱地区农业研究, 2015, 33 (1)：268-277.

[57] 张久盘, 常克勤, 杨崇庆, 等. 基于 ITS 和 RLKs 序列的苦荞种质资源遗传多样性分析 [J]. 南方农业, 2020, 14 (3)：157-160.

[58] 史建强, 李艳琴, 张宗文, 等. 荞麦及其野生种遗传多样性分析 [J]. 植物遗传资源学报, 2015, 16 (3)：443-450.

[59] 左茜茜. 凉山黑苦荞种质资源调查及遗传多样性研究 [D]. 北京：中央民族大学, 2021.

[60] 范昱, 丁梦琦, 张凯旋, 等. 荞麦种质资源概况 [J]. 植物遗传资源学报, 2019, 20 (4)：813-828.

[61] 宋月. 不同品种苦荞的结实特性及其对源库调节的响应 [D]. 成都：成都大学, 2019.

[62] 李春花, 尹桂芳, 黄金亮, 等. 苦荞株型相关性状的遗传分析及其对产量的影响 [J]. 江西农业大学学报, 2020, 42 (5)：881-887.

[63] 唐链, 梁成刚, 梁龙兵, 等. 苦荞株高及主茎分枝数的遗传相关分析 [J]. 江苏农业科学, 2016, 44 (9)：129-132.

[64] 石桃雄, 黎瑞源, 梁龙兵, 等. 苦荞重组自交系群体农艺性状分析 [J]. 华南农业大学学报, 2018, 39 (1)：18-24.

[65] 石桃雄, 黎瑞源, 郑冉, 等. 苦荞重组自交系群体粒重、粒形和黄酮含量的变异分析 [J]. 分子植物育种, 2021, 19 (18)：6144-6154.

[66] 郑俊青, 黎瑞源, 郑冉, 等. 苦荞重组自交系群体粒重、粒形与蛋白组分含量的变异 [J]. 浙江农业学报, 2021, 33 (4)：565-575.

[67] 李春花, 黄金亮, 尹桂芳, 等. 苦荞粒形相关性状的遗传分析 [J]. 作物杂志, 2020 (3)：42-46.

[68] 陈庆富，陈其饺，石桃雄，等．苦荞厚果壳性状的遗传及其与产量因素的相关性研究［J］.作物杂志，2015（2）：27-31.

[69] 崔娅松，王艳，杨丽娟，等．米苦荞果壳率及其相关性状的遗传研究［J］.作物杂志，2019（2）：51-60.

[70] Qin P Y, Wang Q, Shan F, et al. Nutritional composition and flavonoids content of flour from different buckwheat cultivars［J］. International Journal of Food Science & Tech-nology, 2010, 45（5）：951-958.

[71] 李鹏．荞麦直链淀粉含量测定及 Waxy 克隆分析［D］.贵阳：贵州师范大学，2021.

[72] Pomeranz Y, Lorenz K. Buckwheat：Structure, com-position, and utilization［J］. CRC Critical Reviews in Food Science and Nutrition, 1983, 19（3）：213-258.

[73] 路之娟，张永清，张楚，等．不同基因型苦荞苗期抗旱性综合评价及指标筛选［J］.中国农业科学，2017，50（17）：3311-3322.

[74] Aubert L, Quinetm. Comparison of heat and drought stress responses among twelve Tartary buckwheat（Fagopyrum tataricum）varieties［J］. Plants, 2022, 11（11）：1517.

[75] 陆启环，李发良，张弢，等．NaCl 胁迫对 19 个苦荞品种生理特性及 Ft-NHX1 表达的影响［J］.植物生理学报，2017，53（8）：1409-1418.

[76] 翁文凤．苦荞耐盐基因的挖掘及候选基因的功能验证［D］.贵阳：贵州大学，2021.

[77] 毛旭，龚思同，舒洁，等．苦荞重金属富集特征及低积累品种筛选［J］.种子，2022，41（1）：19-25.

[78] 毛旭，付天岭，何腾兵，等．苦荞低镉积累品种筛选及富集转运特征分析［J］.地球与环境，2022，50（1）：103-109.

[79] 张楚，张永清，路之娟，等．苗期耐低氮基因型苦荞的筛选及其评价指标［J］.作物学报，2017，43（8）：1205-1215.

[80] 张楚，张永清，路之娟，等．低氮胁迫对不同苦荞品种苗期生长和根系生理特征的影响［J］.西北植物学报，2017，37（7）：1331-1339.

[81] 杨春婷，张永清，马星星，等．苦荞耐低磷基因型筛选及评价指标的鉴定［J］.应用生态学报，2018，29（9）：2997-3007.

[82] 杨春婷，张永清，董璐，等．不同基因型苦荞幼苗对低磷胁迫的响应［J］.植物科学学报，2018，36（6）：859-867.

[83] 李振宙，吴兴慧，张余，等．钾肥用量对四倍体苦荞籽粒灌浆特性、充

实度的影响［J］.福建农业学报，2019，34（8）：883-888.

［84］任长忠，陈庆富，李洪有，等．苦荞种质资源评价及遗传育种研究展望［J］.西北植物学报，2023，43（7）：1250-1260.

［85］张桂凤，田鸿儒，李红，等．四川省凉山彝族自治州苦荞产业发展情况的调研报告［J］.中国粮食经济，2013（7）：48-50.

［86］彭晓琴，徐一，万勇，等．凉山州苦荞种植业发展现状及建议［J］.现代农业科技，2022（20）：184-187.

［87］万丽英，穆建稳．贵州苦荞的营养保健功能与开发利用价值［J］.贵州农业科学，2004，32（2）：74-75.

［88］罗嵩，黄俊明，易勇，等．贵州省荞麦产业发展现状、问题、优势及对策［J］.耕作与栽培，2017（6）：49-68.

［89］李秀莲，史兴海，朱慧珺．苦荞产品开发应用现状及发展对策［J］.山西农业科学，2011，39（8）：908-910.

［90］朱云辉，郭元新．我国苦荞资源的开发利用研究进展［J］.食品工业科技，2014，35（24）：360-365.

［91］阿米史熙．凉山州苦荞产业发展现状及对策研究［D］.重庆：重庆师范大学，2018.

［92］熊振友，李基光，周美亮，等．苦荞栽培及主要病虫害防控技术［J］.作物研究，2021，35（6）：626-628，638.

［93］Katan T. Resistance to 3，5-dochlorophenyl-N-cylicimide（dicarboximide）fungicides in the gray mould pathogen Botrytis cinerea［J］. Plant Pathology，1983，31：133-141.

［94］李长亮，李昌远，何荣芳，等．昆明地区苦荞生产现状、存在问题及对策研究［J］.农业科技道讯，2018（2）：4，96.

［95］李月，宋志新，胡文强，等．不同品种荞麦蛋白质和黄酮含量与环境的相关性［J］.江苏农业科技，2013，41（5）：79-82.

［96］刘三才，李为喜，刘方，等．苦荞麦种质资源总黄酮和蛋白质含量的测定与评价［J］.植物遗传资源学报，2007，8（3）：317-320.

［97］朱友春，田世龙，王东晖，等．不同生育期苦荞黄酮含量与营养成分变化研究［J］.甘肃农业科技，2010（6）：24-27.

［98］彭镰心，赵钢，王姝，等．不同品种苦荞中黄酮含量的测定［J］.成都大学学报（自然科学版），2010，29（1）：20-21.

［99］姜国富，范浩伟，张云营，等．我国不同地区产苦荞麦营养成分分析［J］.粮油与饲料工业，2020，3：22-27.

［100］王世霞，刘珊，李笑蕊，等．甜荞麦与苦荞麦的营养及功能活性成分对比分析［J］.食品工业科技，2015，36：78-82.

［101］马红．不同植源产地荞麦粉物化特性及碗托消化品质改良研究［D］.南京：南京财经大学，2022.

［102］梁辉，代邹．不同米苦荞品种营养及重金属含量分析［J］.农业开发与装备，2022，7：138-139.

［103］刘军林，周罗娜，刘辉，等．不同苦荞品种品质特性及其对荞酥加工的影响［J］.贵州农业科学，2023，51（8）：117-123.

［104］贾冬英，姚开，张海均．苦荞麦的营养与功能成分研究进展［J］.粮食与饲料工业，2012（5）：25-27.

［105］聂薇，李再贵．苦荞麦营养成分和保健功能［J］.营养与品质，2016，1（24）：40-45.

［106］辛力．廖小军．胡小松．苦荞麦的营养价值、保健功能和加工工艺［J］.农牧产品开发，1999，5：6-7.

［107］张国权，师学文，罗勤贵．陕西主要荞麦品种的淀粉理化特性分析［J］.西北农林科技大学学报（自然科学版），2009，37（5）：105-113.

［108］钱建亚，ManfredK．荞麦淀粉的性质［J］.西部粮油科技，2000，25（3）：42-46.

［109］尹礼国，钟耕，刘雄，等．荞麦营养特性、生理功能和药用价值研究进展［J］.粮食与油脂，2002，5：32-34.

［110］吴伟菁，纪美茹，李再贵．不同苦荞蛋白酶解产物抗氧化活性研究［J］.粮油食品科技，2018，26（5）：6-10.

［111］魏宗友，王龙，蔡晶晶．植物源性生物活性肽在动物营养中的研究进展［J］.广东饲料，2010，19（11）：28-31.

［112］林汝法．中国荞麦［M］.北京：中国农业出版社，1994.

［113］张政，王转花．苦荞蛋白复合物的营养成分及其抗衰老作用的研究［J］.营养学报，1999（2）：159-162.

［114］Zhu F. Buckwheat starch：Structures，properties，and applications［J］.Trends in Food Science &Technology，2016，49：121-135.

［115］Liu H，Guo X D，Li W X.，et al. Changes in physicochemical properties and in vitrodigestibility of common buckwheat starch by heat-moisture treatment and annealing［J］.Carbohydrate Polymers，132：237-244.

［116］Imaki M，Miyoshi T，FujiiM，et al. Study on digestibility and energy availability of adiry food intake in Japanese［J］.Japanese Journal of Hygiene，1990，

45：635-641.

[117] Javornik B, Eggum B O, Kreft I. Studies on protein fractions and protein quality of buckwheat [J]. Genetika, 1981, 13：115-118.

[118] Zhu F. Chemical composition and health effects of tartary buckwheat [J]. Food Chemistry, 2016, 203：231-245.

[119] 顾尧臣. 小宗粮食加工（四）、（五）[J]. 粮食与饲料工业, 1999, 7：21-24；8：19-22.

[120] 彭德川. 唐宇. 孙俊秀, 等. 苦荞和几种野生荞麦中黄酮含量的测定和比较 [C]. 苦荞产业经济国际论坛论文集, 2006, 2：91-94.

[121] 唐宇. 赵刚. 任建川. 荞麦中总黄酮和芦丁含量的变化 [J]. 植物生理学通讯, 1989, 1：33-35.

[122] 李丹. 苦荞麦加工与利用的研究 [D]. 无锡：江南大学, 2000.

[123] 黄叶梅. 黎霞. 张丽. 苦荞黄酮对大鼠脑缺血再灌注损伤的保护作用 [J]. 四川师范大学学报（自然科学版）, 2006：29（4）：499-501.

[124] 周小理, 成少宁, 周一鸣, 等. 苦荞芽中黄酮类化合物的抑菌作用研究 [J]. 食品工业, 2010, 2：12-14.

[125] 连晓芬, 谭晓霞, 林远, 等. 苦荞对2型糖尿病有效性和安全性的临床研究 [J]. 中国实用医药, 2020, 15（35）：1-4.

[126] 李洁, 梁月琴, 郝一彬. 苦荞类黄酮降血脂作用的实验研究 [J]. 山西医科大学学报, 2004,（6）：570-571.

[127] 王菲, 李颖, 简天琪, 等. 黑苦荞麦黄酮的提取及体外抗氧化活性研究 [J]. 应用化工, 2020, 49（11）：2795-2799.

[128] 童钰琴, 李姝, 牛曼思, 等. 苦荞麸皮总黄酮体外抗氧化活性及体内解酒护肝作用 [J]. 食品工业科技, 2020, 41（17）：314-319, 326.

[129] 米智, 刘荔贞, 武晓红, 等. 正交试验优化苦荞黄酮提取工艺 [J]. 中国调味品, 2019, 44（11）：116-119.

[130] 王丽娟, 魏涛, 尹何南, 等. 超声波辅助提取黑苦荞黄酮类化合物及其抗氧化活性研究 [J]. 粮食与油脂, 2014, 27（9）：26-29.

[131] 李富兰, 梁晓锋, 李艳清. 微波法提取苦荞茶中黄酮的工艺研究 [J]. 食品研究与开发, 2015, 36（16）：119-121.

[132] 梁虓, 何秀玲, 王一超, 等. 响应曲面法优化苦荞籽总黄酮微波辅助法提取工艺 [J]. 黑龙江畜牧兽医, 2014,（11）：34-38.

[133] 郭月英. 苦荞壳中黄酮类化合物提取的研究 [D]. 呼和浩特：内蒙古农业大学, 2004.

[134] 谭光迅，李净．苦荞黄酮的超临界二氧化碳萃取［J］.酿酒，2017，44（1）：43-46.

[135] 王居伟，马挺军，陕方，等．超高压提取苦荞黄酮的工艺优化及动力学模型［J］.中国粮油学报，2011，26（12）：93-99.

[136] 李会端，江岸，宋建梅，等．苦荞茶中总黄酮提取纤维素酶解工艺的响应面优化［J］.楚雄师范学院学报，2019，34（3）：69-76.

[137] 王九峰，万忠民，濮生财，等．减压内沸腾和响应面分析优化苦荞总黄酮提取工艺［J］.应用与环境生物学报，2014，20（4）：633-638.

[138] 杨楠，贾晓斌，张振海，等．黄酮类化合物抗肿瘤活性及机制研究进展［J］.中国中药杂志，2015，40（3）：373.

[139] 张树冰，李凌，周亚玲．黄酮类化合物抗肿瘤机理的研究进展［J］.2011，23：272-274.

[140] 冯小龙．银杏叶总黄酮抗肿瘤药效物质基础与药代动力学研究［D］.石家庄：河北医科大学，2009.

[141] 吴瑶．小槐花抗肿瘤活性成分研究［D］.厦门：厦门大学，2012.

[142] 王锐，赵伟，周永梅．苦荞总黄酮的提取及含量测定［J］.昭通学院学报，2017，（5）：38-40.

[143] 韩旭，吴宏萍，吴丽华，等．两种方法测定苦荞酒中总黄酮含量的比选［J］.酿酒，2019，46（3）：79-81.

[144] 李小梅，秦君，翟红，等．超声萃取—流动注射液滴荧光增敏法测定苦荞中芦丁［J］.理化检验（化学分册），2019，55（9）：1046-1049.

[145] 张继斌，王玉，徐浪，等．不同产地苦荞麦中黄酮类成分的含量测定与分析［J］.食品研究与开发，2018，39（24）：150-155.

[146] 张莉，张玲，谢加群．高效液相色谱法测定苦荞不同部位槲皮素的含量［J］.广东化工，2019，46（12）：146-147.

[147] 郑瑾，卓虹伊，宋雨，等．水解工艺对苦荞提取物中槲皮素含量的影响及其药代动力学研究［J］.食品工业科技，2018，39（10）：231-235；334.

[148] 薛长晖．液质联用分离测定山西苦荞黄酮［J］.食品研究与开发，2009，30（1）：103-108.

[149] 李欣，王步军．超高效液相色谱—串联四极杆质谱法测定苦荞麦中黄酮类化合物［J］.食品工业科技，2011（4）：383-385.

[150] 侯建霞，汪云，程宏英，等．毛细管电泳检测苦荞芽中的黄酮类化合物［J］.食品与生物技术学报，2007，26（2）：18-21.

［151］ 郭芳芳，冯锋，白云峰，等．高效毛细管电泳法对5个产地苦荞中黄酮类化合物的检测［J］.食品科学，2015（18）：113-116.

［152］ 冯希勇．槐米中芦丁提取工艺研究［J］.内蒙古中医药，2008，18：54.

［153］ 宋雨，邹亮，赵江林，等．苦荞萌发过程中D-手性肌醇含量变化的探究［J］.食品科技，2016，（2）：80-83.

［154］ 李燕平．高效液相色谱—示差折光检测法测定茶叶中果糖、葡萄糖、蔗糖的含量［J］.广东化工，2016，43（7）：187-188.

［155］ 王磊．柑桔汁中肌醇和可溶性糖的检测及含量特征分析［D］.重庆：西南大学，2009.

［156］ 招启文，张可冬，陈晓，等．气相色谱—质谱联用测定固体运动饮料中肌醇的含量［J］.食品工业，2017（7）：286-288.

［157］ 张水锋，盛华栋，姜侃，等．梯度洗脱优化—离子色谱—脉冲安培法分析婴幼儿配方乳粉中的糖和糖醇［J］.色谱，2016，34（10）：946-950.

［158］ 周洪斌，熊治渝，李平，等．离子色谱—质谱联用法检测食品中的糖醇［J］.色谱，2013，31（11）：1093-1101.

［159］ 刘晓燕，肖梦月．毛细管电泳紫外检测苦荞中的D-手性肌醇［J］.粮油食品科技，2018（1）：57-60.

［160］ Yang N, Ren G. Determination of d-chiro-Inositol in Tartary Buckwheat Using High-Performance Liquid Chromatography with an Evaporative Light-Scattering Detector［J］. J Agric Food Chem, 2008, 56（3）：757-760.

［161］ Miyagi M, Yokoyama H, Hibi T. Sugar microanalysis by HPLC with benzoylation：improvement viaintroduction of a C-8 cartridge and a high efficiency ODS column［J］. Journal of Chromatography B, 2007, 854（1-2）：286-90.

［162］ Kwang H S, Ui N P C, Bhadra R. A sensitive assay of red blood cell sorbitol level by high performance liquid chromatography：potential for diagnostic evaluation of diabetes［J］. Clinica Chimica Acta, 2005, 354（1-2）：41-47.

［163］ Toutounji M R, Van Leeuwen M P, Oliver J D, et al. Quantification of sugars in breakfast cereals using capillary electrophoresis［J］. Carbohydrate Research, 2015, 408：134.

［164］ Dietrych-Szostak D, Oleszek W. Effect of processing on the flavonoid content inBuckwheat（Fagopyrum esculentum Moench）Grain［J］. Journal of Agricultural and Food Chemistry. 1999, 47：4384-4387.

［165］ Verardo V, Arraez-Roman D, Segura-Carretero A, et al. Identification of buckwheat phenolic compounds by reverse phase high performance liquid chromatography－electrospray ionization－time of flight－mass spectrometry（RP－HPLC－ESI－TOF－MS）［J］. Journal of Cereal Science. 2010, 52（2）：170-176.

［166］Vicente－Sánchez C, Egido J, Sánchez－González PD, et al. Effect of the flavonoid quercetin on cadmium－induced hepatotoxicity ［J］. Food and Chemical Toxicology, 2008, 46（6）.

［167］Renugadevi, Prabu. Ameliorative effect of quercetin against cadmium induced toxicity in liver of Wistar rats ［J］. J. Cell Tissue Res. 9（1）, 1665-1672.

［168］赵佐成, 周明德, 罗定泽, 等. 中国荞麦属果实形态特征 ［J］. 植物分类学报, 2000, 38（5）：486-489, 510-511.

［169］周忠泽, 赵佐成, 汪旭莹, 等. 中国荞麦属花粉形态及花被片和果实微形态特征的研究 ［J］. 植物分类学报, 2003, 41（1）：63-78.

［170］李淑久, 张惠珍, 袁庆军. 四种荞麦生殖器官的形态学研究 ［J］. 贵州农业科学, 1992（6）：32-36.

［171］张晋, 刘思辰, 曹晓宁. 不同荞麦品种种壳营养成分研究 ［J］. 中国农学通报, 2021, 37（32）：132-138.

［172］朴春红, 刘丽苹, 初琦. 热水法提取荞麦壳黄酮工艺优化及抗氧化活性 ［J］. 吉林农业大学学报, 2014, 36（6）：19-722, 734.

［173］唐宇, 赵钢. 荞麦中黄酮含量的研究 ［J］. 四川农业大学学报, 2001, 19（4）：352-354.

［174］Dziedzic K, Górecka D, Kucharska M, et al. Influence of technological process during buckwheat groats production on dietary fibre content and sorption of bile acids ［J］. Food Res. Int. , 2012, 47（2）：279-283.

［175］Biel W, Maciorowski R. Evaluation of chemical composition and nutritional quality of buckwheat groat, bran and hull（Fagopyrum Esculentum Möench L）［J］. Ital J. food Sci. , 2013, 25：384-389.

［176］刘传富, 董海洲, 侯汉学. 影响饼干质量的关键因素分析 ［J］. 食品工业科技, 2002, 8：87-89.

［177］章绍兵, 陆启玉, 吕燕红. 脂类对面条品质的影响 ［J］. 粮油食品科技, 2005（1）：12-15.

［178］肖诗明, 吴兵, 张忠. 苦荞馒头自发粉的研制 ［J］. 粮食与饲料工业, 2004（1）：6-7.

［179］徐泽林, 刘长虹. 馒头工业化生产中常见质量问题及分析 ［J］. 粮食与饲料工业, 2012（1）：8-11.

［180］李鹤，向文良，李旭．苦荞面包配方及工艺参数优化［J］.食品研究与开发，2016，6：93-95.

［181］张根和．浅谈调制好发酵面团的技术关键［J］.四川烹饪，2003（5）：19-20.

［182］张燕莉．苦荞啤酒浸麦、糖化工艺优化及酿造过程活性成分变化研究［D］.合肥：安徽农业大学，2013.

［183］何伟俊，吴俏槿，夏雨，等．苦荞萌动的浸麦工艺优化［J］.食品工业，2020（9）：81-85.

［184］张琳．制麦过程促进大麦内源赤霉素释放的试验研究［J］.啤酒科技，2011（10）：34-36，38.

［185］赵钢，万萍，彭镰心，等．一种苦荞啤酒及其制备方法：CN101717705A［P］.2010-06-02.

［186］舒林．苦荞麦啤酒糖化工艺研究及年产10万吨苦荞麦啤酒厂工厂设计［D］.成都：西华大学，2015.

［187］卞小稳，孙军勇，陆健．富含芦丁的苦荞啤酒的糖化工艺优化［J］.食品与生物技术学报，2018（11）：1141-1147.

［188］刘强，徐钰惟，许世亮，等．苦荞发酵酒糟对糖尿病小鼠的降糖作用研究［J］.食品科技，2022（2）：135-139.

［189］马东升，于存厚．一种苦荞黄酒及其生产方法：CN98101584.0［P］1998-04-23.

［190］胡一冰，赵钢，彭镰心，等．一种苦荞芽保健酒：CN201110139225.1［P］.2011-05-26.

［191］万萍，胡佳丽，朱阔，等．固态法酿造苦荞白酒工艺初探［J］.成都大学学报（自然科学版），2012，31（2）：124-127.

［192］周火玲，赖登燡，蔡雄，等．苦荞酒生产工艺关键技术的研究［J］.酿酒科技，2015（9）：65-68.

［193］张祥根，张士琴．一种多粮型青稞苦荞白酒酿制方法：CN201811054942.2［P］.2018-09-11.

［194］王准生．苦荞糯米保健酒的酿制［J］.酿酒科技，2005（2）：65-66.

［195］徐汉卿．苦荞米酒发酵工艺的条件优化［J］.吉林农业，2013（10）：18.

［196］张素斌，肖嘉伟．糯米、甜荞混合甜酒酿发酵工艺的研究［J］.食品研究与开发，2015，36（11）：68-71.

［197］万萍，刘红，唐玲，等．苦荞摊饭法甜型黄酒发酵工艺研究［J］.食品与机械，2015，31（1）：181-185.

［198］周金虎，张玉，方尚玲，等．苦荞黄酒发酵工艺［J］.食品工业，2019，40（6）：165-169.

［199］赵树欣，李颖宪．荞麦红曲酒的酿造［J］.中国酿造，2004，（9）：31-32.

［200］张崇军，唐贤华，周文．苦荞蓝莓酒生产工艺及抗氧化性研究［J］.食品工业，2017，38（9）：90-92.

［201］崔乃忠，许慧君，刘丽珍，等．苦荞葡萄酒质量控制及芦丁含量检测［J］.山西大同大学学报（自然科学版），2018，34（4）：5-8.

［202］张倩，葛邦国，卢昊，等．压差膨化无花果脆片加工工艺初探［J］.农产品加工，2016（10）：28-29，32.

［203］高建华，郭煜康，高孔荣．非油炸甘薯脆片的工艺研究［J］.食品工业科技，2000（6）：45-46.

［204］刘晶晶，冀宏，郑雪平，等．再造型杏鲍菇即食脆片的工艺研究［J］.食品工业，2018，39（10）：120-125.

［205］郝彦玲，张守文．谷物膨化混合粉的应用研究．粮食与饲料工业，2003（11）：36-39.

［206］杨志强．荞麦锅巴：CN1543841［P］2004-1-1.

［207］罗松明．苦荞膨化米饼研制［J］.粮油加工与食品机械，2006（7）：79-80.

［208］宋盼盼，曹亚楠，刘颖翔，等．苦荞复合代餐粉的研制［J］.保鲜与加工，2021，21（9）：43-51.

［209］孙权，史碧波，肖诗明．苦荞果蔬代餐粉的研究［J］.现代食品，2021，15（22）：86-89.

［210］赵娇娇，刘丹，陈若瑀，等．莜麦苦荞高纤维杂粮降糖代餐粉的研制［J］.2020，45（5）：44-48.

［211］宫凤秋，张莉，李志西，等．苦荞醋对二苯代苦味酰基（DPPH·）自由基的清除作用研究［J］.中国酿造，2006（12）：22-24.

［212］仇菊，任长忠，李再贵．杂粮醋的抗氧化特性研究［J］.食品科技，2009，34（1）：218-221，227.

［213］孙元琳，陕方，李秀玲，等．苦荞醋及其多糖物质的抗氧化性能研究［J］.食品工业科技，2011，32（5）：123-125.

［214］李云龙，胡俊君，李红梅，等．苦荞醋生料发酵过程中主要功能成分的变化规律［J］.食品工业科技，2011，32（12）：218-220，225.

［215］陈洁．苦荞醋的工艺优化及其降血糖活性研究［D］.北京：北京农学院，2014.

［216］马挺军，陕方，贾昌喜．苦荞醋对糖尿病模型小鼠血糖的影响［J］.中

国粮油学报，2010，25（5）：42-44，48.

[217] 谢锦明. 苦荞醋醋酸发酵工艺及生物活性初探 [D]. 武汉：湖北工业大学，2020.

[218] 姜国富，范浩伟，张云营，等. 我国不同地区产苦荞麦营养成分分析 [J]. 粮食与饲料工业，2020（3）：22-27.

[219] 钟林，周锡勇，熊仿秋，等. 不同微量元素对提高荞麦苦荞黄酮含量的调控效果研究 [J]. 农业科技通讯，2014（9）：145-149.

[220] 国旭丹. 苦荞多酚及其改善内皮胰岛素抵抗的研究 [D]. 杨凌：西北农林科技大学，2013.

[221] 李云龙，何永吉，胡红娟，等. 萌动苦荞醋抗氧化活性及抗栓、溶栓作用研究 [J]. 中国食品学报，2018，18（12）：46-51.

[222] 张玉梅. 高黄酮苦荞饮料醋生产工艺研究 [D]. 贵阳：贵州大学，2018.

[223] 张素云，李谦，秦礼康，等. 液态苦荞醋酿造过程中糖化及醋化工艺优化 [J]. 食品工业科技，2015，36（8）：222-225，244.

[224] 张素云，秦礼康，夏辅蔚，等. 3种中药对混合发酵苦荞醋砖曲品质的影响 [J]. 食品与机械，2014，30（6）：59-63.

[225] 汪沙，卢红梅，陈莉，等. 提高苦荞醋黄酮含量的工艺研究 [J]. 中国酿造，2020，39（3）：186-191.

[226] 张艳，刘均娥，张晶. 益生菌酸奶对慢性肝病患者肠道菌群影响的研究 [C]. 全国人工肝及血液净化学术年会. 2008.

[227] 刘慧，王世平，冉冉，等. 藏灵菇源酸奶复合菌发酵剂对肠道菌群平衡的作用 [J]. 中国食品学报，2011，11（6）：7-12.

[228] 王斯慧，黄琬凌，王莹莹，等. 辅助降血糖苦荞保健饮料的研制 [J]. 食品工业，2012（2）：63-64.

[229] 孙亚利. 苦荞黄酮微胶囊的制备及应用 [D]. 贵阳：贵州大学，2019.

[230] Liu Y, Ma T J, Chen J. The difference of flavonoids and phenolic acids in six kinds vinegar [J]. Advanced Materials Research, 2014, 998-999：387-390.

[231] Cheangki, Baillargeonjp, Essahpa, et al. Insulin-stimulated release of D-chiro-inositol containing inositolphosphoglycan mediator correlates with insulin sensitivity in women with polycystic ovary syndrome [J]. Metabolism Clinical & Experimental, 2008, 57 (10)：1390-1397.

[232] Zhang X M, Ma T J, Yang X S, et al. Comparison of aromatic substances in buckwheat vinegar that adding the moldy bran, drug koji and A. schutzenbachii during fermentation [J]. Advanced Materials Research, 2014, 1033-1034：629-633.

[233] Liu Y, Ma T J, Chenj E. Changes of the flavonoid and phenolic acid content and antioxidant activity of Tartary buckwheat beer during the fermentation [J]. Advanced materials research, 2013, 781/782/783/784：1619-1624.

[234] 郭子聪, 曹汝鸽, 仇菊. 不同品种荞麦粉质差异及其对挤压面条品质的影响 [J]. 食品研究与开发, 2022, 43（18）：1-8.

[235] 王世霞, 刘珊, 李笑蕊, 等. 甜荞麦与苦荞麦的营养及功能活性成分对比分析 [J]. 食品工业科技, 2015, 36（21）：78-82.

[236] 柏佳佳, 戢得蓉, 何玉贞, 等. 苦荞品种对苦荞配制酒品质的影响 [J]. 食品与机械, 2023, 39（3）：167-174.

[237] 刘锐, 武亮, 张影全, 等. 基于低场核磁和差示量热扫描的面条面团水分状态研究 [J]. 农业工程学报, 2015（9）：288-294.

[238] 林向阳, 陈卫江, 何承云, 等. 核磁共振及其成像技术在面团形成过程中的研究 [J]. 中国粮油学报, 2006（6）：163-167.

[239] 杜双奎. 荞麦粉—小麦粉混粉工艺特性研究 [D]. 杨凌：西北农林科技大学, 2001.

[240] 孙晓静, 彭飞, 许妍妍, 等. 挤压预糊化对苦荞面团流变学性质及芦丁降解的影响 [J]. 中国粮油学报, 2017（6）：46-51.

[241] 韩畅, 林江涛, 岳清华, 等. 苦荞麸皮粉添加量对面团性质及馒头品质的影响 [J]. 食品与发酵工业, 2022, 48（7）：140-145.

[242] 田汉英, 国旭丹, 李五霞, 等. 不同处理温度对苦荞抗氧化成分的含量及其抗氧化活性影响的研究 [J]. 中国粮油学报, 2014（11）：19-23, 50.

[243] 王悦, 姜永红, 张强, 等. 不同方式干燥对猴头菌营养成分含量及抗氧化活性的影响 [J]. 江苏农业科学, 2021（5）：159-164.

[244] 袁建, 李倩, 何荣, 等. 富硒高 GABA 发芽糙米低温干燥工艺的研究 [J]. 中国粮油学报, 2016（7）：126-131.

[245] 李楠, 杨婷. 不同干燥方式对萌芽苦荞功能成分及抗氧化活性的影响 [J]. 运城学院学报, 2023, 41（3）：41-45.

[246] 王丽娟. 荞麦中氨基酸含量的分析 [J]. 氨基酸和生物资源, 1995, （3）：48-50.

[247] 宋盼盼, 张艳红, 温青云, 等. 不同熟化方式对苦荞粉品质的影响 [J]. 中国调味品, 2022, 47（2）：41-45.

[248] 韩聪, 邢俊杰, 郭晓娜, 等. 挤压处理对苦荞粉理化特性及全苦荞挂面品质的影响 [J]. 中国粮油学报, 2022, 37（3）：52-58.

［249］程晶晶，王军，肖付刚. 超微粉碎对红小豆全粉物化特性的影响［J］. 粮油食品科技，2016，24（3）：13-16.

［250］陈如，何玲. 超微粉碎对苹果全粉物化性质的影响［J］. 食品科学，2017，38（13）：150-154.

［251］赵思明，熊善柏，张声华. 稻米淀粉的理化特性研究 I. 不同类型稻米淀粉的理化特性［J］. 中国粮油学报，2002，17（6）：39-43.

［252］苗永方. 贮藏对荞麦粉品质的影响及其货架期预测模型的建立［D］. 西安：陕西师范大学，2017.

［253］Zhang W L, Yang Q H, Xia M J, et al. Effects of nitrogen level on the physicochemical properties of Tartary buckwheat（Fagopyrum tataricum（L.）Gaertn.）starch［J］. International Journal of Biological Macromolecules, 2019, 129：799-808.

［254］Wang Q F, Li L M, Zheng X L. A review of milling damaged starch：Generation, measurement, functionality and its effect on starch-based food systems［J］. Food Chemistry, 2020, 315：126267.

［255］Wang L B, Wang L J, Li Z G, et al. Diverse effects of rutin and quercetin on the pasting, rheological and structural properties of Tartary buckwheat starch［J］. Food Chemistry, 2021, 335：127556.

［256］Charlenemo, Lidwing, Marcelnr, et al. Rheological and textural properties of gluten-free doughs and breads based on fermented cassava, sweet potato and sorghum mixed flours［J］. LWT＝Food Science and Techonology, 2019, 101（5）：575-582.

［257］Chen Y G, Nartyneko A. Combination of hydrother-modynamic（HTD）processing and different drying methods for natural blueberry leather［J］. LWT-Food Science and Techonlogy, 2018, 87：470-477.

［258］GAO W J, CHEN F, ZHANG L F, et al. Effects of superfine grinding on asparagus pomace Part I：Changes on physicochemical and functional properties［J］. Journal of Food Science, 2020, 85（6）：1827-1833.